21 世纪应用型本科大机械系列实用规划教材

机械制图与 AutoCAD 基础教程

主　编　张爱梅
副主编　鲁　杰　李建春

内 容 简 介

本书包括画法几何、制图基础和机械制图三部分，计算机绘图作为绘图的方法和工具穿插于各部分之中。画法几何部分主要研究用正投影法图示空间几何形体的基本理论和方法；制图基础部分主要介绍制图的基本知识和基本规定；机械制图部分主要是介绍绘制和阅读机械图样的基本方法和步骤；计算机绘图部分主要介绍 AutoCAD 绘图软件的主要功能、基本命令和绘制工程图样的方法步骤与技巧。

本书适用于应用型本科、专科机械、电子、化工、采矿、计算机等机类、近机类相关专业课程教材，也可供相关专业工作人员参考学习。与本书配套的《机械制图与 AutoCAD 基础教程习题集》同时出版。

图书在版编目(CIP)数据

机械制图与 AutoCAD 基础教程/张爱梅主编. —北京：北京大学出版社，2007.11
(21 世纪应用型本科大机械系列实用规划教材)
ISBN 978-7-301-13122-0

Ⅰ.机… Ⅱ.张… Ⅲ.机械制图：计算机制图—应用软件，AutoCAD—高等学校—教材 Ⅳ.TH126

中国版本图书馆 CIP 数据核字(2007)第 177575 号

书　　　　名：	机械制图与 AutoCAD 基础教程
著作责任者：	张爱梅　主编
责 任 编 辑：	李　虎
标 准 书 号：	ISBN 978-7-301-13122-0/TH·0077
出　版　者：	北京大学出版社　(地址：北京市海淀区成府路 205 号　　邮编：100871)
	http://www.pup.cn　　http://www.pup6.com　　E-mail:pup6@pup.cn
电　　　　话：	邮购部 010-62752015　发行部 010-62750672　编辑部 010-62750667
印　刷　者：	北京虎彩文化传播有限公司
发　行　者：	北京大学出版社
经　销　者：	新华书店
	787 毫米×1092 毫米　16 开本　23.5 印张　480 千字
	2007 年 11 月第 1 版　2024 年 9 月第 11 次印刷
定　　　　价：	49.80 元

未经许可，不得以任何方式复制或抄袭本书之部分或全部内容。
版权所有，侵权必究　　举报电话：010-62752024
　　　　　　　　　　　电子邮箱：fd@pup.cn

《21世纪全国应用型本科大机械系列实用规划教材》
专家编审委员会

名誉主任　　胡正寰[*]

主任委员　　殷国富

副主任委员　（按拼音排序）

戴冠军　　江征风　　李郝林　　梅　宁　　任乃飞
王述洋　　杨化仁　　张成忠　　张新义

顾　　问　　（按拼音排序）

傅水根　　姜继海　　孔祥东　　陆国栋
陆启建　　孙建东　　张　金　　赵松年

委　　员　　（按拼音排序）

方　新　　郭秀云　　韩健海　　洪　波
侯书林　　胡如风　　胡亚民　　胡志勇
华　林　　姜军生　　李自光　　刘仲国
柳舟通　　毛　磊　　孟宪颐　　任建平
陶健民　　田　勇　　王亮申　　王守城
魏　建　　魏修亭　　杨振中　　袁根福
曾　忠　　张伟强　　郑竹林　　周晓福

---

[*]胡正寰：北京科技大学教授，中国工程院机械与运载工程学部院士

丛书总序

殷国富[*]

机械是人类生产和生活的基本工具要素之一，是人类物质文明最重要的一个组成部分。机械工业担负着向国民经济各部门，包括工业、农业和社会生活各个方面提供各种性能先进、使用安全可靠的技术装备的任务，在国家现代化建设中占有举足轻重的地位。20世纪80年代以来，以微电子、信息、新材料、系统科学等为代表的新一代科学技术的发展及其在机械工程领域中的广泛渗透、应用和衍生，极大地拓展了机械产品设计制造活动的深度和广度，改变了现代制造业的产品设计方法、产品结构、生产方式、生产工艺和设备以及生产组织模式，产生了一大批新的机械设计制造方法和制造系统。这些机械方面的新方法和系统的主要技术特征表现在以下几个方面：

(1) 信息技术在机械行业的广泛渗透和应用，使得现代机电产品已不再是单纯的机械构件，而是由机械、电子、信息、计算机与自动控制等集成的机电一体化产品，其功能不仅限于加强、延伸或取代人的体力劳动，而且扩大到加强、延伸或取代人的某些感官功能与大脑功能。

(2) 随着设计手段的计算机化和数字化，CAD/CAM/CAE/PDM集成技术和软件系统得到广泛使用，促进了产品创新设计、并行设计、快速设计、虚拟设计、智能设计、反求设计、广义优化设计、绿色产品设计、面向全寿命周期设计等现代设计理论和技术方法的不断发展。机械产品的设计不只是单纯追求某项性能指标的先进和高低，而是注重综合考虑质量、市场、价格、安全、美学、资源、环境等方面的影响。

(3) 传统机械制造技术在不断吸收电子、信息、材料、能源和现代管理等方面成果的基础上形成了先进制造技术，并将其综合应用于机械产品设计、制造、检测、管理、销售、使用、服务的机械产品制造全过程，以实现优质、高效、低耗、清洁、灵活的生产，提高对动态多变的市场的适应能力和竞争能力。

(4) 机械产品加工制造的精密化、快速化，制造过程的网络化、全球化得到很大的发展，涌现出CIMS、并行工程、敏捷制造、绿色制造、网络制造、虚拟制造、智能制造、大规模定制等先进生产模式，制造装备和制造系统的柔性与可重组已成为21世纪制造技术的显著特征。

(5) 机械工程的理论基础不再局限于力学，制造过程的基础也不只是设计与制造经验及技艺的总结。今天的机械工程学科比以往任何时候都更紧密地依赖诸如现代数学、材料科学、微电子技术、计算机信息科学、生命科学、系统论与控制论等多门学科及其最新成就。

上述机械科学与工程技术特征和发展趋势表明，现代机械工程学科越来越多地体现着知识经济的特征。因此，加快培养适应我国国民经济建设所需要的高综合素质的机械工程学科人才的意义十分重大、任务十分繁重。我们必须通过各种层次和形式的教育，培养出适应世界机械工业发展潮流与我国机械制造业实际需要的技术人才与管理人才，不断推动我国机械科学与工程技术的进步。

为使机械工程学科毕业生的知识结构由较专、较深、适应性差向较通用、较广泛、适

---

[*]殷国富教授：现为教育部机械学科教学指导委员会委员，现任四川大学制造科学与工程学院院长

应性强方向转化，在教育部的领导与组织下，1998年对本科专业目录进行了第3次大的修订。调整后的机械大类专业变成4类8个专业，它们是：机械类4个专业(机械设计制造及其自动化、材料成型及控制工程、过程装备与控制、工业设计)；仪器仪表类1个专业(测控技术与仪器)；能源动力类2个专业(热能与动力工程、核工程与核技术)；工程力学类1个专业(工程力学)。此外还提出了面向更宽的引导性专业，即机械工程及自动化。因此，建立现代"大机械、全过程、多学科"的观点，探讨机械科学与工程技术学科专业创新人才的培养模式，是高校从事制造学科教学的教育工作者的责任；建立培养富有创新能力人才的教学体系和教材资源环境，是我们努力的目标。

要达到这一目标，进行适应现代机械学科发展要求的教材建设是十分重要的基础工作之一。因此，组织编写出版面向大机械学科的系列教材就显得很有意义和十分必要。北京大学出版社和中国林业出版社的领导和编辑们通过对国内大学机械工程学科教材实际情况的调研，在与众多专家学者讨论的基础上，决定面向机械工程学科类专业的学生出版一套系列教材，这是促进高校教学改革发展的重要决策。按照教材编审委员会的规划，本系列教材将逐步出版。

本系列教材是按照高等学校机械学科本科专业规范、培养方案和课程教学大纲的要求，合理定位，由长期在教学第一线从事教学工作的教师立足于21世纪机械工程学科发展的需要，以科学性、先进性、系统性和实用性为目标进行编写，以适应不同类型、不同层次的学校结合学校实际情况的需要。本系列教材编写的特色体现在以下几个方面：

(1) 关注全球机械科学与工程技术学科发展的大背景，建立现代大机械工程学科的新理念，拓宽理论基础和专业知识，特别是突出创造能力和创新意识。

(2) 重视强基础与宽专业知识面的要求。在保持较宽学科专业知识的前提下，在强化产品设计、制造、管理、市场、环境等基础理论方面，突出重点，进一步密切学科内各专业知识面之间的综合内在联系，尽快建立起系统性的知识体系结构。

(3) 学科交叉与综合的观念。现代力学、信息科学、生命科学、材料科学、系统科学等新兴学科与机械学科结合的内容在系列教材编写中得到一定的体现。

(4) 注重能力的培养，力求做到不断强化自我的自学能力、思维能力、创造性地解决问题的能力以及不断自我更新知识的能力，促进学生向着富有鲜明个性的方向发展。

总之，本系列教材注意了调整课程结构，加强学科基础，反映系列教材各门课程之间的联系和衔接，内容合理分配，既相互联系又避免不必要的重复，努力拓宽知识面，在培养学生的创新能力方面进行了初步的探索。当然，本系列教材还需要在内容的精选、音像电子课件、网络多媒体教学等方面进一步加强，使之能满足普通高等院校本科教学的需要，在众多的机械类教材中形成自己的特色。

最后，我要感谢参加本系列教材编著和审稿的各位老师所付出的大量卓有成效的辛勤劳动，也要感谢北京大学出版社的领导和编辑们对本系列教材的支持和编审工作。由于编写的时间紧、相互协调难度大等原因，本系列教材还存在一些不足和错漏。我相信，在使用本系列教材的教师和学生的关心和帮助下，不断改进和完善这套教材，使之在我国机械工程类学科专业的教学改革和课程体系建设中起到应有的促进作用。

2006年1月

前　　言

　　机械制图课程是高等工科院校的一门技术基础课。随着计算机技术的迅速发展，计算机辅助设计(Computer Aided Design，CAD)已广泛应用于工业产品的开发、设计与制造。CAD技术与传统的手工设计与绘图相比有着不可比拟的优势，使用CAD技术可以方便地绘图、编辑、修改，绘图质量与精度更是令手工绘图望尘莫及，它以其高效、快捷、规范、实用的优势取代了传统的手工绘图，实现了制图现代化，从根本上改变了现代产品的设计方法。CAD技术的发展与应用为机械制图教学手段和方法的改革带来了活力，为教学内容的充实和更新提供了条件。

　　编者长期从事机械产品的设计和机械制图的教学工作，对生产实际与专业教学有着较丰富的经验，在研究国内外目前机械制图和计算机绘图发展的新动向的基础上，结合多年教学经验和改革成果，编写了这本《机械制图与 AutoCAD 基础教程》。本书结合AutoCAD 2006 中文版的功能与机械制图的特点，把机械制图与CAD技术合二为一，其特点在于将CAD技术贯穿机械制图的全部过程，使学生在学习机械制图基本理论和基本知识的同时，熟练掌握 AutoCAD 绘图技术，从而完成机械制图理论与计算机绘图技能的全部训练。改变了以往将机械制图与计算机绘图分开教学的模式——制图课仍采用传统的绘图方法，CAD技术与实际应用相脱节，造成精力和时间的浪费。本书对传统的手工绘图工具只作简介，尺规绘图仅限于习题集上的基础练习，大量的习题在计算机上完成，彻底甩掉了图板，这也是本教材改革的核心所在。计算机绘图手段先进，速度快，效率高，适应社会发展对21世纪人才培养的需要。

　　本书的内容编排顺序，在机械制图传统教学体系的基础上，将 AutoCAD 基本知识与操作放在第1章机械制图基本知识和基本技能后集中讲解与训练，为运用 CAD 技术进行绘图打下基础。在后续各章节中编入与本章有关的 CAD 内容，例如在第7章组合体中介绍用 CAD 画组合体的方法步骤，在第8章轴测图中介绍用 CAD 绘制轴测图的方法，在第10章标准件与常用件中介绍 AutoCAD 图块及设计中心操作，把 CAD 技术与机械制图全面融合，使计算机真正成为机械绘图的工具。

　　本书共分12章，各章内容安排为：第1章介绍机械制图的基本知识和基本技能；第2、3、4章集中介绍 AutoCAD 2006 的基础知识和基本操作；第5～12章分别介绍机械制图各部分内容及 AutoCAD 与之相关的内容，顺序为：点、直线和平面的投影；立体的投影；组合体；轴测图；机件常用的表达方法；标准件与常用件；零件图；装配图。

　　本书全部采用最新的机械制图国家标准。

　　建议本书教学学时为 110～130。

　　为便于读者对课程内容的掌握和进行系统的绘图训练，我们同时编写了《机械制图与AutoCAD 基础教程习题集》，与教材配套使用。

本书适用于应用型本、专科机械、电子、化工、采矿、计算机等机类、近机类相关专业。

本书由山东泰山学院张爱梅(第1、2、3、4、8、12章)、鲁杰(第5、6、7章)、李建春(第9、10、11章)编写。全书由张爱梅审核、统稿。

浙江大学城市学院刘桦教授仔细审阅了全部文稿和图稿，提出了很多宝贵意见和建议，在此表示衷心的感谢！

由于编者水平有限，疏漏之处在所难免，恳请广大读者批评指正。

编 者

2007年10月

目 录

绪论 ·· 1

第1章 机械制图基本知识和基本技能 ········· 3

1.1 制图基本规定 ······························· 3
    1.1.1 图纸幅面及格式(GB/T 14689—1993) ······ 3
    1.1.2 比例(GB/T 14690—1993) ··· 6
    1.1.3 字体(GB/T 14691—1993) ··· 6
    1.1.4 图线(GB/T 4457.4—2002、GB/T 17450—1998) ········· 8
    1.1.5 尺寸注法(GB/T 4458.4—2003、GB/T 16675.2—1996) ······ 10
1.2 绘图工具的使用 ························· 15
    1.2.1 手工绘图工具 ···················· 15
    1.2.2 微型计算机 ······················· 17
1.3 几何作图 ······································· 18
    1.3.1 等分作图 ·························· 18
    1.3.2 斜度和锥度 ······················ 19
    1.3.3 圆弧连接 ·························· 21
    1.3.4 椭圆的画法 ······················ 22
1.4 平面图形的画法 ························· 23
    1.4.1 尺寸分析 ·························· 23
    1.4.2 线段分析 ·························· 24
    1.4.3 平面图形的画图步骤 ······ 24
1.5 绘图的基本方法与步骤 ············ 25
    1.5.1 尺规绘图的方法和步骤 ·· 25
    1.5.2 徒手绘草图的方法 ········· 26
复习思考题 ··· 28

第2章 AutoCAD 基础知识 ················· 29

2.1 AutoCAD 2006 软件概述 ·········· 29
    2.1.1 启动 AutoCAD 2006 ······· 29
    2.1.2 AutoCAD 2006 的工作界面 ································ 29
    2.1.3 AutoCAD 2006 使用入门 ································ 34
    2.1.4 打开 AutoCAD 图形文件 ································ 37
    2.1.5 绘制简单的二维对象 ······ 38
    2.1.6 图形文件的创建与保存 ·· 38
    2.1.7 控制显示方式 ··················· 38
    2.1.8 使用透明命令 ··················· 40
2.2 设置绘图环境 ······························· 40
    2.2.1 设置绘图单位及绘图区域 ································ 40
    2.2.2 将设置好的图形保存为样板图 ······················ 42
    2.2.3 使用坐标系 ······················ 44
2.3 利用常用辅助绘图工具精确绘图 ··· 46
    2.3.1 捕捉和栅格 ······················ 46
    2.3.2 正交与极轴 ······················ 47
    2.3.3 对象捕捉 ·························· 47
    2.3.4 自动追踪 ·························· 50
    2.3.5 动态输入 ·························· 52
2.4 使用图层、颜色、线型和线宽 ··· 53
    2.4.1 创建并设置图层 ·············· 54
    2.4.2 设置图层状态 ··················· 57
    2.4.3 图层管理 ·························· 57
    2.4.4 设置与修改对象特性 ······ 58
    2.4.5 设置与修改线型比例 ······ 60
复习思考题 ··· 61

第3章 AutoCAD 绘图与编辑命令 ······ 63

3.1 基本图形的绘制 ························· 63
    3.1.1 绘制直线和构造线 ········· 63
    3.1.2 绘制圆和圆弧 ··················· 65

3.1.3 绘制矩形与正多边形 …… 68
3.1.4 绘制椭圆与椭圆弧 …… 69
3.1.5 绘制样条曲线 …………… 71
3.1.6 多段线的绘制与编辑 …… 71
3.1.7 点的绘制及对象的等分 … 75
3.2 图形编辑操作 ………………… 76
3.2.1 对象选择方法 …………… 76
3.2.2 对象的移动、旋转与
对齐 ……………………… 79
3.2.3 对象复制、偏移、镜像和
阵列 ……………………… 81
3.2.4 对象延伸、拉长和拉伸 … 87
3.2.5 对象的缩放与打断 ……… 89
3.2.6 圆角和倒角 ……………… 90
3.2.7 分解对象 ………………… 91
3.2.8 夹点功能 ………………… 92
复习思考题 ……………………… 92

第 4 章 AutoCAD 文字、表格与尺寸标注 …… 94
4.1 文本注写 ………………………… 94
4.1.1 文字概述 ………………… 94
4.1.2 写入文字 ………………… 94
4.1.3 定义文字样式 …………… 97
4.1.4 编辑文字 ………………… 99
4.2 表格的使用 …………………… 103
4.2.1 创建表格样式 …………… 103
4.2.2 插入表格 ………………… 104
4.2.3 编辑表格 ………………… 105
4.3 尺寸标注 ……………………… 106
4.3.1 创建各种尺寸标注 ……… 107
4.3.2 定义标注样式 …………… 114
4.3.3 标注的编辑与修改 ……… 123
复习思考题 ……………………… 126

第 5 章 点、直线和平面的投影 …… 127
5.1 投影法的基本知识 …………… 127
5.1.1 投影法分类 ……………… 127
5.1.2 平行投影的特性 ………… 128
5.2 点的投影 ……………………… 129

5.2.1 点的三面投影及投影
规律 ……………………… 129
5.2.2 点的投影与直角坐标
的关系 …………………… 130
5.2.3 两点的相对位置 ………… 131
5.2.4 重影点及其可见性 ……… 131
5.3 直线的投影 …………………… 132
5.3.1 各种位置直线的投影
特性 ……………………… 132
5.3.2 点与直线、直线与直线的
相对位置及其投影
特性 ……………………… 135
5.3.3 直角投影定理 …………… 138
5.4 平面的投影 …………………… 138
5.4.1 平面的表示法 …………… 138
5.4.2 各种位置平面的投影
特性 ……………………… 139
5.4.3 平面上的点和直线 ……… 143
复习思考题 ……………………… 144

第 6 章 立体的投影 …… 145
6.1 三视图的形成及投影规律 …… 145
6.1.1 三视图的形成 …………… 145
6.1.2 三视图的位置关系和
投影规律 ………………… 145
6.1.3 三视图与物体方位的
对应关系 ………………… 146
6.2 平面立体的三视图及表面取点 … 147
6.2.1 棱柱 ……………………… 147
6.2.2 棱锥 ……………………… 148
6.3 曲面立体的三视图及表面取点 … 148
6.3.1 圆柱 ……………………… 149
6.3.2 圆锥 ……………………… 150
6.3.3 球 ………………………… 151
6.3.4 环 ………………………… 151
6.4 平面与立体相交 ……………… 152
6.4.1 平面立体的截交线 ……… 153
6.4.2 回转体的截交线 ………… 154
6.5 两立体表面相交 ……………… 159
6.5.1 表面取点法求相贯线 …… 160
6.5.2 辅助平面法求相贯线 …… 162

6.5.3 相贯线的特殊情况 ······ 164
6.5.4 相贯线的简化画法 ······ 165
复习思考题 ······ 165

第 7 章 组合体 ······ 166

7.1 组合体的组成方式 ······ 166
    7.1.1 组合体的概念 ······ 166
    7.1.2 组合体的组成方式概述 ··· 166
    7.1.3 形体分析法 ······ 168
7.2 组合体三视图的画法 ······ 168
7.3 组合体的尺寸标注 ······ 170
    7.3.1 基本体的尺寸标注 ······ 171
    7.3.2 切割体和相贯体的
         尺寸标注 ······ 171
    7.3.3 常见简单组合体的
         尺寸标注 ······ 171
    7.3.4 组合体的尺寸标注概述 ··· 172
7.4 读组合体视图的方法 ······ 175
    7.4.1 读图的基本知识 ······ 175
    7.4.2 读图的基本方法 ······ 176
7.5 用 AutoCAD 绘制组合体
    三视图 ······ 179
复习思考题 ······ 184

第 8 章 轴测图 ······ 185

8.1 轴测图的基本知识 ······ 185
    8.1.1 基本概念 ······ 185
    8.1.2 轴测投影的特性 ······ 186
8.2 正等轴测图 ······ 186
    8.2.1 正等轴测图的形成及投影
         特点 ······ 186
    8.2.2 平面立体的正等轴测图的
         画法 ······ 187
    8.2.3 回转体的正等轴测图的
         画法 ······ 188
8.3 斜二轴测图 ······ 190
    8.3.1 斜二轴测图的形成及投影
         特点 ······ 190
    8.3.2 斜二轴测图的画法 ······ 191
8.4 轴测剖视图简介 ······ 193
8.5 用 AutoCAD 绘制轴测图 ······ 193
    8.5.1 激活等轴测投影模式 ······ 194
    8.5.2 轴测图的绘制 ······ 194
    8.5.3 添加文本 ······ 198
    8.5.4 标注尺寸 ······ 198
复习思考题 ······ 199

第 9 章 机件常用的表达方法 ······ 200

9.1 视图 ······ 200
    9.1.1 基本视图 ······ 200
    9.1.2 向视图 ······ 201
    9.1.3 局部视图 ······ 201
    9.1.4 斜视图 ······ 202
9.2 剖视图 ······ 203
    9.2.1 剖视图的概念 ······ 203
    9.2.2 剖切平面的种类 ······ 207
    9.2.3 剖视图的种类 ······ 209
9.3 断面图 ······ 212
    9.3.1 断面图的概念 ······ 212
    9.3.2 断面图的种类 ······ 212
9.4 常用的简化画法及其他规定
    画法 ······ 215
    9.4.1 局部放大图 ······ 215
    9.4.2 简化画法和其他规定
         画法 ······ 216
9.5 用 AutoCAD 绘制剖面符号 ······ 220
复习思考题 ······ 223

第 10 章 标准件与常用件 ······ 224

10.1 螺纹及螺纹紧固件 ······ 224
    10.1.1 螺纹 ······ 224
    10.1.2 螺纹连接件 ······ 228
10.2 齿轮 ······ 232
    10.2.1 直齿圆柱齿轮 ······ 233
    10.2.2 斜齿圆柱齿轮的规定
         画法 ······ 234
    10.2.3 直齿圆锥齿轮 ······ 236
10.3 键连接与销连接 ······ 237
    10.3.1 键连接 ······ 237
    10.3.2 花键连接 ······ 238
    10.3.3 销连接 ······ 240

10.4 滚动轴承 ……………… 241
10.4.1 滚动轴承的结构和分类 ……………… 241
10.4.2 滚动轴承的代号及标记 ……………… 241
10.4.3 滚动轴承的画法 ……………… 243
10.5 AutoCAD 图块及设计中心操作 ……………… 245
10.5.1 AutoCAD 中块的创建和插入 ……………… 245
10.5.2 AutoCAD 设计中心 …… 248
复习思考题 ……………… 251

第11章 零件图 ……………… 253
11.1 零件图的作用和内容 …… 253
11.2 零件结构的工艺性分析 … 253
11.2.1 零件上的机械加工工艺结构 ……………… 253
11.2.2 铸件工艺结构 ……… 256
11.3 零件图的视图选择及尺寸标注 ……………… 258
11.3.1 零件图的视图选择 …… 258
11.3.2 典型零件的表达方法 … 259
11.3.3 零件图上的尺寸标注 … 259
11.4 零件图中的技术要求 …… 266
11.4.1 表面粗糙度 ………… 266
11.4.2 极限与配合 ………… 270
11.4.3 形状和位置公差及其标注法 ……………… 276
11.5 阅读零件图 ……………… 279
11.6 零件测绘 ……………… 281
11.6.1 零件测绘常用的测量工具及测量方法 …… 281
11.6.2 零件测绘的方法步骤 … 284
11.7 用 AutoCAD 绘制零件图 … 284
11.7.1 创建、标注表面粗糙度 ……………… 284
11.7.2 标注尺寸公差 ……… 287
11.7.3 标注形位公差 ……… 288
复习思考题 ……………… 290

第12章 装配图 ……………… 291
12.1 概述 ……………… 291
12.1.1 装配图的作用 ……… 291
12.1.2 装配图的内容 ……… 291
12.2 装配图的表达方法 ……… 293
12.2.1 装配图的规定画法 … 293
12.2.2 装配图的特殊画法 … 293
12.3 装配图的尺寸标注和技术要求 ……………… 296
12.3.1 尺寸标注 ……………… 296
12.3.2 技术要求 ……………… 296
12.4 装配图中零、部件的序号和标题栏 ……………… 297
12.4.1 零、部件序号的编排方法 ……………… 297
12.4.2 明细栏 ……………… 298
12.5 装配结构的合理性 ……… 298
12.6 部件测绘和装配图画法 … 301
12.6.1 部件测绘 ……………… 301
12.6.2 装配图画法 ………… 303
12.7 读装配图和拆画零件图 … 307
12.7.1 读装配图 …………… 307
12.7.2 由装配图拆画零件图 … 309
12.8 用 AutoCAD 绘制装配图 … 310
12.9 AutoCAD 图形输出 ……… 313
12.9.1 设置打印参数 ……… 313
12.9.2 打印图形实例 ……… 320
复习思考题 ……………… 322

附录A 螺纹 ……………… 323
附录B 标准件 ……………… 326
附录C 极限与配合 ……… 344
附录D 常用材料及热处理 … 355
附录E 文件倒角与圆角 …… 361

参考文献 ……………… 362

绪　　论

一、课程的性质

图样和文字一样，是人类借以表达、构思、分析和交流思想的基本工具，在工程技术中得到广泛的应用。无论是机器、仪表、设备的设计和制造，还是建筑工程规划、设计与施工，都离不开图样。设计者通过图样来描述设计对象，表达其设计意图；制造者根据图样来了解设计要求，组织生产加工；使用者通过图样来了解产品的结构和性能，进行正确地使用、保养和维修。因此，图样是工程技术的重要技术文件，是进行技术交流不可缺少的工具，被称为工程界的技术语言。

随着科学技术的进步，尤其是计算机科学和技术的发展，计算机绘图技术推动了工程设计方法和绘图工具的发展，计算机辅助设计（Computer Aided Design，CAD）已在世界各个行业广泛应用，尤其在机械、电子、建筑行业更能体现出其强大优势。CAD 技术的应用，使计算机代替了手工绘图仪器，提高了设计效率和质量，改变了设计者的思维方式和工作程序。

本课程是一门既有系统理论又有较强实践性的技术基础课，研究用投影法绘制和阅读工程图样的原理和方法，介绍工程制图的基础知识、基本规定和绘图方法，讲解 CAD 绘图原理和技术，培养良好的绘图能力和技巧。该课程是机械类、近机类各专业之必修技术基础课。

二、课程的内容和任务

本课程的主要内容包括画法几何、制图基础和机械制图三部分，计算机绘图作为绘图的方法和工具穿插于各部分内容之中。画法几何部分主要研究用正投影法图示空间几何形体的基本理论和方法；制图基础部分主要介绍制图的基本知识和基本规定；机械制图部分主要是介绍绘制和阅读机械图样的基本方法和步骤，初步形成机械产品的设计、加工意识；计算机绘图部分主要介绍 AutoCAD 绘图软件的主要功能、基本命令和绘制工程图样的方法步骤与技巧。通过本课程的学习，使学生具有良好的绘图能力和读图能力，以及较强的空间想象和空间构思能力。

本课程主要任务有：

（1）学习正投影法的基本原理，正确运用正投影规律，为绘制和应用各种工程图样打下良好的理论基础。

（2）培养形象思维、空间思维能力。

（3）培养尺规绘图，徒手绘图和计算机绘图的能力。

（4）培养绘制和阅读机械图样的能力。

（5）培养自学能力、分析问题、解决问题的能力和创新意识。

（6）培养认真负责、耐心细致的工作态度和规范严谨的工作作风，初步具有工程技术人员应具备的专业技术素质。

三、课程的学习方法

　　根据本课程性质和特点，学习时应注意理论联系实际，不断地进行由物到图、由图到物的实践练习，主动培养空间想象能力和分析能力，在熟练掌握课本知识的基础上，要认真、及时、独立地完成课外作业和绘图训练；重视基本概念与基本理论，正确把握分析问题的方法，熟记作图、看图的基本步骤；微机是主要的绘图工具，要在掌握 CAD 基本命令的前提下，加强上机练习，掌握计算机绘图的操作技巧，灵活运用各种命令进行绘图。无论是仪器绘图还是微机绘图，都应正确运用正投影规律，遵循正确的作图方法和步骤，严格遵守国际标准的有关规定。

第 1 章　机械制图基本知识和基本技能

教学目标：通过对国家标准《技术制图》、《机械制图》的学习，熟悉国家制图标准的基本规定，建立标准化意识，掌握绘图方法，形成严谨、规范的绘图习惯。

教学要求：熟悉制图的基本规定，正确使用绘图工具，熟练掌握几何作图的方法，掌握平面图形的尺寸和线段分析方法，正确拟定平面图形的作图步骤，掌握徒手绘图的基本方法。

本章介绍国家标准《技术制图》、《机械制图》的基本规定和仪器绘图、徒手绘图的基本技能。

1.1　制图基本规定

机械图样是现代工业中的重要技术文件，是交流技术思想的语言。为了科学地进行生产和管理，必须对图样的内容、格式、表达方法等作出统一规定。国家标准《技术制图》和《机械制图》是工程技术人员在绘制和使用图样时必须严格遵守、认真执行的准则。《技术制图》国家标准是一项基础技术标准，在内容上具有统一性和通用性，它涵盖机械、电气、建筑等行业，且在制图标准体系中处于最高层次。《机械制图》国家标准是机械类专业制图标准。

国家标准（简称国标）的代号是"GB"，以"GB"开头者为强制性标准，必须遵照执行，以"BG/T"开头者表示推荐性国标，在某些条件下可有选择性和适当的灵活性。与机械制图有关的标准基本上都是推荐性标准，例如 GB/T 4458.4—2003。标准代号中的数字分别表示标准顺序号和批准年号。

本节简要介绍制图国家标准中的图纸幅面、比例、图线、尺寸标注等内容。

1.1.1　图纸幅面及格式（GB/T 14689—1993）

1. 图纸幅面

绘制图样时，应优先采用表 1-1 规定的基本幅面尺寸。必要时也允许加长幅面，但应按基本幅面的短边整倍数增加。各种加长幅面如图 1.1 所示。图中粗实线所示为基本幅面，细实线和虚线所示为加长幅面。

表 1-1　图纸幅面（单位：mm）

代号	$B \times L$	a	b	c
A0	841×1189	25	10	20
A1	594×841	25	10	20
A2	420×594	25	10	10
A3	297×420	25	5	10
A4	210×297	25	5	10

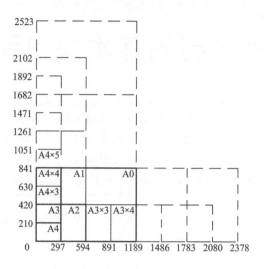

图 1.1　基本幅面与加长幅面尺寸

2. 图框格式

在图纸上必须用粗实线画出图框线,其格式分为不留装订边和留有装订边两种,但同一产品的图样只能采用同一种格式。两种图框格式分别如图1.2、图1.3所示。

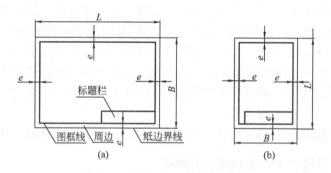

图 1.2　不留装订边的图框格式

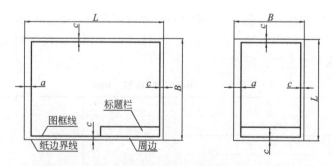

图 1.3　留有装订边的图框格式

3. 标题栏

每张图样上都必须画出标题栏。标题栏一般应位于图纸的右下角，如图1.2、图1.3所示。看图方向一般应与看标题栏的方向一致。为了利用预先印制好图框及标题栏格式的图纸，允许将标题栏按如图1.4所示的方向配置。此时，看图方向与看标题栏的方向不一致。

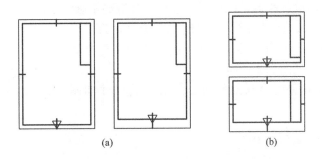

图1.4 标题栏位于右上角时的看图方向

标题栏的内容、格式和尺寸按BG 10609.1—1989规定，如图1.5所示。为简便起见，在制图作业中建议采用如图1.6所示的简化标题栏。

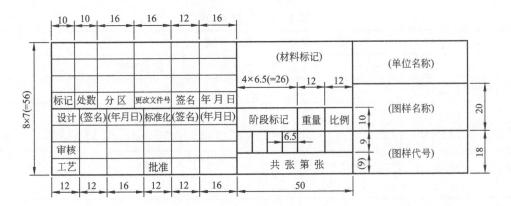

图1.5 标题栏

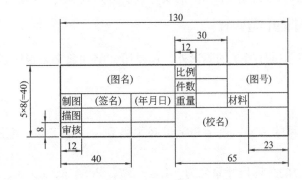

图1.6 简化标题栏

4. 附加符号

(1) 对中符号。为了使图样复制和缩微摄影时便于定位,均应在图纸各边的中点处分别画出对中符号。

对中符号用粗实线绘制,长度为从纸边界开始至伸入图框线内约5mm,如图1.4所示。对中符号的位置误差应不大于0.5mm。

若对中符号与标题栏相遇,则伸入标题栏部分省略不画,如图1.4(b)所示。

(2) 方向符号。按规定使用预先印制的图纸时,为了明确绘图与看图时图纸的方向,必须在图纸的下方对中符号处画出一个方向符号,如图1.4所示。

方向符号是用细实线绘制的等边三角形,其尺寸如图1.7所示。

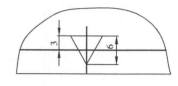

图1.7 方向符号

1.1.2 比例(GB/T 14690—1993)

比例是指图中图形与其实物相应要素的线性尺寸之比。比例分为原值、缩小、放大3种。画图时,应尽量采用1∶1的比例。所用比例应符合表1-2中的规定,优先选择第一系列,必要时允许选取第二系列。

比例一般应标注在标题栏中的"比例"栏内。

表1-2 比例系列

种 类	比 例	
	第一系列	第二系列
原值比例	1∶1	
缩小比例	1∶2　　　1∶5　　　1∶10 1∶2×10^n　1∶5×10^n　1∶1×10^n	1∶1.5　　　1∶2.5　　　1∶3　　　1∶4　　　1∶6 1∶1.5×10^n　1∶2.5×10^n　1∶3×10^n　1∶4×10^n　1∶6×10^n
放大比例	5∶1　　　2∶1　　　1∶10 5×10^n∶1　2×10^n∶1　1×10^n∶1	4∶1　　　2.5∶1 4×10^n∶1　2.5×10^n∶1

注:n为正整数。

不论采用何种比例,在图形中标注的尺寸数值必须是实物的实际大小,与比例无关。

1.1.3 字体(GB/T 14691—1993)

在图样上除了表示机件形状的图形外,还要用文字和数字来说明机件的大小、技术要求和其他内容。

1. 基本要求

(1) 在图样中书写的汉字、数字和字母必须做到:字体工整、笔画清楚、间隔均匀、排列整齐。

(2) 字体高度(h)的公称尺寸系列为:1.8、2.5、3.5、5、7、10、14、20mm等8种。如需书写更大的字,则字体高度应按$\sqrt{2}$的比率递增。字体高度代表字体的号数,如7号字的高度为 7mm。

（3）汉字应写成长仿宋体（直体），并应采用国家正式公布的简化字。汉字的高度不应小于 3.5mm，其字宽约为字高的 0.7 倍。

书写长仿宋体字的要领是：横平竖直、注意起落、结构均匀、填满方格。

（4）字母和数字分 A 型和 B 型两类。A 型字体的笔画宽度（d）为字高（h）的 1/14；B 型字的笔画宽度为字高的 1/10。在同一图上只允许选用同一种形式的字体。

（5）字母和数字可写成斜体或直体。斜体字的字头向右倾斜，与水平基准线成 75°角。

（6）用作指数、分数、极限偏差、注脚等的数字及字母，一般应采用小一号的字体。

2. 字体示例

汉字、数字和字母的示例见表 1-3。

表 1-3 字 体 示 例

字体		示　　例
长仿宋体汉字	10号	字体工整　笔画清楚　间隔均匀　排列整齐
	7号	横平竖直　注意起落　结构均匀　填满方格
	5号	技术制图及机械电子土木建筑航空航天工业设计纺织服装计算机技术
	3.5号	标准件齿轮螺纹组合体典型零件图装配体尺寸标注图层概念图块属性填充符号公差要素
拉丁字母	大写斜体	*ABCDEFGHIJKLMNOPQRSTUVWXYZ*
	小写斜体	*abcdefghijklmnopqrstuvwxyz*
阿拉伯数字	斜体	*0123456789*
	正体	0123456789
罗马数字	斜体	*I II III IV V VI VII VIII IX X*
	正体	I II III IV V VI VII VIII IX X
字体的应用		$\phi 20^{+0.010}_{-0.023}$　$7°^{+1°}_{-2°}$　$\frac{3}{5}$　10^3　S^{-1}　D_1　T_d 10JS5(±0.003)　M24-6h　mm/kg $\phi 25 \frac{H6}{m5}$　$\frac{II}{2:1}$　$6.3 \sqrt{}$

1.1.4 图线(GB/T 4457.4—2002、GB/T 17450—1998)

1. 线型

GB/T 4457.4—2002《机械制图 图样画法 图线》规定了机械制图中所用图线的一般规则,是对 GB/T 17450—1998《技术制图 图线》的补充。

(1) 线型及其应用。线型及其应用见表 1-4。

表 1-4 线型及其应用

代码 No	线 型	一般应用	实 例
01.1	细实线	1. 过渡线 2. 尺寸线及尺寸界限 3. 剖面线 4. 指引线和基准线 5. 范围线及分界线	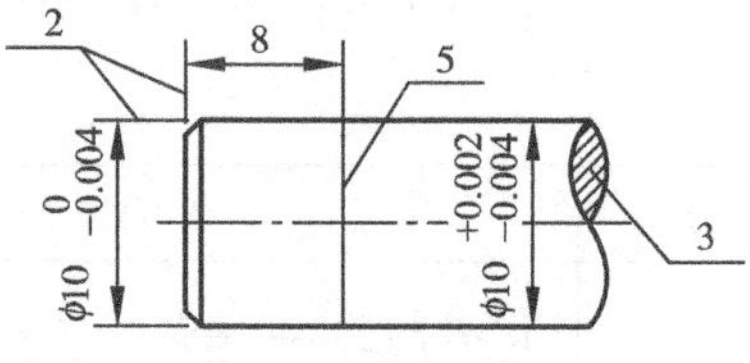
	波浪线	断裂处的边界线	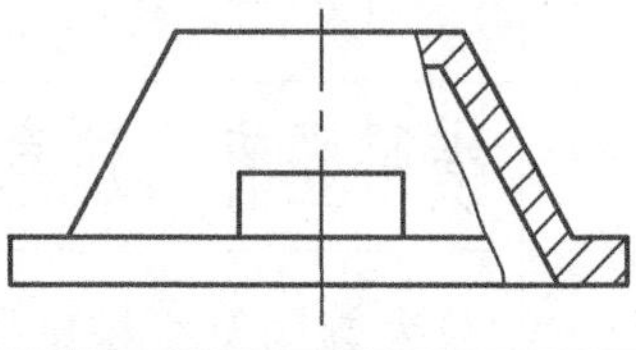
	双折线	断裂处的边界线	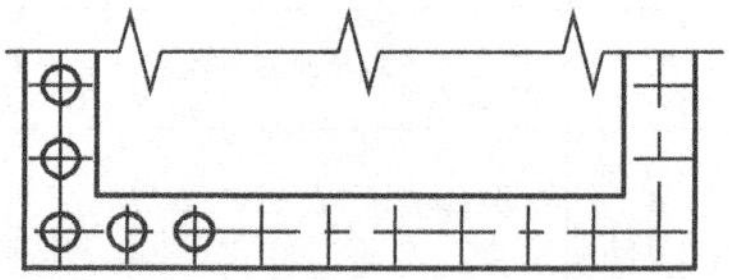
01.2	粗实线	1. 可见棱边线 2. 可见轮廓线 3. 相贯线 4. 剖切符号用线	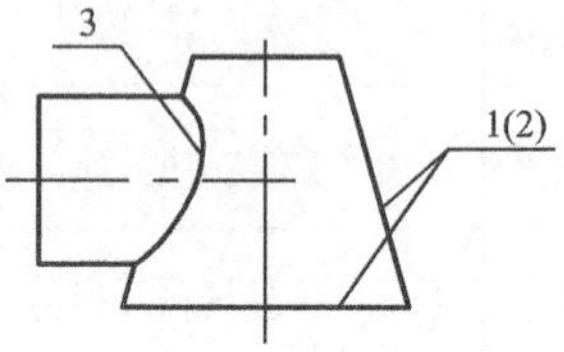
02.1	细虚线	1. 不可见棱边线 2. 不可见轮廓线	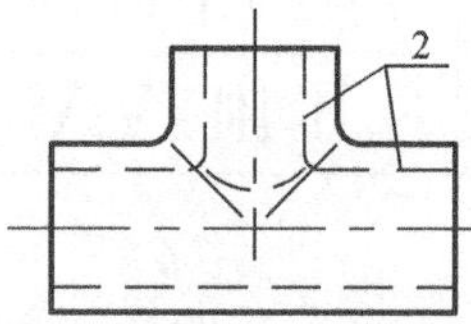
02.2	粗虚线	允许表面处理的表示线	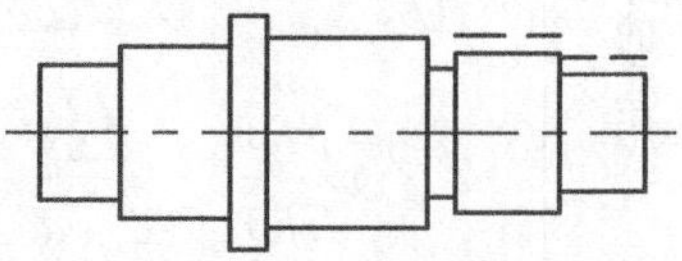

代码 No	线 型	一般应用	实 例
04.1	细点画线	1. 轴线 2. 对称中心线 3. 分度圆(线)	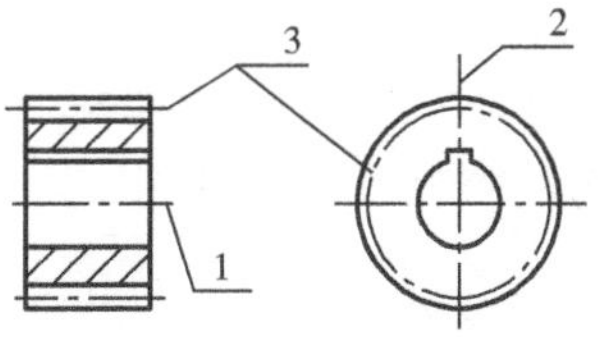
04.2	粗点画线	限定范围表示线	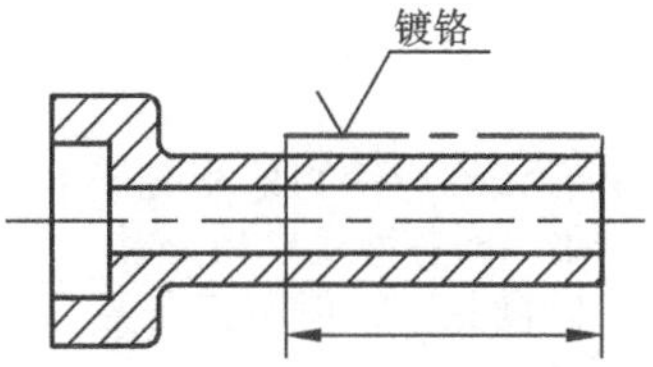
05.1	细双点画线	1. 相邻辅助零件的辅助线 2. 可动零件极限位置的轮廓线 3. 轨迹线	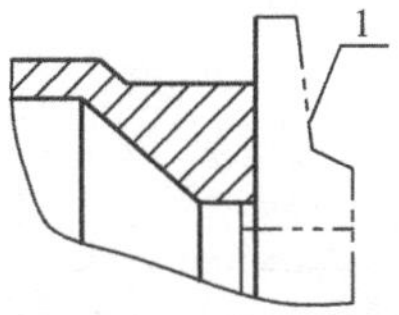

（2）图线宽度。图线宽度尺寸系列为：0.13、0.18、0.25、0.35、0.5、0.7、1、1.4、2mm。在机械图样中只采用粗、细两种线宽，它们之间的比率为 2∶1。机械制图中，粗实线的宽度一般取 0.5mm 或 0.7mm。

2．图线的画法

（1）同一图样中，同类图线的宽度应基本一致。细(粗)虚线、细(粗)点画线及细双点画线的线段长度和间隔应当各自大致相等。

（2）当图样上出现两条或两条以上的图线平行时，则两条图线之间的最小距离不应小于 0.7mm。

（3）图线与图线相交时，交点应恰当地相交于"画"处。点画线和双点画线的首末两端是长画而不是点。

平行、相交、相切等的画法见表 1-5。

表 1-5 常用图线画法

要 求	图 例	
	正 确	错 误
为保证图样的清晰度，两条平行线之间的最小间隙不得小于 0.7mm	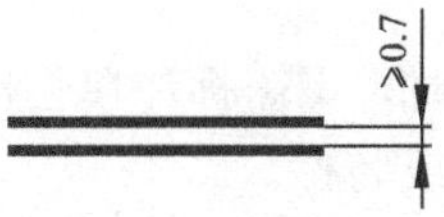 ≥0.7	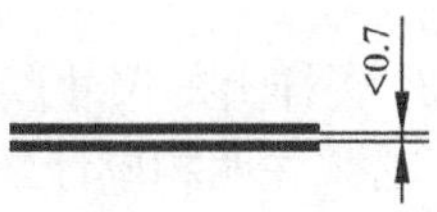 <0.7

续表

要 求	图 例	
	正 确	错 误
点画线、双点画线的首末两端应是画,而不应是点	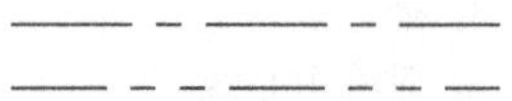	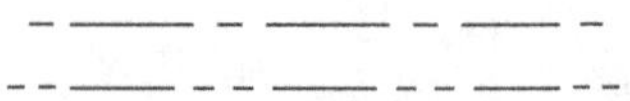
各种线形应恰当地相交于画线处。即各种线形相交时,都应以画相交,而不应是点或间隔	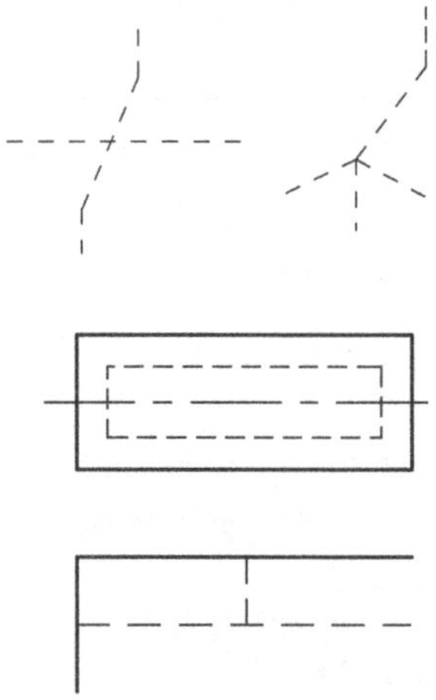	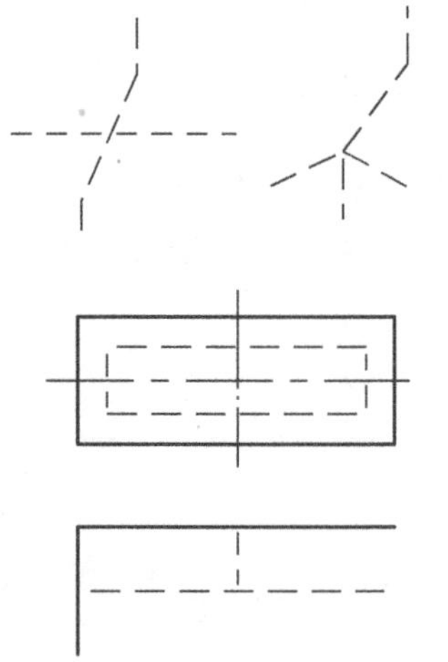
虚线直线在粗实线的延长线上相接时,虚线应留出间隔 虚线圆弧与粗实线相切时,虚线圆弧应留出间隔	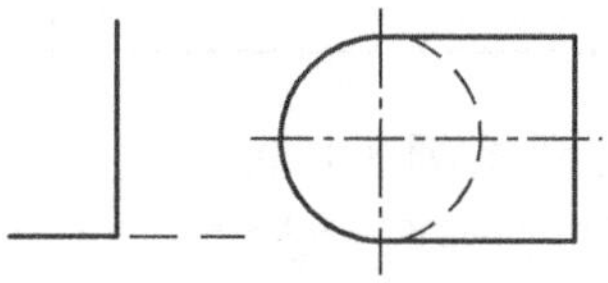	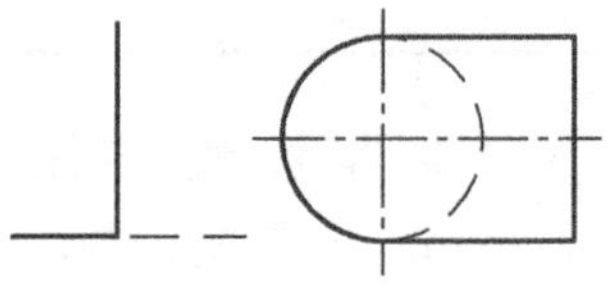
细点画线的两端应超出相应轮廓线2～5mm 在绘制较小图形时,其轴线、对称中心线应用短中心线画出	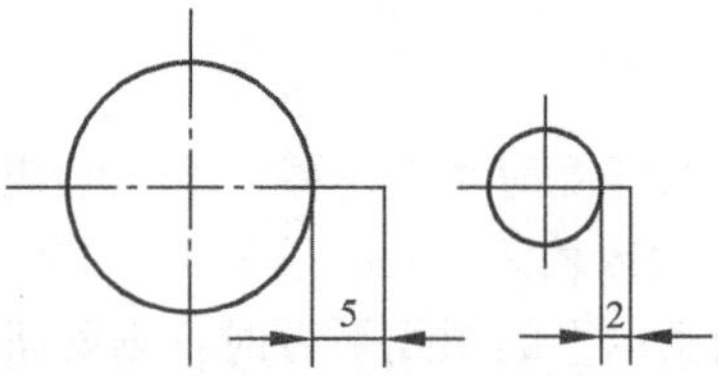	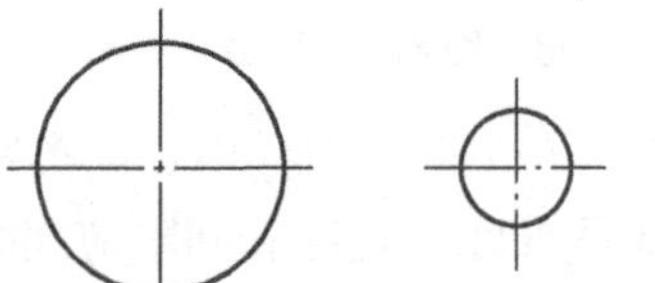

1.1.5 尺寸注法(GB/T 4458.4—2003、GB/T 16675.2—1996)

尺寸是图样的重要内容之一。GB/T 4458.4—2003《机械制图 尺寸注法》和GB/T 16675.2—1996《技术制图 简化表示法 第2部分:尺寸注法》中对尺寸标注作了专门的规定,在绘制、阅读图样时必须严格遵守国家标准中规定的原则和标注方法。

1. 基本规则

(1) 机件的真实大小应以图样上所注的尺寸数值为依据,与图形的大小及绘图的准确度无关。

(2) 图样上的尺寸以mm为单位时,不需标注单位的代号或名称。若应用其他计量单位时,必须注明相应计量单位的代号或名称。

(3) 图样上标注的尺寸是机件的最后完工尺寸,否则应另加说明。

(4) 机件的每个尺寸，一般只在反映该结构最清晰的图形上标注一次。

2. 尺寸的组成

完整的尺寸一般由尺寸界线、尺寸线、尺寸线终端及尺寸数字组成，如图 1.8 所示。

尺寸线终端有箭头和斜线两种形式，如图 1.9 所示。箭头的形式适用于各种类型的图样。当尺寸线的终端采用斜线的形式（用细实线绘制）时，尺寸线与尺寸界线应相互垂直。同一张图样中只能采用一种尺寸线的终端形式。一般机械图样的尺寸线终端画箭头，土建图的尺寸线终端画斜线。

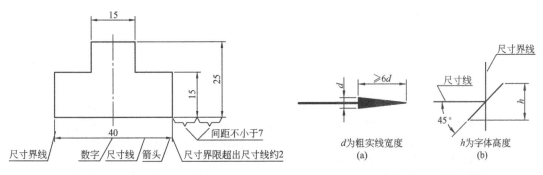

图 1.8　尺寸的组成与标注　　　　图 1.9　尺寸线的终端形式

3. 常用尺寸的标注方法

常用尺寸的标注方法见表 1-6。

表 1-6　常用尺寸的标注方法

项目	说　　明	图　　例
线性尺寸数字	线性尺寸的数字一般应注写在尺寸线的上方，如图(a)所示，也允许注写在尺寸线的中断处图(b)所示 线性尺寸数字的方向，一般应采用如图(c)所示的方向书写，并尽可能避免在图示 30°范围内标注尺。当无法避免时，可按如图(d)所示的形式标注 在不致引起误解时，对于非水平方向的尺寸，也允许将其数字水平地注写在尺寸线的中断处如图(e)所示 尺寸数字不可被任何图线所通过，否则必须将该图线断开，如图(f)所示	（图例）

续表

项目	说 明	图 例
尺寸线	尺寸线必须用细实线单独画出，不能用其他图线代替，一般也不得与其他图线重合或画在其延长线上 标注线性尺寸时，尺寸线必须与所标注的线段平行	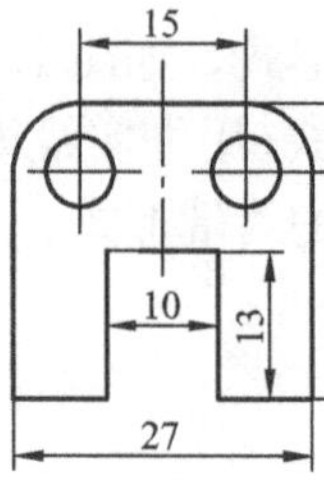 （正确 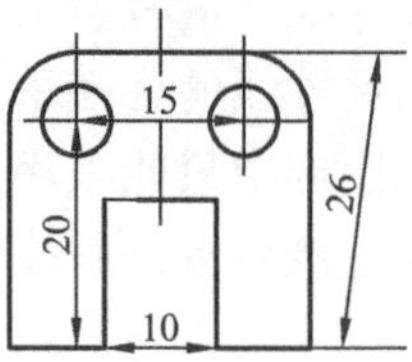 / 不正确 图示）
尺寸界线	尺寸界线用细实线绘制，并应由图形的轮廓线（图(a)）、轴线或对称中心线（图(b)）处引出，也可利用轮廓线、轴线或对称中心线作尺寸界线 尺寸界线一般应与尺寸线垂直，必要时才允许倾斜如图(c)所示。在光滑过渡处标注尺寸时，必须用细实线将轮廓线延长，从它们的交点处引出尺寸界线，如图(d)所示	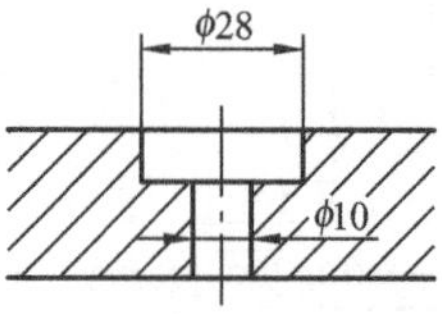 (a)  (b) 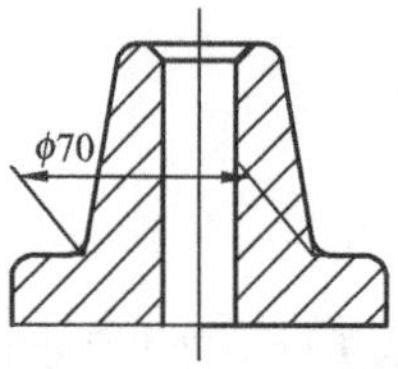 (c) 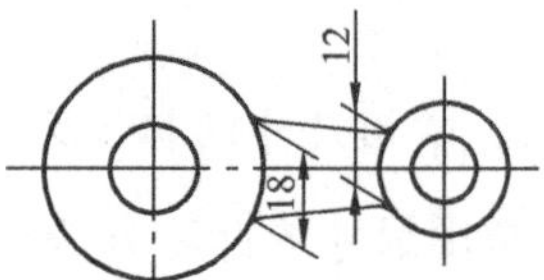 (d) 图示
直径和半径	标注直径尺寸时，应在尺寸数字前加注直径符号"ϕ"；标注半径尺寸时，应在尺寸数字前加注半径符号"R"。其尺寸线的终端应画成箭头，并按图(a)~(d)的方法标注 当圆弧的半径过大或在图纸范围内无法标注其圆心位置时，可按图(e)形式标注。若不需要标出其圆心位置时，可按图(f)的形式标注	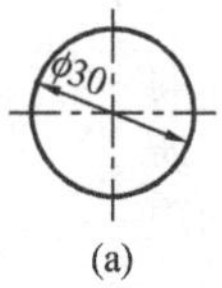 (a)  (b)  (c) 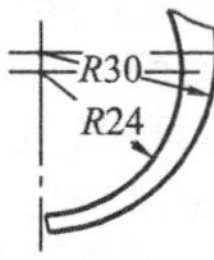 (d) 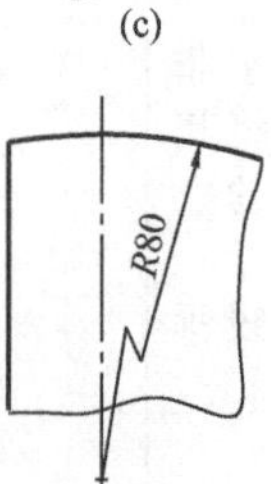 (e) 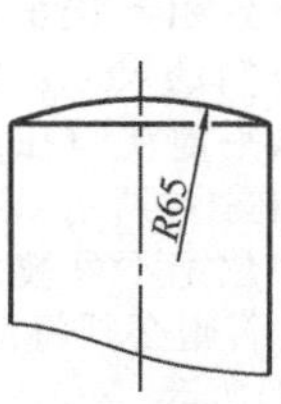 (f) 图示

续表

项目	说 明	图 例
小尺寸的注法	在没有足够的位置画箭头或注写数字时，可按右图形式标出。当采用箭头时，位置不够时允许用圆点代替斜线或箭头	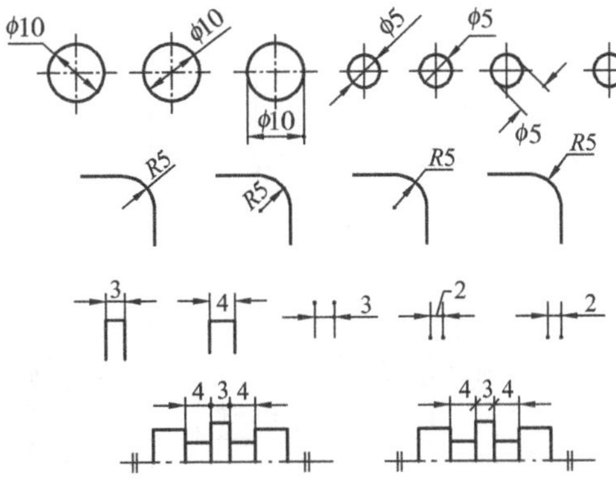
角度的注法	角度的数字一律写成水平方向 角度的数字应注写在尺寸线的中断处，必要时允许写在外面或引出标注 角度的尺寸线应画成圆弧，其圆心是该角的顶点；尺寸界线应沿径向引出	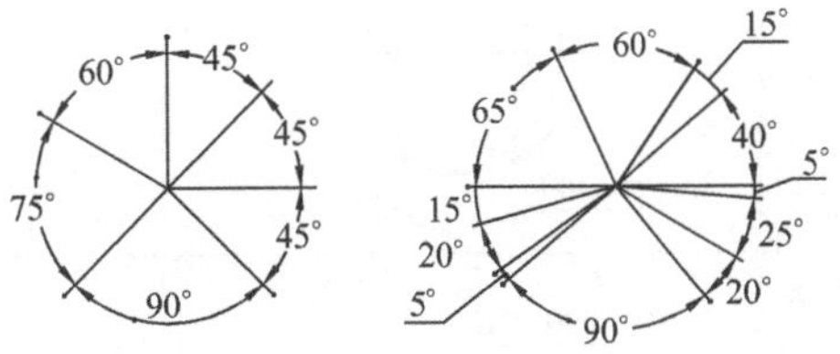

4. 尺寸的简化注法

在不致引起误解和不会产生理解的多意性的前提下，可以用简化形式标注尺寸。
(1) 在标注尺寸时，应尽可能使用符号或缩写词。常用的符号和缩写词见表1-7。
(2) 常用尺寸的简化注法与规定注法的对比见表1-8。

表1-7 常用符号和缩写词

名称	符号或缩写词	名称	符号或缩写词
直径	ϕ	45°倒角	C
半径	R	深度	▽
球直径	$S\phi$	沉孔或锪平	⌴
球半径	SR	埋头孔	∨
厚度	t	均布	EQS
正方形	□		

表 1-8 常用尺寸的简化画法与规定注法的对比

项 目	简 化 后	简 化 前	说 明
尺寸线终端形式	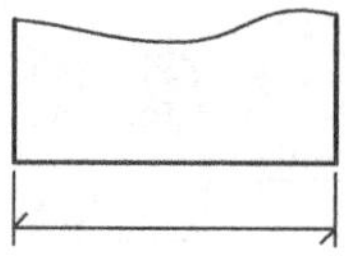	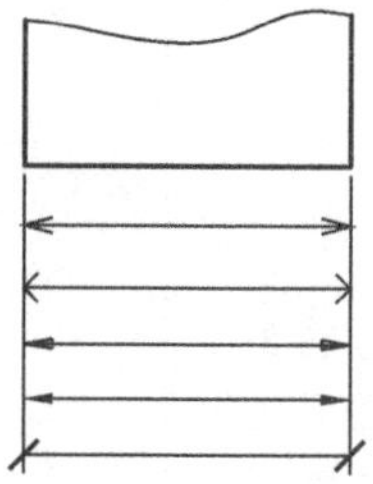	标注尺寸时，可使用单边箭头
带箭头的指引线	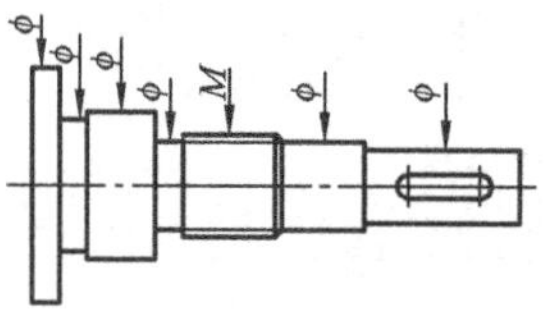	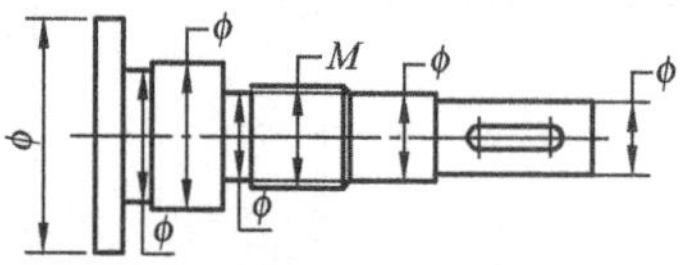	标注尺寸时，可采用带箭头的尺寸线
不带箭头的指引线	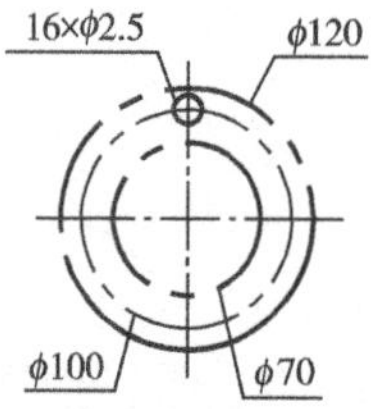	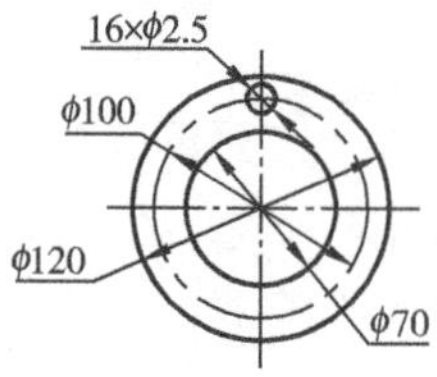	标注尺寸时，也可采用不带箭头的尺寸线
同心圆及台阶孔	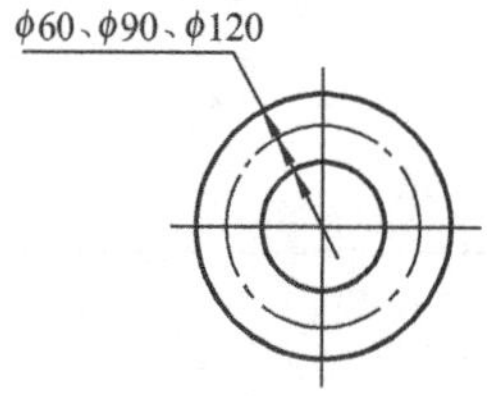	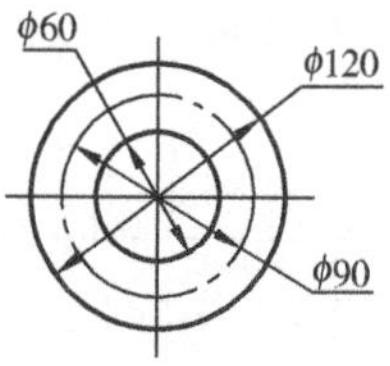	一组同心圆或尺寸较多的台阶孔的尺寸，也可用公共的尺寸线和箭头依次表示
倒角	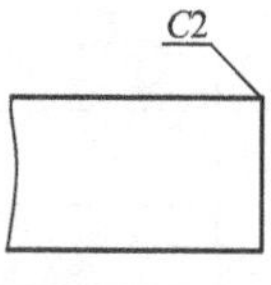	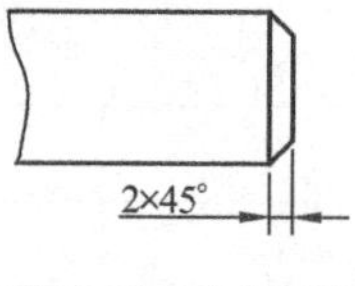	在不致引起误解时，零件图中的倒角可以省略不画，其尺寸也可简化标注

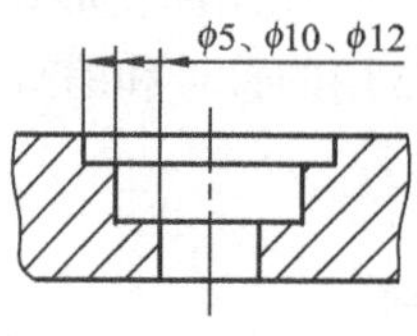

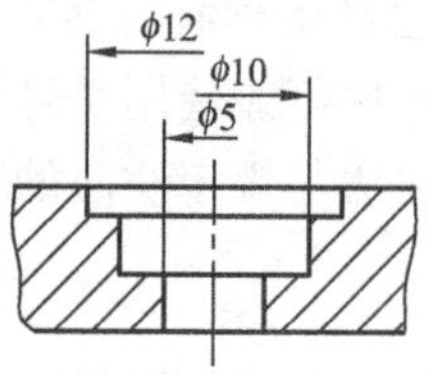

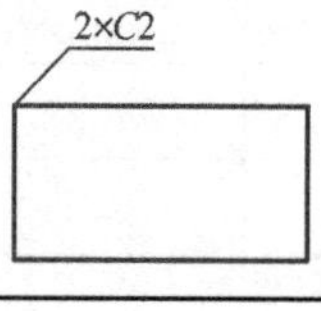

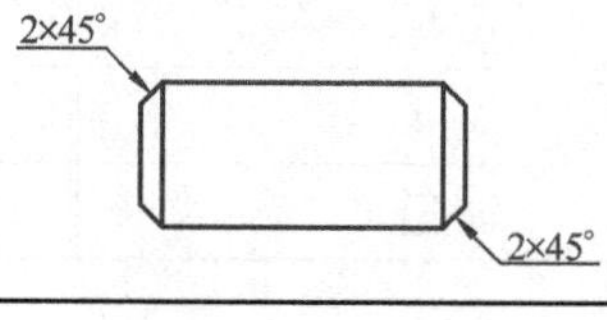

1.2 绘图工具的使用

正确使用绘图工具是保证图样质量，提高绘图速度的一个重要方面。下面仅介绍几种常用工具及其使用方法。

1.2.1 手工绘图工具

1. 图板、丁字尺

图板用作画图的垫板，要求表面平坦、光滑，左右两导边平直，如图 1.10(a)所示。

丁字尺用于画水平线。画图时，应使尺头紧靠图板左侧导边，自左向右画水平线，如图 1.10(b)所示。

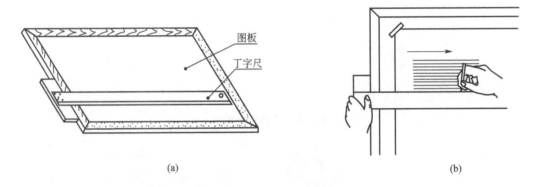

图 1.10 图板与丁字尺的用法

2. 三角板

三角板除了直接用来画直线外，还可配合丁字尺画铅垂线(图 11.1(a))和与水平线成 15°、30°、45°、60°、75°等的倾斜线，如图 1.11(a)和图 1.11(b)所示；如将两块三角板配合使用，还可以画出已知直线的平行线和垂直线，如图 1.11(c)和图 1.11(d)所示。

3. 铅笔

绘图时要求使用绘图铅笔。铅笔笔心的软、硬度分别用 B 和 H 表示，B 前的数字值越大表示铅心越软(黑)，H 前的数字值越大表示铅心越硬。根据使用要求不同，准备以下几种硬度不同的铅笔：

H 或 2H——画底稿用；
HB 或 H——画细实线、虚线、细点画线及写字用；
HB 或 B——加深粗实线用。

画粗实线的铅笔的铅心削成宽度为 b 的四棱柱形，其余铅心磨削成锥形，如图 1.12 所示。

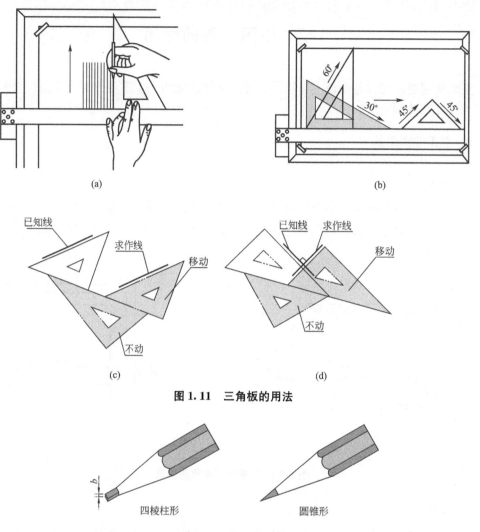

图 1.11 三角板的用法

图 1.12 铅笔的削法

4. 圆规和分规

圆规用来画圆和圆弧。画圆时,圆规的钢针应使用带有台阶的一端,并应调整好铅心尖与肩台平齐。圆规的使用方法如图 1.13 所示。

画圆时,将钢针尖对准圆心,扎入图纸,按顺时针方向画圆,并向前方稍微倾斜,如图 1.13(a)所示;画较大圆时,应保持圆规的两脚与纸面垂直,如图 1.13(b)所示;画大圆时,可加上延长杆,如图 1.13(c)所示。

分规用于等分线段和量取尺寸。分规的两脚均装有钢针,当两脚合拢时,两针尖应对齐,分规的使用方法如图 1.14 所示。

除了以上绘图工具外,还有比例尺、曲线板、模板、擦图片等各种手工绘图工具,使用时可参阅相关资料。

手工绘图是一项细致、复杂和冗长的劳动。不但效率低、周期长,而且不易于修改。

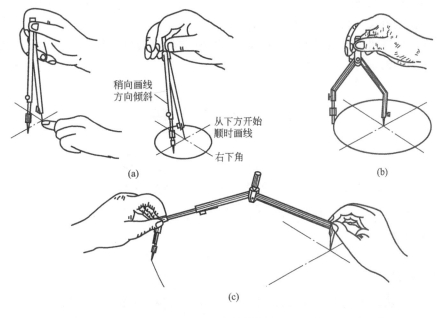

图 1.13 圆规的用法

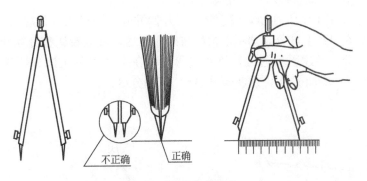

图 1.14 分规的用法

1.2.2 微型计算机

计算机绘图是 20 世纪 70 年代发展起来的一门新兴交叉学科，它涉及计算机科学、数学及工程图学等学科，是以微机为工具，研究如何利用计算机来产生各种图形的新兴学科。

计算机绘图具有速度快、精度高、图面美观清晰、便于修改、便于管理等优点，因而在工业生产中已经取代手工绘图。

一个计算机绘图系统可以有不同的组合方式，最简单的是由一台微型计算机加一台绘图机组成。除硬件外，还必须配有各种软件，如操作系统、语言系统、编辑系统、绘图软件和显示软件等。

计算机绘图软件包括二维、三维图形及图像等各类软件。目前常用的商品化软件有 AutoCAD、Photoshop、3ds max、CAXA 等。其中 AutoCAD 是由美国 Autodesk 公司开发的通用的计算机绘图软件包，自 1982 年问世以来，已经进行了十多次的版本升级，其功能强大、使用方便，得到了广泛的应用。

本课程将计算机绘图贯穿始终，除对手工绘图进行必要的训练外，主要是以微机为工具完成机械制图的学习与绘图技能训练。

1.3 几何作图

机件的轮廓形状虽然各不相同，但分析起来，都是由直线、圆弧和其他一些非圆曲线等基本的几何图形所组成。熟练掌握常见几何图形的绘图原理、作图方法，是绘制机械图样的基本技能。

1.3.1 等分作图

1. 等分线段

（1）平行线法。如图 1.15 所示，将线段 AB 五等分。先由一端点 A（或 B）任作射线 AC，在 AC 上以适当长度截得 1、2、3、4、5 各等分点。连接 5B，并过 4、3、2、1 各点分别作 5B 的平行线，即得线段的 5 个等分点。

（2）试分法。如图 1.16 所示，将直线段 AB 四等分。用目测将分规的开度调整至 AB 的 1/4 长，然后在 AB 上试分。如不能恰好将线段分尽，可重新调整分规开度使其长度增加或缩小再行试分，通过逐步逼近，将线段等分。在本例中首次试分，剩余长度幅度为 E，这时调整分规，增加 E/4 再重新等分 AB，直到分尽为止。

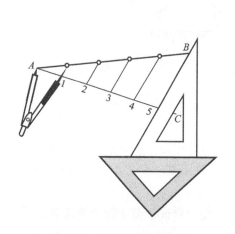

图 1.15　平行线法等分线段

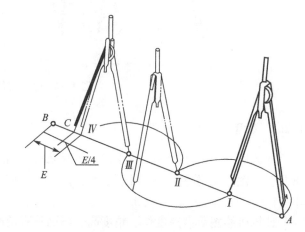

图 1.16　试分法等分线段

2. 等分圆周及作正多边形

（1）圆周的三、六、十二等分。圆周的三、六、十二等分有两种作图方法。用圆规等分的作图方法如图 1.17 所示，另外还可用 30°(60°)三角板和丁字尺配合进行等分，如

图 1.18 所示。

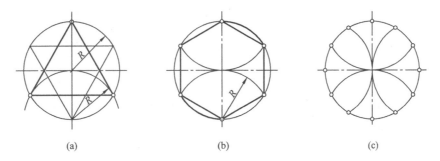

图 1.17 用圆规三、六、十二等分圆周

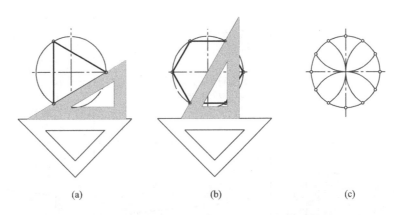

图 1.18 用丁字尺、三角板三、六、十二等分圆周

（2）圆周的五等分。如图 1.19 所示，等分半径 OB 得点 M（图(a)），以点 M 为圆心，MC 长为半径画弧交 AO 于点 N（图(b)），CN 为五边形的边长（图(c)）。

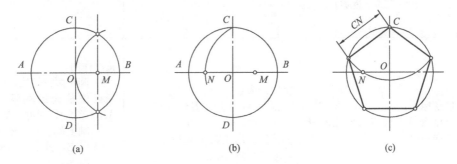

图 1.19 圆周的五等分

1.3.2 斜度和锥度

1. 斜度

斜度是指一直线（或平面）对另一直线（或平面）的倾斜程度，其大小用夹角的正切值来表示，并把比值转化为 $1:n$ 的形式。斜度的表示符号、作图方法及标注见表 1-9。

表 1-9 斜度、锥度的表示符号、作图与标注

斜度	(图：直角三角形，标注 H、L、α；斜度符号 30°，h)	斜度的表示： 斜度 $\tan\alpha = H/L = 1:L/H = 1:n$ 斜度符号的线宽为 $h/10$ $h=$字体高度	斜度作图： 1. 画基准线，从末端作垂线取一个单位长度 2. 基准线上取 5 个相同的单位长 3. 连 AB 为 $1:5$ 的斜度，推平行线到需要的位置
	斜度的标注： 斜度符号方向应与所注的斜度方向一致		
锥度	(图：圆锥，标注 2α、d、D、$D-d$、L_1、L；锥度符号 30°，$1.4h$)	锥度的表示： 锥度 $=D:L=(D-d):L_1$ $=2\tan\alpha=1:n$ 锥度符号的线宽为 $h/10$ $h=$字体高度	锥度作图： 1. 画正圆锥轴线，过轴上一点作轴线的垂线，截取 AB 单位长（对称在轴两边） 2. 轴上截取 5 个相同单位长得 C 点，连 AC、BC，得 $1:5$ 的锥度 3. 作 $DF/\!/BC$、$EG/\!/AC$
	锥度的标注： 锥度符号方向应与所注的锥度方向一致		

2. 锥度

锥度是指正圆锥体的底圆直径与其高度之比，若为圆台则为两底圆直径之差与台高之比。其比值常转化为 $1:n$ 的形式。锥度的表示符号、作图方法及标注见表 1-9。

1.3.3 圆弧连接

绘制机件图形时，经常需要用圆弧光滑地连接另外的圆弧或直线，这种用圆弧光滑地连接相邻两线段（直线或圆弧）的作图方法称为圆弧连接。光滑连接实质上就是圆弧与圆弧或圆弧与直线相切，其切点就是连接点。为保证光滑连接，必须准确地找出圆心和切点。

1. 圆弧连接的作图原理

圆弧连接的作图原理见表 1-10。

表 1-10 圆弧连接的作图原理

类型	圆弧与直线连接（相切）	圆弧与圆弧连接（外切）	圆弧与圆弧连接（内切）
图例	（图示）	（图示）	（图示）
连接弧圆心轨迹及切点位置	1. 连接弧圆心的轨迹是平行于已知直线且相距为 R 的直线 2. 过连接弧圆心向已知直线作垂线，垂足即为切点	1. 连接弧圆心的轨迹是已知圆弧的同心圆弧，其半径为 R_1+R_2 2. 两圆心连线与已知圆弧的交点即为切点	1. 连接圆心的轨迹是已知圆弧的同心圆弧，其半径为 R_1-R 2. 两圆心连接的延长线与已知圆弧的交点即为切点

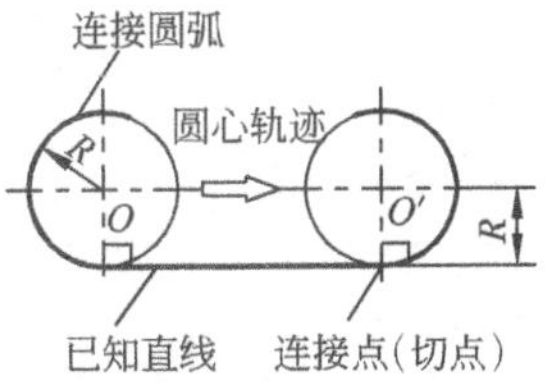

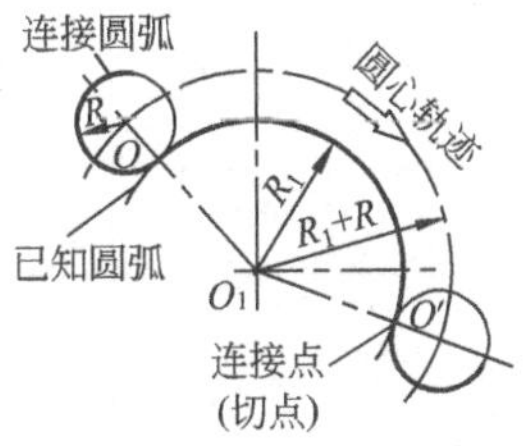

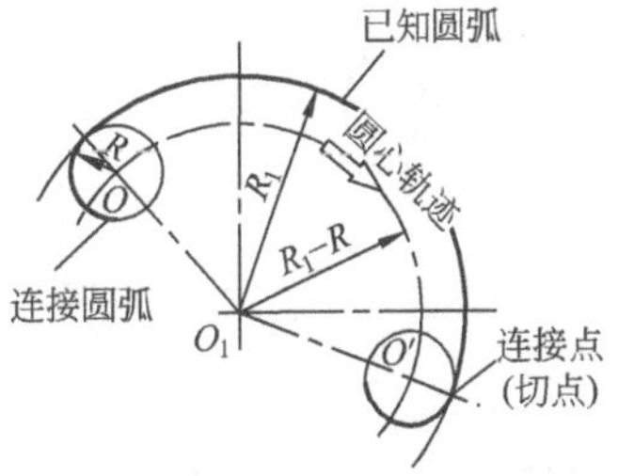

2. 圆弧连接的作图方法

圆弧连接的作图方法见表 1-11。

表 1-11 圆弧连接的作图方法

已知条件	作图方法和步骤		
	1. 求连接圆弧圆心 O	2. 求连接点（切点）A、B	3. 画连接弧并描粗
圆弧连接两已知直线	（图示）	（图示）	（图示）

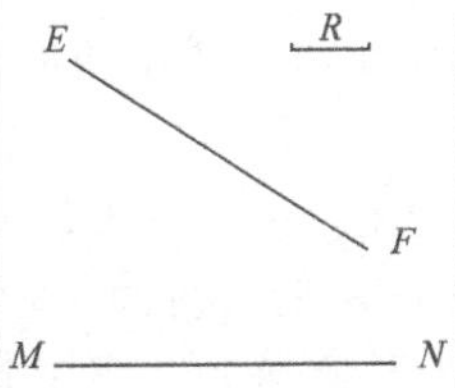

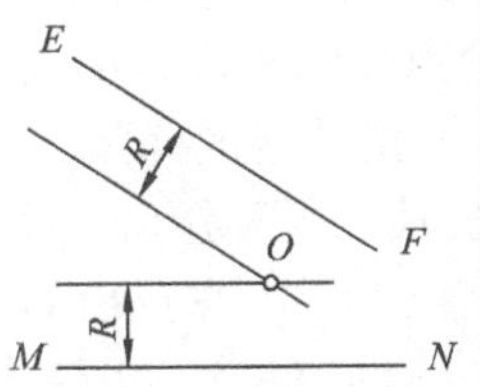

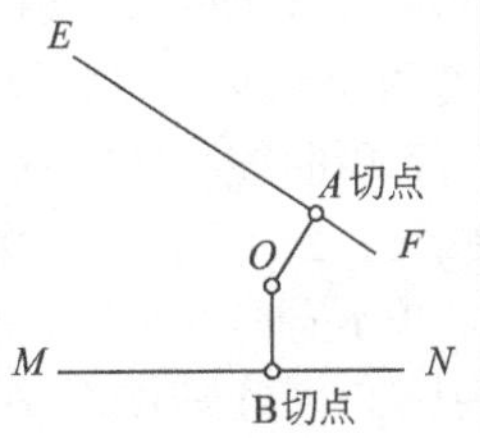

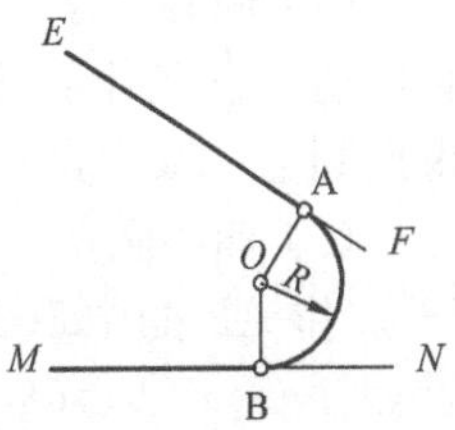

续表

已知条件	作图方法和步骤		
	1. 求连接圆弧圆心 O	2. 求连接点(切点) A、B	3. 画连接弧并描粗
圆弧连接已知直线和圆弧 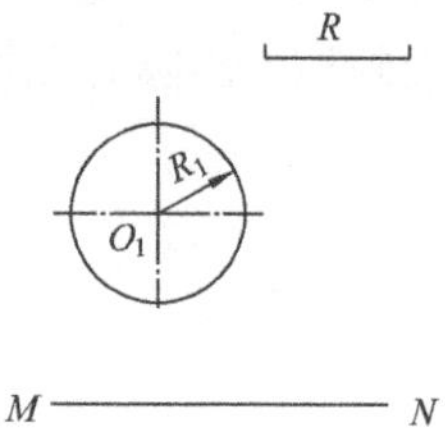 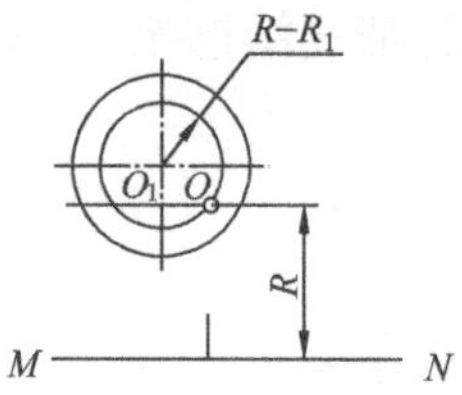 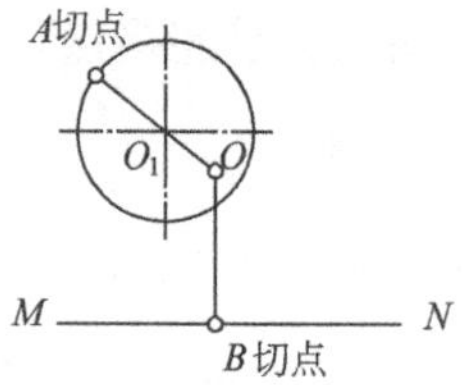 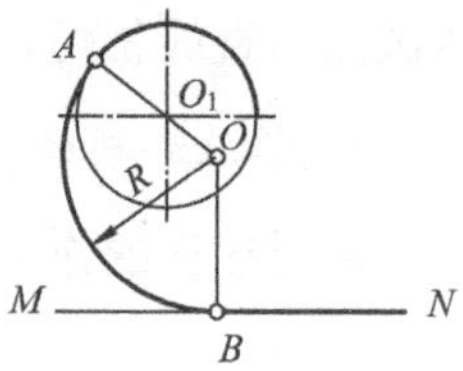			
圆弧外切连接两已知圆弧 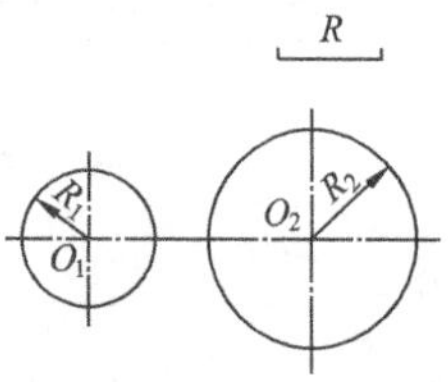 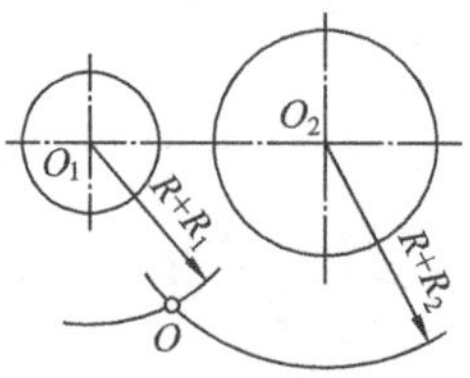 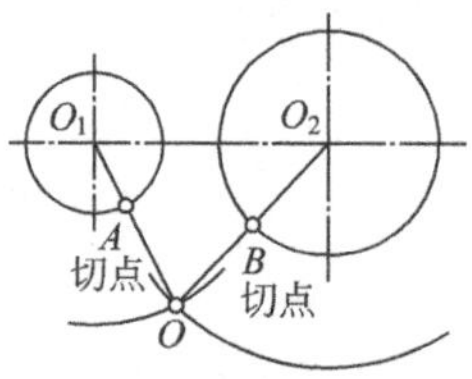 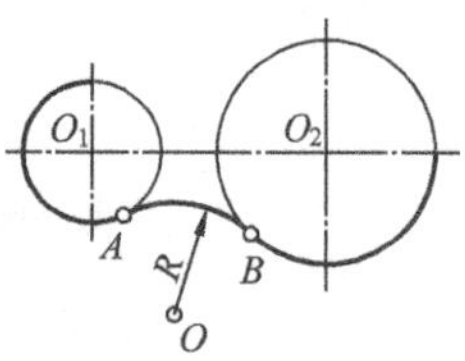			
圆弧内切连接两已知圆弧 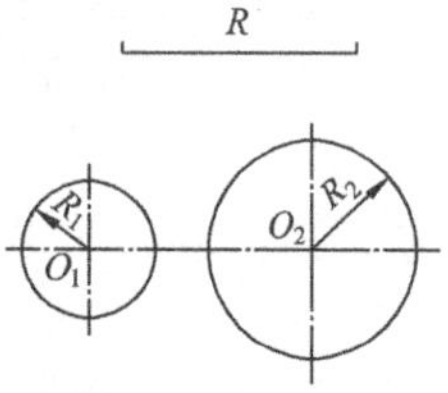 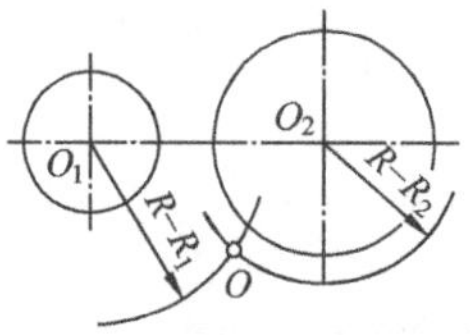 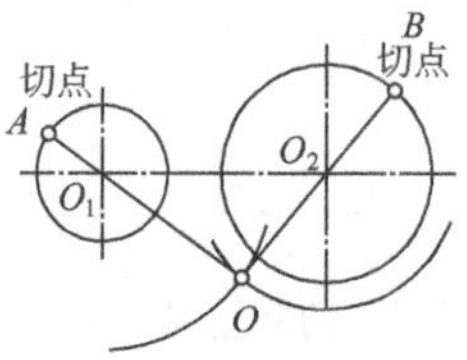 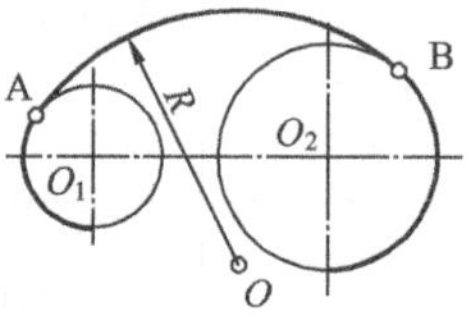			
圆弧分别内外切连接两已知圆弧 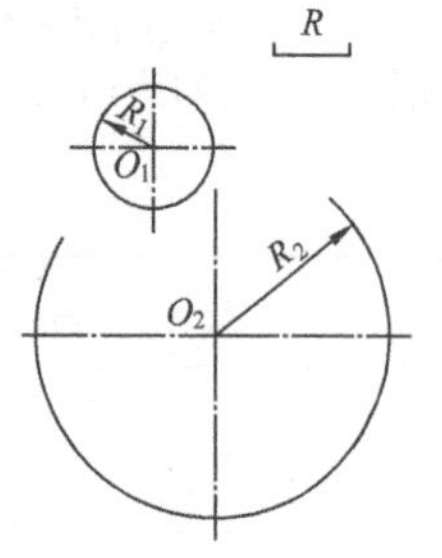 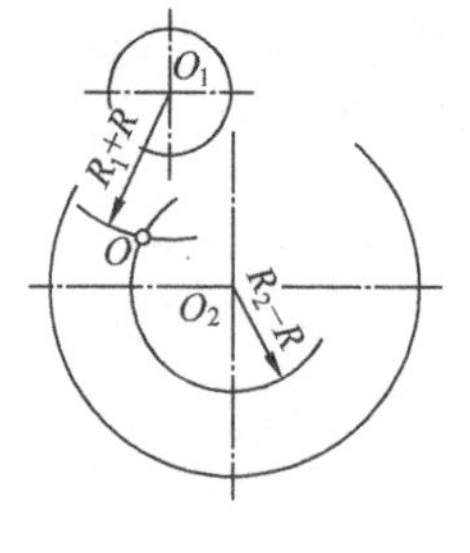 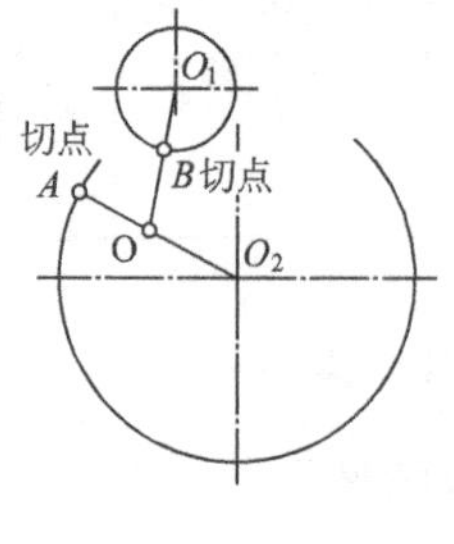 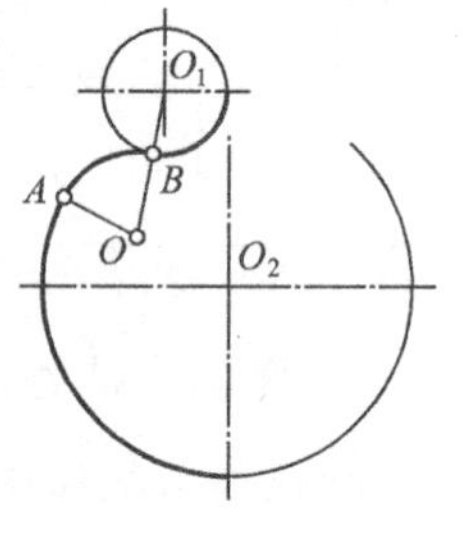			

1.3.4 椭圆的画法

绘图时，除了直线和圆弧外，也会遇到一些非圆曲线。这里只介绍椭圆的常用画法。

(1) 同心圆法。如图 1.20 所示，以 O 为圆心，长半轴 OA 和短半轴 OC 为半径分别画圆，由 O 作若干直线与两圆相交，自大圆交点作铅垂线，小圆交点作水平线，即可相应求得椭圆上一系列点，然后用曲线板将这些点光滑地连成椭圆。

(2) 四心圆法。如图 1.21 所示，已知长轴 AB 和短轴 CD，连接 AC，取 CF=OA−OC。作 AF 的中垂线，交长轴于 O_1，交短轴于 O_2，并找出 O_1 和 O_2 的对称点 O_3 和 O_4。以 O_1、O_2、O_3、O_4 为圆心，分别以 O_1A、O_2C、O_3B、O_4D 为半径画圆弧，这 4 段圆弧就拼成了近似椭圆。

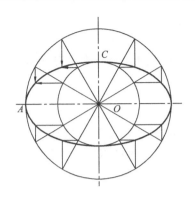
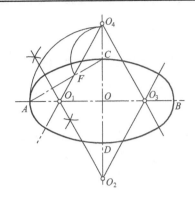

图 1.20　同心圆法作椭圆　　　　　图 1.21　四心圆法作椭圆

1.4　平面图形的画法

一般平面图形都是由若干线段(直线或曲线)连接而成的，要正确绘制一个平面图形，首先应对平面图形进行尺寸分析和线段分析，从而确定正确的绘图顺序，依次绘出各线段。同一个图形的尺寸注法不同，图线的绘制顺序也随之改变。

1.4.1　尺寸分析

平面图形中的尺寸，按其作用可分为如下两类。

1. 定形尺寸

用于确定平面图形中各几何元素形状大小的尺寸称为定形尺寸。如直线段的长度、圆的直径、圆弧半径以及角度大小等的尺寸。如图 1.22 所示，尺寸 15、$\phi 5$、$\phi 20$、$R10$、$R15$、$R12$ 等为定形尺寸。

2. 定位尺寸

用于确定几何元素在平面图形中所处位置的尺寸称为定位尺寸。如图 1.22 所示，尺寸 8 确定了 $\phi 5$ 的圆心位置；75 间接地确定了 $R10$ 的圆心位置；45 确定了 $R50$ 圆心的一个方向的定位尺寸。

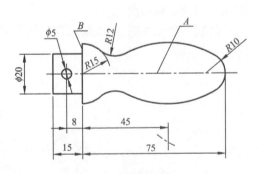

图 1.22　手柄平面图

在平面图形中，定位尺寸通常选择图形的对称线、中心线或某一轮廓线作为标注尺寸的起点，这个起点被称为尺寸基准。平面图形有水平和垂直两个方向的基准。对于回转体，一般以回转轴线为径向尺寸基准，以重要端面为轴向尺寸基准，如图 1.22 所示的 A 和 B。

1.4.2 线段分析

平面图形中的线段(直线或圆弧),根据其定位尺寸的齐全与否可分为 3 类:已知线段、中间线段和连接线段。

1. 已知线段

具有定形尺寸和齐全的定位尺寸的线段称为已知线段。对于圆弧(或圆),它应具有圆弧半径(或圆的直径)和圆心的两个定位尺寸,如图 1.22 所示的 $R15$、$R10$。已知线段根据所给的尺寸能够直接作出。

2. 中间线段

具有定形尺寸和不齐全的定位尺寸的线段称为中间线段。对于圆弧(或圆),它仅有圆弧半径(或圆的直径)和圆心的一个定位尺寸,如图 1.22 所示的 $R50$。中间线段需要一端的相邻线段作出后才能作出。

3. 连接线段

只有定形尺寸而没有定位尺寸的线段称为连接线段。对于圆弧(或圆),它只有圆弧半径(或圆的直径)而没有圆心的定位尺寸,如图 1.22 所示的 $R12$。连接线段需要依靠两端线段画出后才能作出。

注意:在两条已知线段之间,可以有多条中间线段,但必须而且只有一条连接线段。

1.4.3 平面图形的画图步骤

根据上述分析,画平面图形时,应先画已知线段,再画中间线段,最后画连接线段。在画图之前要对图形尺寸进行分析,以确定画图的顺序。作图过程中应准确求出中间弧和连接弧的圆心和切点。

【例】 画出如图 1.23 所示定位块的平面图形。

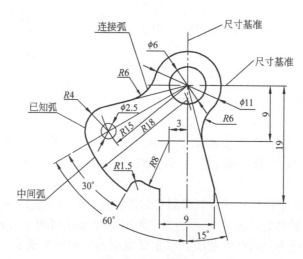

图 1.23 定位块

画图步骤如下。

(1) 画基准线及已知线段的定位线,如尺寸 19、9、R15 等,如图 1.24(a)所示。

(2) 画已知线段,如弧 $\phi6$、$\phi2.5$、$R11$ 和 $R4$ 等,它们是能够直接画出来的轮廓线,如图 1.24(b)所示。

(3) 画中间线段,如圆弧 $R18$,它需借助与 $R4$ 相内切的几何条件才能画出,如图 1.24(c)所示。

(4) 画连接线段,如 $R6$、$R1.5$ 等,它们要根据与已直线段相切的几何条件找到圆心位置后方能画出,如图 1.24(d)所示。

(5) 最后经整理和检查无误后,按规定加深图线,并标注尺寸,如图 1.23 所示。

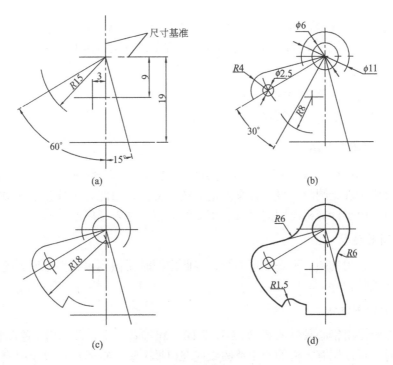

图 1.24 画定位块的步骤

1.5 绘图的基本方法与步骤

为了提高图绘质量和速度,除了必须熟悉制图标准,学会几何作图方法和正确使用绘图工具外,还需要掌握正确的绘图方法和步骤。

1.5.1 尺规绘图的方法和步骤

1. 准备工作

(1) 准备好必备的绘图工具和仪器。
(2) 识读图形,对图形的尺寸与线段进行分析,拟定作图步骤。
(3) 确定绘图比例,选取图幅,固定图纸。

2. 绘制底稿

（1）画图框和标题栏。
（2）合理布图，画出作图基准线，确定图形位置。
（3）按顺序画图。
（4）画尺寸界线和尺寸线。
（5）校对、修改图形，完成全图底稿。
注：画底稿用 H 或 2H 铅笔，线型暂不分粗细，一律用细实线画出。

3. 铅笔加深

加深图线要保证线型正确、粗细分明、连接光滑、图面整洁。粗实线一般用 HB 或 B 铅笔加深，细实线一般用 H 或 2H 铅笔加深。加深的顺序为：先粗后细，先曲后直，从上到下，从左到右。

4. 画箭头、填写尺寸数字、标题栏及其他说明

按顺序画尺寸线箭头、填写尺寸数字、标题栏等内容。

1.5.2 徒手绘草图的方法

徒手绘图是不用绘图仪器而按目测比例徒手画出图样的绘图方法，这种图样称为草图。草图主要用于现场测绘、设计方案讨论或技术交流，因此，工程技术人员必须具备徒手绘图的能力。由于计算机绘图的普及、草图的应用也越来越广泛。

1. 画草图的要求

草图是徒手绘制的图，不是潦草的图，因此作图时要做到：线型分明，比例适当，尺寸无误，字体工整。

2. 草图的绘制方法

绘制草图时可用铅心较软的笔（如 HB 或 B）。粗细各一支，分别用于绘制粗细线。

画草图时，可以用有方格的专用草图纸或在白纸下垫一格子纸，以便控制图线的平直和图形的大小。

（1）直线的画法。画直线时，应先标出直线的两端点，手腕靠着纸面，眼睛注视线段终点，匀速运笔一气完成。

画水平线时为了便于运笔，可将图纸斜放，如图 1.25（a）所示；画垂直线应自上而下运笔，如图 1.25（b）所示；画斜线时，可以调整图纸位置，使其便于画线，如图 1.25（c）所示。

（2）常用角度的画法。画 30°、45°、60°等常用角度时，可根据两直角边的比例关系，在两直角边上定出两端点后，徒手连成直线，如图 1.26 所示。

（3）圆的画法。画直径较小的圆时，先在中心线上按半径大小目测定出 4 点，然后徒手将这 4 点连接成圆，如图 1.27（a）所示；画较大圆时，可通过圆心加画两条 45°的斜线，按半径目测定出 8 点，连接成圆，如图 1.27（b）所示。

（4）圆角、圆弧连接的画法。画圆角、圆弧连接时，根据圆角半径大小，在分角线上定出圆心位置，从圆心向分角两边引垂线，定出圆弧的两连接点，并在分角线上定出圆弧上的点，然后过这 3 点作圆弧，如图 1.28（a）所示；也可以利用圆弧与正方形相切的特点画出圆角或圆弧，如图 1.28（b）所示。

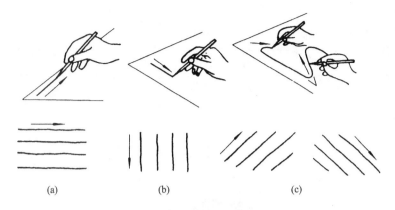

图 1.25 直线的徒手画法

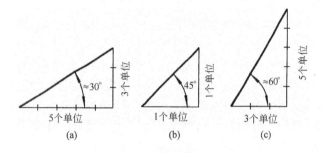

图 1.26 角度线的徒手画法

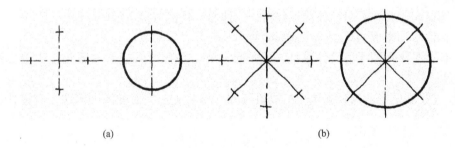

图 1.27 圆的徒手画法

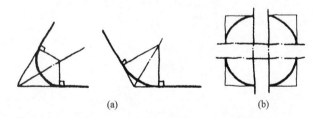

图 1.28 圆角、圆弧连接的徒手画法

(5) 椭圆的画法。画椭圆时,先画椭圆长、短轴,定出长、短轴顶点,过 4 个顶点画矩形,然后作椭圆与矩形相切,如图 1.29(a)所示;或者利用其与菱形相切的特点画椭圆,如图 1.29(b)所示。

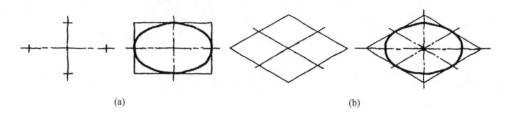

图 1.29　椭圆的徒手画法

复习思考题

1. 图纸幅面的代号有哪几种？各幅面代号的图纸之间有何关系？

2. 在图样中书写的字体，必须做到哪些要求？字体的号数说明什么？长仿宋体字的高与宽之间有何比例？

3. 粗实线、虚线、细点画线、波浪线、双点画线和细实线中哪些是细线、哪些是粗线？其主要用途是什么？粗、细线的宽度有何关系？在图样上画图线时应注意哪几点？

4. 一个完整的尺寸由哪几个要素组成？各有哪些基本规定？

5. 怎样使用圆规画图？分规有什么用途？已知正 n 边形的外接圆，怎样用分规作正 n 边形？

6. 什么是斜度？什么是锥度？斜度 1∶15 和锥度 1∶15 有何区别？怎样作出已知的斜度和锥度？

7. 圆弧与圆弧连接时，连接点应在什么地方？作图方法有哪些规律？

8. 标注平面图形的尺寸应达到哪些要求？

9. 什么是平面图形的尺寸基准、定形尺寸和定位尺寸？通常按哪几个步骤标注平面图形的尺寸？

10. 在平面图形的圆弧连接处的线段可分为哪 3 类？它们的区别何在？应按什么顺序作图？

第 2 章　AutoCAD 基础知识

教学目标：通过对 AutoCAD 基础知识的学习，熟悉 AutoCAD 的绘图环境，了解 AutoCAD 的主要功能，能运用基本知识进行简单的绘图和编辑操作。

教学要求：熟悉 AutoCAD 2006 中文版的界面组成及环境配置，掌握图形文件的创建、打开和保存方法，掌握图形显示的操作方法，熟悉命令执行的一般方式，掌握点的坐标输入方式、对象捕捉、追踪方法、创建图层、设置图层状态的方法及线型比例因子的修改方法。

AutoCAD 是目前使用最多的计算机辅助设计软件之一，是美国 Autodesk 公司 1982 年推出的产品。如今，AutoCAD 经过了十几次版本的升级，功能不断强大和完善，广泛应用于机械、电子、建筑、航空、航天、轻工、纺织等领域。本课程主要介绍 AutoCAD 2006 版。

本章介绍 AutoCAD 2006 的基本操作、绘图环境的设置、辅助绘图工具的应用及图层的概念，为以后快速有效地绘图打下基础。

2.1　AutoCAD 2006 软件概述

2.1.1　启动 AutoCAD 2006

AutoCAD 2006 安装后会在桌面上出现 图标，双击该图标可以启动 AutoCAD 2006。

单击【开始】按钮，选择菜单【程序】｜Autodesk｜AutoCAD 2006 - Simplified Chinese｜AutoCAD 2006 命令，也可以启动 AutoCAD 2006。

2.1.2　AutoCAD 2006 的工作界面

如图 2.1 所示，AutoCAD 2006 的工作界面包含如下几部分。

1. 标题栏

如同 Windows 的其他应用软件一样，在 AutoCAD 2006 界面的最上面是文件标题栏，其中列有软件的名称和当前打开的文件名，最右侧是 Windows 程序的【最小化】、【还原】和【关闭】按钮。

2. 菜单栏

标题栏下面是菜单栏。菜单栏包括 AutoCAD 的各项功能和命令，例如，由【文件】菜单可以打开、保存或打印图形文件。通常情况下，菜单中的大多数命令项都代表AutoCAD命令，通过逐层选择相应的菜单，可以激活 AutoCAD 软件的命令或者相应对话框，如图 2.2 所示。

菜单是一种很重要的激活命令的方式，它的优点是所有命令分门别类地组织在一起，使用时可以对号入座进行选择，但由于它的系统性较强，每次使用时都需要逐级选择，略

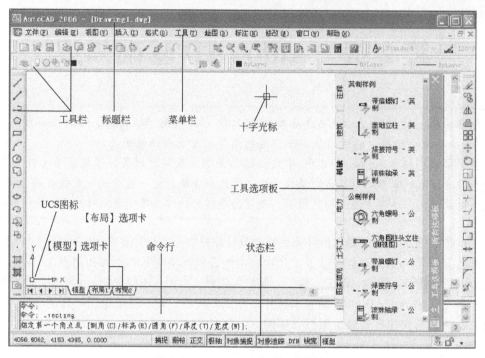

图 2.1　AutoCAD 2006 的工作界面

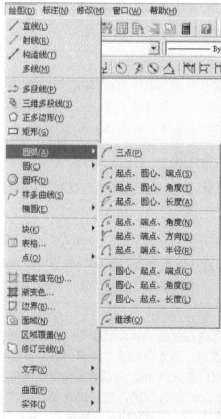

图 2.2　下拉菜单

显繁琐，效率不高。

3. 工具栏

工具栏是代替命令的简捷工具，使用它可以完成绝大部分的绘图工作。AutoCAD 提供了 30 个工具栏，每一个工具栏都是同一类常用命令的集合，使用时只需单击相应的工具按钮就能执行该项命令。

默认的 AutoCAD 2006 界面只显示 6 个工具栏，分别是【标准】、【样式】、【图层】、【对象特性】、【绘图】和【修改】工具栏，如图 2.3～2.8 所示。

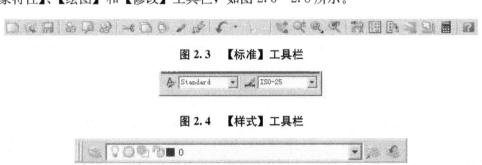

图 2.3　【标准】工具栏

图 2.4　【样式】工具栏

图 2.5　【图层】工具栏

图 2.6　【对象特性】工具栏

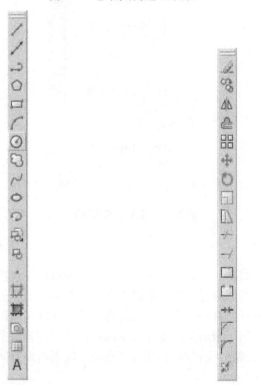

图 2.7　【绘图】工具栏　　　　图 2.8　【修改】工具栏

工具栏有两种状态，一种是固定状态，此时工具栏位于屏幕的左、右侧或上方，如图2.1所示；另一种是浮动状态，用鼠标按住工具栏上方或左端两条杠处，拖动至指定位置，就变为浮动工具栏，如图2.9所示为【绘图】工具栏拖动后的浮动状态。

图2.9 【绘图】浮动工具栏

如果想打开其他工具栏，可在任意一个工具栏上右击鼠标，从弹出的快捷菜单中选择需要打开的工具栏。如果要关掉工具栏，只需去掉快捷菜单中的选择或单击浮动工具栏右上角的【关闭】按钮 即可。

4. 工具选项板

工具选项板是提供组织图块、图案填充和常用命令的有效方法。默认方式启动 AutoCAD 2006 时，会弹出【工具选项板】窗口，如图 2.10 所示，它大大方便了图案填充并提供了建筑、机械、电力等注释符号。单击此窗口右上角的 按钮，可将其关闭。需要打开时，选择菜单【工具】|【工具选项板窗口】命令或单击【标准】工具栏中的 按钮即可。

图2.10 【工具选项板】窗口

5. 绘图窗口

绘图窗口是绘图、编辑对象的工作区域，绘图区域可以任意扩展，在屏幕上显示的只是图形的部分或全部，可以通过缩放、平移等命令来控制图形显示。

在绘图区域移动鼠标会看到一个十字光标在移动，这就是图形光标；绘图窗口左下角是直角坐标显示标志，用于指示图形设计的平面；窗口底部有一个【模型】标签和一个以上的【布局】标签，"模型"代表模型空间，"布局"代表图纸空间，利用两个标签可以在这两个空间中转换。

6. 命令行与文本窗口

命令行是输入命令和反馈命令参数提示的地方，位于绘图窗口下方，也称命令窗口。默认状态下命令行显示 3 行，如图 2.1 所示，可通过鼠标拖动上边界来放大或缩小行数。

文本窗口是命令窗口的加大版本，它可以显示每一个绘图工作期间的命令行历史纪录。可通过选择菜单【视图】|【显示】|【文本窗口】命令或执行 textscr 命令来打开它，如图 2.11 所示。

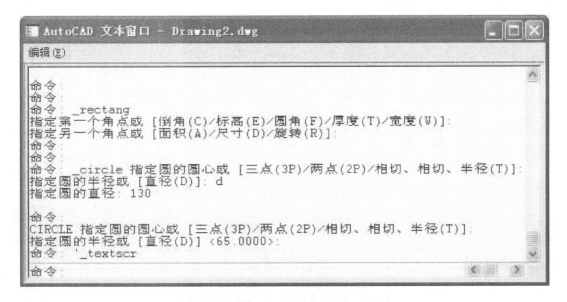

图 2.11 文本窗口

7. 状态栏

状态栏位于命令行下面，它反映当前的操作状态，如图 2.12 所示。

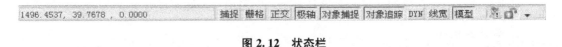

图 2.12 状态栏

状态栏左侧数字是当前光标所在位置的坐标值，当光标移动到菜单项或工具栏按钮上时，坐标显示会切换为命令的功能说明；中间的一排按钮是辅助绘图工具，显示和控制捕捉、栅格、正交、极轴追踪、对象捕捉、对象追踪、线宽等状态；右侧有一个雷达和锁头状的图标，称为状态栏托盘图标，用于通信服务、锁定或解锁工具栏和窗口位置及状态栏工具的显示。

8. 环境配置

在 AutoCAD 2006 中，选择菜单【工具】|【选项】命令，可以在弹出的【选项】对话框中配置界面，如图 2.13 所示。

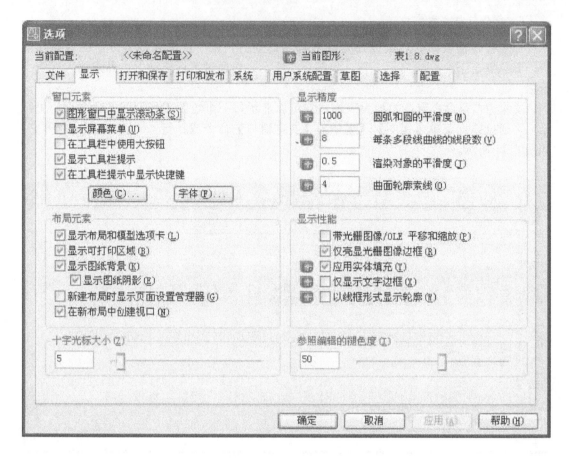

图 2.13 【选项】对话框的【显示】选项卡

2.1.3 AutoCAD 2006 使用入门

为了便于后面内容的学习，需要先介绍一些与 AutoCAD 图形绘制、编辑相关的内容，如命令的执行，对象的选择、删除与修剪，图形单位与图限设置等。

1. 命令的执行

在 AutoCAD 中，选择某个命令或单击某个工具在大多数情况下都相当于执行一个带选项的命令。因此，命令就是 AutoCAD 的核心。

命令的执行有如下方式。

（1）选择菜单项。

（2）单击工具栏的工具按钮。

（3）利用右键快捷菜单中的命令。

（4）在命令行直接输入命令。

操作者可在命令行下输入命令全名，并按 Enter 键启动。有些命令还有缩写名称，例如可以不输入"circle"而只输入"c"来启动画圆命令。

执行命令时，AutoCAD 在命令行中显示提示，提示格式如图 2.14 所示。

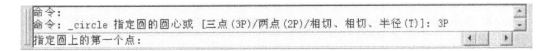

图 2.14 命令提示行格式

提示中包含一些选项,这些选项显示在方括号中,选择时可输入选项中的数字和字母(输入时大写或小写均可)。例如,circle 命令中的选项 3P 表示三点画圆方式,如选择则在命令行输入"3P"。具体操作如下。

(1) 单击【绘图】工具栏中的【圆】按钮 ⊙。
(2) 在绘图区任意点单击鼠标确定圆心。
(3) 输入"d",表示选择用直径画圆,回车(按 Enter 键)。
(4) 输入"60",回车。

在命令执行过程中,可随时按 Esc 键终止命令,绘制直线时也可回车结束命令。

2. 命令的重复、放弃与重做

在 AutoCAD 中,可以方便地重复执行同一条命令,或撤销前面执行的一条或多条命令。此外,撤销前面执行的命令后,还可通过重做来恢复前面执行的命令。

(1) 重复执行前面执行过的命令有以下几种方式:

要重复执行上一个命令,可回车、按空格键,或在绘图区域中右击,在打开的快捷菜单中选择【重复××】命令。

(2) 要重复执行最近的 6 个命令之一,可在命令行右击鼠标,在快捷菜单中选择【近期使用的命令】命令,然后选择需要的命令。

例如,重复直线命令操作如下。

① 单击【绘图】工具栏中的【直线】按钮 /。
② 在绘图区任意绘制一组连续直线。
③ 回车结束画线。
④ 回车重新执行画线命令。
⑤ 在绘图区单击鼠标绘制连续直线,回车结束画线。

AutoCAD 提供了多种方法用于撤销最近执行的一个操作,最简单的就是选择菜单【编辑】|【放弃】命令、单击【标准】工具栏中的【放弃】按钮 或按 Ctrl+Z 组合键。

如果希望一次撤销多步操作,可在命令行输入 undo 命令,然后输入想要撤销的操作步骤并回车。例如,要放弃最近的 10 个操作,应输入"10"。

若要重做放弃的最后一个操作,可以使用 redo 命令,或者选择菜单【编辑】|【重做】命令,或者单击【标准】工具栏中的【重做】按钮 。

3. 选择对象的基本方法

对象选择是一项基础性绘图工作,例如,要复制、删除、移动或编辑对象,都要选择对象。在 AutoCAD 中,选择对象的方式有如下两种。

(1) 在未执行任何命令时选择对象,可以直接单击该对象,此时对象上将显示若干蓝色小方框即高亮状态，如图 2.15 所示。

（2）在执行选择对象命令时，光标将变成拾取框"□"，单击对象即可选择。被选中的对象将以虚线显示，如图 2.16 所示。

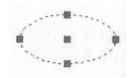 

图 2.15　未执行任何命令时选择对象　　　图 2.16　在执行命令过程中选择对象

要取消已选对象，按 Esc 键。

4. 删除与修剪对象

绘图时，有些对象绘制的不合适，有些对象属于临时辅助作图对象，需要进行删除。调用删除命令的方法如下。

（1）【修改】工具栏：【删除】按钮。

（2）菜单：【修改】|【删除】。

（3）命令行：erase(或简化命令 e)✓（回车）。

执行命令过程如下。

命令：_ erase

选择对象：（选择要删除的对象）

选择对象：✓（回车结束命令）

注：本书中楷体文字为 AutoCAD 命令行显示内容。

删除对象还可以按照如下操作进行。

（1）先在未激活任何命令的状态下选择对象到高亮状态，然后单击工具栏中的【删除】按钮。

（2）先在未激活任何命令的状态下选择对象到高亮状态，然后按键盘上的 Delete 键。

（3）先在未激活任何命令的状态下选择对象到高亮状态，然后右击鼠标，在弹出的快捷菜单中选择【删除】命令。

修剪命令是绘图过程中常用到的命令，它按照指定的对象边界裁剪对象，将多余的部分去除。

在进行修剪时，首先选择修剪边界，被选择的修剪边界和修剪对象可以相交也可以不相交，还可以将对象修剪到投影边或延长线交点。

调用修剪命令的方法如下。

（1）【修改】工具栏：【修剪】按钮。

（2）菜单：【修改】|【修剪】。

（3）命令行：trim(或简化命令 t)✓。

执行修剪命令的过程如下。

（1）调用【修剪】命令。

（2）选择修剪边界，可以指定一个或多个对象作为修剪边界。作为修剪边界的对象同时也可以作为被修剪的对象,或直接按 Enter 键将图形中全部对象都作为修剪边界。

(3) 选择要修剪的部分。有关修剪命令的说明:

在选择修剪对象时,出现"选择要修剪的对象,或按住 Shift 键选择要延伸的对象,或 [栏选(F)/窗交(C)/投影(P)/边(E)/删除(R)/放弃(U)]:"的提示,可以直接选择修剪对象或设置选项。选项中的"栏选(F)/窗交(C)"选择方式将在后面介绍,选项中的"投影(P)"是指以三维空间中的对象在二维平面上的投影边界作为修剪边界,选项中的"边(E)"包括"延伸"和"不延伸"选择,其中"延伸"是指延伸边界,被修剪的对象按照延伸边界进行修剪;"不延伸"表示不延伸修剪边界,被修剪对象仅在与修剪边界相交时才可以修剪。

2.1.4 打开 AutoCAD 图形文件

在 AutoCAD 中打开一幅已经绘制好的图形,激活命令的方式有如下几种。

(1)【标准】工具栏:【打开】按钮 。

(2) 菜单:【文件】|【打开】。

(3) 命令行:open↙。

(4) 快捷键:Ctrl+O。

打开文件的步骤如下。

(1) 单击【标准】工具栏中的【打开】按钮,弹出的【选择文件】对话框如图 2.17 所示。在 AutoCAD 2006 的 Sample 子目录中,存放了很多使用 AutoCAD 绘制的样例图形文件,图形文件使用的后缀名是".dwg"。

(2) 任意选择其中后缀名是".dwg"的文件,单击【打开】按钮,便可打开选中的

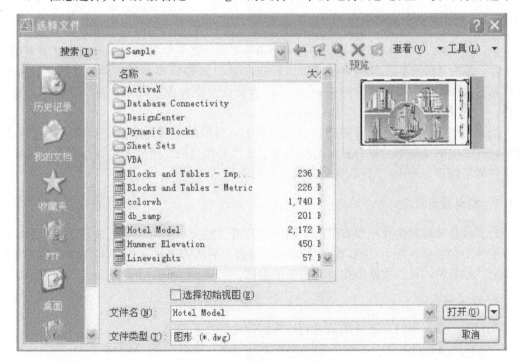

图 2.17 【选择文件】对话框

AutoCAD 文件。

2.1.5 绘制简单的二维对象

在 AutoCAD 中将所有的图形元素称为对象，一张图是由多个对象构成的。

绘制直线和圆对象的过程如下。

(1) 绘制直线。单击【绘图】工具栏中的【直线】按钮，此时命令行提示：

命令：_line 指定第一点：

用鼠标在绘图窗口连续单击，画出最简单的形状（如三角形、任意四边形等），按 Enter 键或空格键即可结束此命令，如图 2.18 所示。

(2) 绘制圆。单击【绘图】工具栏中的【圆】按钮，此时命令行提示：

命令：_circle 指定圆的圆心或 [三点(3P)/两点(2P)/相切、相切、半径(T)]：

用鼠标在绘图窗口连续单击，以确定圆心位置和半径大小，即可创建对象，如图 2.19 所示。

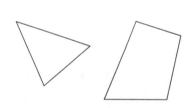

图 2.18　用直线命令绘制的图形

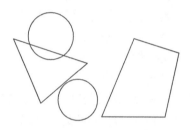

图 2.19　用圆命令绘制的图形

2.1.6 图形文件的创建与保存

启动 AutoCAD 时，系统将自动创建一个图形文件，其名称为 Drawing1.dwg。要新建图形文件，单击【标准】工具栏中的【新建】按钮，或选择菜单【文件】|【新建】命令，当提示选择样板时，可用默认的 acadiso.dwt 直接新建文件或在其中选择某个合适的样板文件。

当图形创建好后，如果希望把它存到硬盘上，可以单击【标准】工具栏中的【保存】按钮，在弹出的【图形另存为】对话框中指定文件名和路径，然后单击【保存】按钮，图形文件即被保存。AutoCAD 默认的图形文件后缀为".dwg"。

2.1.7 控制显示方式

计算机显示屏幕的大小是有限的，图形显示窗口的大小是由计算机显示屏决定的。为了方便绘图和观察，AutoCAD 提供了缩小、放大、平移等图形显示控制命令，这样在绘制图形的细节时，可以清晰地观察到图形的细部。

1. 视图缩放

观察图形最常用的方法是缩放，调用缩放命令的方式如下。

(1) 单击【标准】工具栏中的相应缩放工具按钮，如图 2.20(a)所示。

(2) 菜单：【视图】|【缩放】，如图 2.20(b)所示。

（3）命令行：zoom。

(a) (b)

图 2.20　缩放命令方式

其中，常用的缩放方式如下。

（1）实时：用于交互缩放当前图形窗口。激活该命令后，鼠标指针呈放大镜形状显示。按住指针向上或向左移动将放大图形，向下或向右移动将缩小图形。

（2）上一个：恢复前一屏视图显示，最多可以恢复 10 次。

（3）窗口：通过定义窗口确定放大范围。即用鼠标在屏幕上指定一个矩形区域，此区域将被放大显示至整个绘图区域。

（4）比例：根据输入的比例显示图形。

（5）全部：在绘图窗口显示整个图形，其范围取决于图形界限设置或图形所占范围。

（6）范围：将图形在窗口中最大化显示。

2. 平移图形

AutoCAD 可以沿任意方向移动图形，而图形的放大率保持不变。调用平移命令的方式与缩放命令相同：

（1）【标准】工具栏：【平移】按钮。

（2）菜单：【视图】|【平移】。

（3）命令行：pan。

进入平移模式后，按住鼠标左键拖动，可以移动图形。

3. 鼠标滚轮方式

滚动鼠标滚轮，可直接执行实时缩放的功能；压下鼠标滚轮，直接执行平移。此方式可在执行任何命令的时候直接使用,是一种更加快捷、方便的控制显示的方法。

2.1.8 使用透明命令

透明命令是在运行其他命令的过程中可以执行的命令。这些命令多为修改图形的命令或是辅助绘图工具命令,如平移、缩放、捕捉等,完成透明命令后,系统将继续执行原命令。

2.2 设置绘图环境

使用 AutoCAD 进行绘图之前,应对一些必要的条件进行定义,例如图形单位、绘图比例、图形界限、设计样板、布局、图层、标注样式和文字样式等,这个过程为设置绘图环境。本节介绍其中的部分内容。

2.2.1 设置绘图单位及绘图区域

图形单位是在绘图中所采用的单位,创建的所有对象都是根据图形单位进行测量的,首先必须基于要绘制的图形确定一个图形单位代表的实际大小。

图形界限是指绘图的区域,即图幅大小。

1. 设置绘图单位

在 AutoCAD 中,使用的图形单位可以是毫米、米、英尺、英寸等,可根据需要进行定义。激活设置图形单位的方法有如下两种。

(1) 菜单:【格式】|【单位】。

(2) 命令行:units↙。

选择菜单【格式】|【单位】命令,弹出【图形单位】对话框,如图 2.21 所示。

图 2.21 【图形单位】对话框

(1) 长度单位。按照我国机械制图国家标准的规定，【图形单位】对话框中，在【长度】选项区域的【类型】下拉列表中选择"小数"选项，精度根据实际绘图精度和尺寸标注精度而定，对于机械制图，通常选择"0.00"选项。

(2) 角度单位。角度类型一般选择"十进制度数"，角度精度根据绘图要求确定。

(3) 插入比例。【插入比例】选项区域的【用于缩放插入内容的单位】下拉列表主要用于定义插入到当前图形中的块和图形的测量单位。如果块或图形创建时的单位与该下拉列表中指定的单位不同，则再插入这些块或图形时，将对其按比例缩放。插入比例是源块或图形使用的单位与目标图形使用的单位之比。如果插入块时不按指定单位缩放，应选择"无单位"选项。

(4) 方向设置。单击【图形单位】对话框底部的【方向】按钮，弹出【方向控制】对话框，如图2.22所示。在该对话框中定义起始角的方位。通常将"东"作为0°角的方向。

图 2.22 【方向控制】对话框

2. 设置图形界限

在AutoCAD中进行绘图的工作环境是一个无限大的空间（即模型空间），在模型空间进行绘图可以不受图纸大小的约束，通常采用1∶1的比例进行设计，这样可以不必进行繁琐的比例换算。

激活设置图形界限的方法有如下两种。

(1) 菜单：【格式】|【图形界限】。

(2) 命令行：limits↙。

设置图形界限是将所有绘制的图形布置在这个区域之内，有利于精确设计和绘图。

由左下角和右上角点所确定的矩形区域为图形界限，它也决定能显示栅格的绘图区域。默认的绘图区域为国标A3图幅（420mm×297mm）。

下面举例说明设置图形界限的具体操作步骤。

(1) 新建一张图，选择菜单【格式】|【图形界限】命令，此时命令行提示如下。

命令：_limits

重新设置模型空间界限：

指定左下角点或 [开(ON)/(OFF)] <0.0000，0.0000>：

(2) 在命令行输入：50，50↙，命令行提示：

指定右上角点<420.0000，297.0000>：

(3) 在命令行输入：800，600↙。

(4) 单击状态栏上的【栅格】按钮，打开栅格显示。

(5) 选择菜单【视图】|【缩放】|【范围】命令，图形界限全屏显示，如图2.23所示。

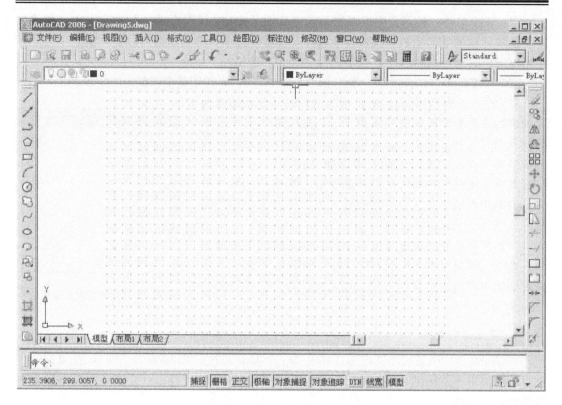

图 2.23 栅格显示图形界限

2.2.2 将设置好的图形保存为样板图

在完成上述绘图环境的设置后，可开始正式绘图。如果每一次绘图前都重复这些设置，将是一项很繁琐的工作；要是在一个设计部门，每个设计人员都自己来做这项工作，将导致图纸规范的不统一。

为了按照规范统一设置图形和提高绘图效率，在 AutoCAD 中，设置的绘图环境可以保存为样板图，在开始绘制一张新图时，可以使用样板图创建新图形。这样，新的图形中就已经具有保存在样板图中的绘图环境设置，不必重复设置。

1. 将图形保存为样板图

AutoCAD 系统提供了许多统一格式和图纸幅面的样板文件，可直接选用，也可设置符合自己行业标准和自己需要的样板图，只需在保存时选择保存类型为".dwt"。

保存样板图的过程为：

(1) 选择菜单【文件】|【另存为】命令，此时弹出【图形另存为】对话框，如图 2.24 所示。

(2) 在【图形另存为】对话框的【文件类型】下拉列表中选择"AutoCAD 图形样板(*.dwt)"选项，在【文件名】文本框中输入文件名，如"BVERI-A0"，单击【保存】按钮。

(3) 在弹出的【样板说明】对话框(图 2.25)中做一些简要说明，单击【确定】按钮完成样板图保存。

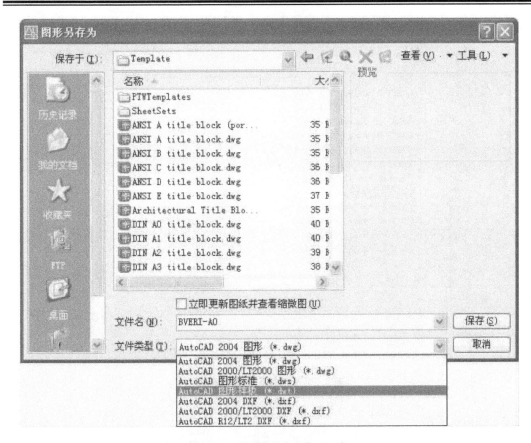

图 2.24 【图形另存为】对话框

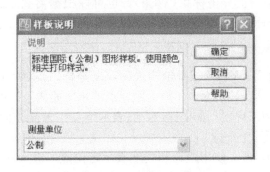

图 2.25 【样板说明】对话框

2. 使用样板图新建图形

创建样板图后，可以直接选择菜单【文件】|【新建】命令，或单击【标准】工具栏上的【新建】按钮，弹出【选择样板】对话框，如图 2.26 所示。选择刚才新建的"BVE-RI-A0"，单击【打开】按钮，就会新建一个以"BVERI-A0"作为样板的图形。

AutoCAD 为不同需求的用户提供了多个样板图，凡以"GB"开头的样板图其绘图环境都是按国标进行设置的。用户可根据需要选择或在此基础上进行修改，并保存为自己使用的样板图。

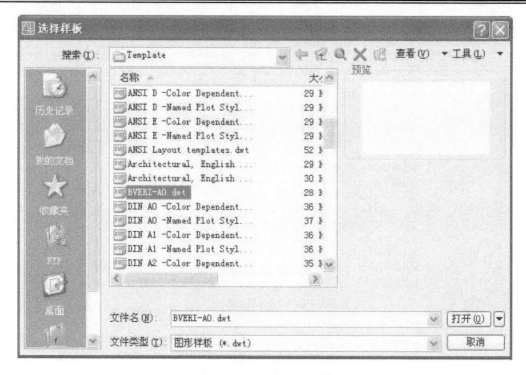

图 2.26 【选择样板】对话框

2.2.3 使用坐标系

创建精确的图形是设计的重要依据,绘图的关键是精确地给出输入点的坐标。在 AutoCAD 中,默认坐标系为世界坐标系(WCS),也可以根据需要定义用户坐标系(UCS),点的输入采用笛卡儿坐标系(直角坐标)和极坐标系两种确定坐标的方式。

1. 笛卡儿坐标系和极坐标系

笛卡儿坐标系是由 X、Y、Z 三个轴构成的,以坐标原点(0,0,0)为基点定位输入点。创建的图形都基于 X、Y 平面,X 值为距原点的水平距离,Y 值为垂直距离,平面中的点都用(X,Y)坐标值来确定。如坐标(7,5)表示该点在 X 正方向与原点相距 7 个单位,在 Y 正方向与原点相距 5 个单位。

极坐标基于原点(0,0),使用距离和角度表示定位点,极坐标的表示方法为(距离<角度),如坐标(5<30),表示该点距离原点 5 个单位且与原点的连线与 0°方向的夹角为 30°。

2. 世界坐标系

系统初始设置的坐标系为世界坐标系(WCS),坐标原点位于绘图窗口的左下角。为方便三维造型设计时坐标系原点和坐标轴变化的需要,AutoCAD 还提供了用户坐标系(UCS),使用 UCS 命令可创建用户坐标系。

3. 绝对坐标和相对坐标

绝对坐标是以原点(0,0,0)为基点定位所有的点,相对坐标是相对于前一点的偏移值。AutoCAD 中，点的坐标可以使用绝对直角坐标、绝对极坐标、相对直角坐标和相对极坐标表示。

输入点的坐标可以用鼠标在绘图区拾取点的坐标，也可以在命令行中用坐标表示方法直接输入坐标值；如果输入相对坐标，则在坐标值前加一个"@"符号。

下面做一练习，在已知图形每个点的绝对坐标的情况下绘制如图 2.27 所示的图形。

单击【标准】工具栏中的【新建】按钮新建一个图形，然后输入直线命令，在命令行提示下依次输入如下内容。

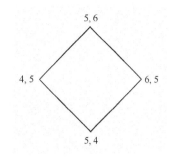

图 2.27　使用绝对坐标绘制图形

命令：_line 指定第一点：4，5
指定下一点或 [放弃(U)]：5，6
指定下一点或 [放弃(U)]：5，6
指定下一点或 [闭合(C)] /放弃(U)]：5，4
指定下一点或 [闭合(C)/放弃(U)]：C

使用绝对坐标必须对图形中的每一点在图纸中的位置十分清楚才能绘制出正确的图形。但是在实际绘图中，主要关注的是图形中各点之间的相对位置，至于最后完成的图形放在图纸的什么位置，只需进行调整就可以了。因此，经常使用的是相对坐标方式。

用相对坐标绘制上面的图形，其操作过程如下。

命令：_line 指定第一点：4，5
指定下一点或 [放弃(U)]：@1，1
指定下一点或 [放弃(U)]：@1，-1
指定下一点或 [闭合(C)] /放弃(U)]：@-1，-1
指定下一点或 [闭合(C)/放弃(U)]：C

4. 输入坐标的方式

前面讲到的绝对坐标和相对坐标都是一种输入坐标的方式。另外，在 AutoCAD 中，还有一些其他的输入坐标方式。

(1) 直接距离输入。通过移动光标指示方向，然后输入相对于前一点的距离，即用相对极坐标的方式确定点的位置。

(2) 动态输入。单击状态栏上的【DYN】按钮，进入动态输入模式。在需要输入坐标的时候，AutoCAD 会跟随光标显示动态输入框，此时可以在此框中直接输入距离值，这可以视为直接距离输入的一种扩充。然后用 Tab 键切换到角度值，方便地输入准确的坐标值，如图 2.28 所示。

总结前述输入坐标的方式，作为图形基本元素的点的输入可以用以下几种方法。

(1) 用鼠标直接在屏幕上拾取。
(2) 在命令行输入点的坐标。

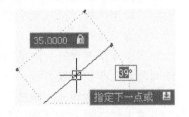

图 2.28　动态输入方法

(3) 直接距离输入。
(4) 使用动态输入。

2.3 利用常用辅助绘图工具精确绘图

AutoCAD 提供了强大的精确绘图功能，其中包括对象捕捉、追踪、极轴、栅格、正交等，状态栏上的按钮就是进行精确绘图的辅助工具。利用这些辅助绘图工具可以对鼠标进行精确定位，还可以进行图像处理和数据分析，从而降低工作量，提高工作效率。

2.3.1 捕捉和栅格

1. 栅格

栅格是显示在用户定义的图形界限内的点阵，打开栅格显示时，图限内将布满小点。它类似于在图形下放置一张坐标纸。使用栅格可以对齐对象并直接显示对象之间的距离。栅格不是图形对象，在输出图纸时不打印。单击状态栏的【栅格】按钮或者按 F7 键可以打开或关闭栅格显示。在 AutoCAD 2006 默认的新图设置中，窗口显示的范围比较大，因此打开栅格显示后，全部栅格出现在左下角，此时只需要选择菜单【视图】|【缩放】|【全部】命令，就可以将栅格撑满整个绘图区。

激活栅格设置的方法如下。

(1) 菜单：【工具】|【草图设置】，在弹出的【草图设置】对话框中选择【捕捉和栅格】标签。

(2) 状态栏：在【栅格】按钮上右击鼠标，在快捷菜单中选择【设置】命令，在弹出的【草图设置】对话框中选择【捕捉和栅格】标签。

(3) 命令行：grid↙。

栅格的间距可以灵活设置。在【草图设置】对话框中打开【捕捉和栅格】选项卡，如图 2.29 所示。

选中【启用栅格】复选框，在【栅格 X 轴间距】和【栅格 Y 轴间距】文本框中输入间距值。如果间距设置得太小，可能在屏幕上无法显示。默认的 X、Y 方向的栅格间距会自动设置成相同的数值，也可以改变行、列不同的间距值。

2. 捕捉

捕捉用于设定光标移动间距。打开该设置后，光标在 X 轴、Y 轴或极轴方向只能移动设定的距离，将光标准确定位在栅格点上。激活捕捉设置的方法与激活栅格相类似，命令行命令为 snap。

选中【草图设置】对话框中的【启用捕捉】复选框，在【捕捉 X 轴间距】和【捕捉 Y 轴间距】文本框中输入间距值，一般是栅格的倍数或相同值；【角度】文本框可以将整体的栅格或捕捉旋转一定角度。

单击状态栏上的【捕捉】按钮或按 F9 键可以打开或关闭捕捉工具，在【捕捉】按钮上右击鼠标，在快捷菜单中选择【设置】命令也可以激活【草图设置】对话框。

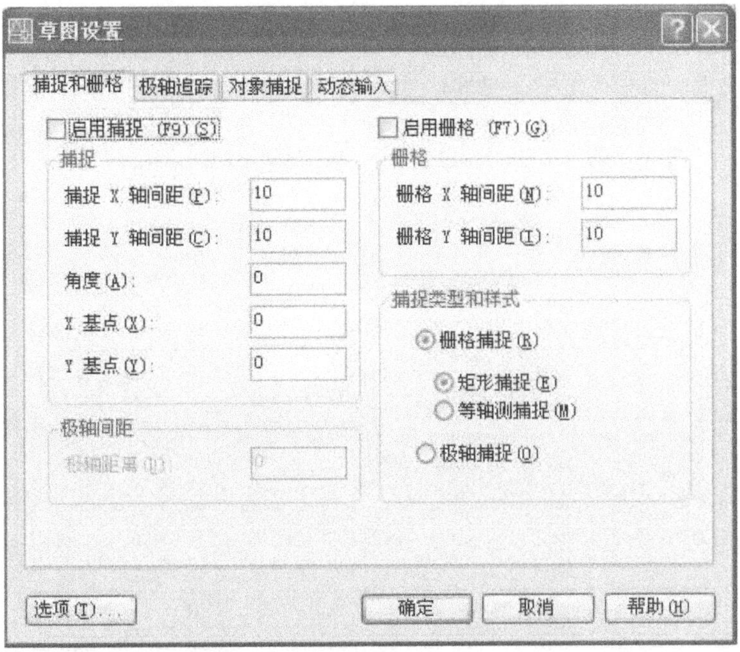

图 2.29 【草图设置】对话框中的【捕捉和栅格】选项卡

2.3.2 正交与极轴

正交与极轴都是为了准确追踪一定的角度而设置的绘图工具。

1. 正交

打开正交模式，则只能绘制垂直或水平直线，从键盘输入坐标值则不受此限制。
输入 ortho 命令，或者单击状态栏的【正交】按钮或按 F8 键可打开或关闭正交模式。

2. 极轴

使用极轴追踪绘制图形时，系统将根据设置显示一条追踪线，可在该追踪线上根据提示精确移动光标，从而进行精确绘图。默认情况下，系统设置了 4 个极轴，与 X 轴的夹角分别为 0°、90°、180°、270°。在【草图设置】对话框的【极轴追踪】选项卡中，可以设置角度增量，如图 2.30 所示。

单击状态栏的【极轴】按钮或者按 F10 键可以打开或关闭极轴追踪模式。在绘制图形过程中打开极轴后，当光标靠近设置的极轴角时就可以出现极轴追踪线和角度值，如图 2.31 所示。显示极轴追踪线时指定的点将采用极轴追踪角度，这可以方便地绘制各种设置极轴角度方向的图线。

2.3.3 对象捕捉

使用对象捕捉可以将指定点快速、精确地限制在现有对象的确切位置上，如端点、中点、交点、圆心等，而无需知道这些点的精确坐标。

在绘图过程中可以有两种方式设置对象捕捉：单点捕捉和自动捕捉。

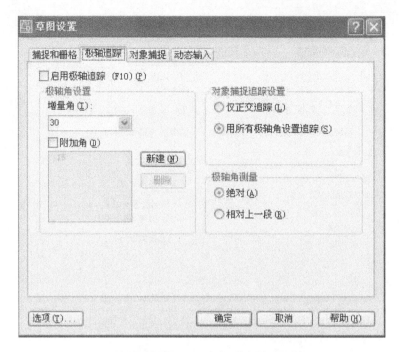

图 2.30 【草图设置】对话框的【极轴追踪】选项卡

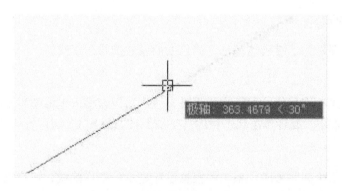

图 2.31 极轴追踪模式

1. 单点捕捉

单点捕捉也称临时捕捉,即在需要指定一个点时,临时用一次对象捕捉模式,捕捉到一个点后,对象捕捉就自动关闭。选择对象时,AutoCAD 将捕捉离靶框中心最近的复合条件的捕捉点并给出捕捉到该点的符号和捕捉标记提示。

激活对象捕捉的方法是:在【对象捕捉】工具栏上选择对应的捕捉类型,如图 2.32 所示。

图 2.32 【对象捕捉】工具栏

另外，按住 Shift 或 Ctrl 键右击鼠标，可以随时调出对象捕捉快捷菜单，绘图时从中选择需要的捕捉点，如图 2.33 所示。

图 2.33 对象捕捉快捷菜单

常用的对象捕捉类型包括如下几种。

（1）捕捉到端点：捕捉圆弧、椭圆弧、直线、多段线、样条曲线等的端点。
（2）捕捉到中点：捕捉圆弧、椭圆、椭圆弧、直线、多段线、样条曲线等的中点。
（3）捕捉到交点：捕捉圆弧、圆、椭圆、椭圆弧、直线、多段线、构造线等的交点。
（4）捕捉到圆心：捕捉圆弧、圆、椭圆、椭圆弧的中心点。
（5）捕捉到切点：捕捉圆弧、圆、椭圆、椭圆弧、样条曲线的切点，该点和上一个输入点的连线与所选对象相切。
（6）捕捉到垂足：捕捉到对象的垂足。
（7）捕捉到平行线：捕捉到与选定直线平行的线上的点。
（8）捕捉到最近点：捕捉对象上离光标最近的点。
（9）捕捉到节点：捕捉点对象、标注定义点或标注文字起点。
（10）捕捉到延长线：当光标经过对象的端点时，显示临时延长线，以便用户使用延长线上的点绘制对象。

2．自动捕捉

单点捕捉可以比较灵活地选择捕捉方式，但必须每次都选择捕捉方式，操作比较烦琐。使用对象自动捕捉可以一次选择多种捕捉方式。调用设置对象自动捕捉方式的方法如下。

（1）【对象捕捉】工具栏：【对象捕捉设置】按钮 n.。
（2）在【草图设置】对话框中单击【对象捕捉】标签。
（3）状态栏：右击【对象捕捉】按钮，在快捷菜单中选择【设置】命令。
（4）命令行：osnap↙。

执行命令后，系统弹出【草图设置】对话框的【对象捕捉】选项卡，如图2.34所示。

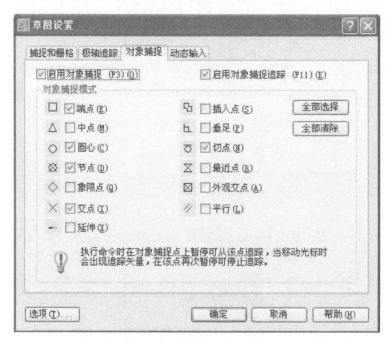

图2.34 【草图设置】对话框的【对象捕捉】选项卡

在该对话框中选择对象捕捉模式，如端点、中点、圆心等，选中【启用对象捕捉】复选框，然后单击【确定】按钮。设置并启用对象捕捉后，在绘图过程中一旦光标进入特定的范围，该点就被捕捉到。按F3键也用于启动或关闭对象捕捉方式。

通常将最常用的对象捕捉方式设置为自动捕捉方式，其他可根据需求用单点捕捉方式。

2.3.4 自动追踪

在 AutoCAD 中，用图形中的其他点来定位点的方法称为追踪。使用自动追踪功能可按指定角度绘制对象，或者绘制与其他对象有特定关系的对象。当自动追踪打开时，可以利用屏幕上出现的追踪线在精确的位置和角度上创建对象。自动追踪包含极轴追踪和对象捕捉追踪。通过单击状态栏上的【极轴】或【对象追踪】按钮可打开或关闭相应选项。

1. 极轴追踪

在【草图设置】对话框中单击【极轴追踪】标签，可以启用极轴追踪，以及设置极轴角度增量、极轴角测量方式，如图2.35所示。

【极轴追踪】选项卡中的各设置项意义如下：

第 2 章 AutoCAD 基础知识

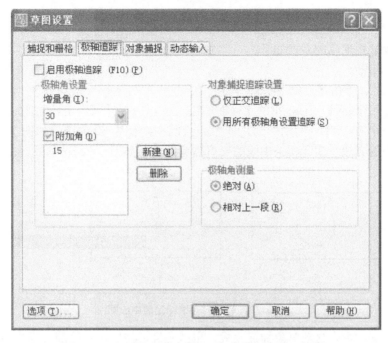

图 2.35 【草图设置】对话框的【极轴追踪】选项卡

（1）【启用极轴追踪】复选框：打开或关闭极轴追踪模式。

（2）【角增量】下拉列表：设置极轴角度增量。默认情况下，增量角为 90°，系统只能按 X 轴和 Y 轴方向追踪。如果将增量设置为 20°，则在确定起点后，可沿 0°、20°、40°、60°、和 80°等设置角度的倍数方向进行追踪。

（3）【附加角】复选框：通过设置附加角，可使系统沿某些特殊方向进行极轴追踪。例如，希望系统沿 72°方向进行追踪，则可以在选中【附加角】复选框后单击【新建】按钮，在文本框中输入"72"作为附加角。绘图时，在 72°附加角下的极轴追踪情况如图 2.36 所示。

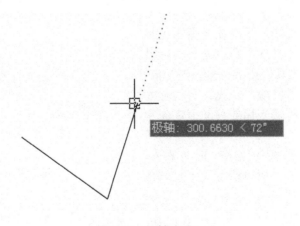

图 2.36 极轴追踪

（4）【极轴角测量】选项区域：选中【绝对】单选按钮，表示以 X 轴为基准计算极轴角；选中【相对上一段】单选按钮，表示以最后创建的对象为基准计算极轴角。

2. 对象捕捉追踪

激活对象捕捉追踪的方式如下。

（1）按 F11 键。

（2）状态栏：单击【对象追踪】按钮。

（3）在【草图设置】对话框中的【对象捕捉】选项卡中选中【启用对象捕捉追踪】复选框。

例如在一个 200×100 的矩形的几何中心绘制一半径为 30 的圆，如图 2.37（a）所示，使用对象追踪的方法，横竖两条中线的交点即为圆心，如图 2.37(b)所示。

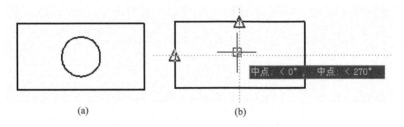

图 2.37 利用对象追踪绘制中心圆

对象追踪必须配合自动对象捕捉完成，也就是说，使用对象追踪必须先单击状态栏上的【对象捕捉】按钮，并且设置相应的捕捉类型，操作步骤如下。

（1）设置自动对象捕捉为中点捕捉方式，单击状态栏上的【对象捕捉】按钮。

（2）单击状态栏上的【对象追踪】按钮。

（3）输入绘制圆命令。

（4）光标在矩形上端水平线中点处停留，出现中点标记并向下拖出对象追踪线。

（5）光标在矩形左侧垂直线中点处停留，出现中点标记并向右拖出对象追踪线。

（6）屏幕上出现两条相交的虚线，交点即为创建圆的圆心；单击确定圆心，输入圆半径"30"。

2.3.5 动态输入

使用动态输入功能，可以在光标附近显示工具栏提示信息，当某个命令处于激活状态时，可以直接在工具栏提示中输入坐标值，而不必在命令行中进行输入。光标旁边显示的工具栏提示信息将随光标的移动而动态更新，如图 2.38 所示。

动态输入主要由指针输入、标注输入、动态提示 3 部分组成。激活动态输入设置的方法如下。

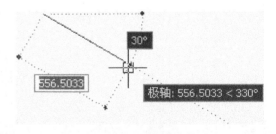

图 2.38 动态输入

（1）菜单：【工具】|【草图设置】，在弹出的【草图设置】对话框中单击【动态输入】标签。

（2）状态栏：右击【DYN】按钮，在快捷菜单中选择【设置】命令。

（3）命令行：dsettings↙。

动态输入由状态栏上的【DYN】按钮进行开关控制，也可按 F12 键控制。

使用上述方法激活动态输入设置，弹出【草图设置】对话框的【动态输入】选项卡，如图 2.39 所示，在这个选项卡内有【指针输入】、【标注输入】和【动态提示】3 个选项区域，分别控制动态输入的 3 项功能。

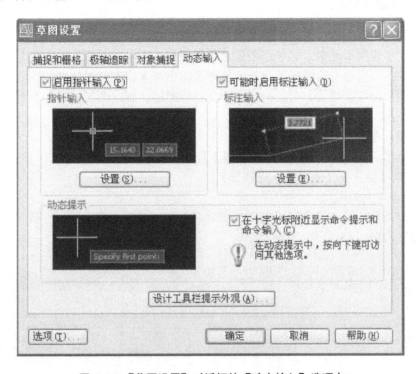

图 2.39 【草图设置】对话框的【动态输入】选项卡

（1）【指针输入】选项区域：当启用指针输入且有命令在执行时，十字光标的位置将在附近的工具栏提示（动态输入被激活时跟随光标的文本框称为工具栏提示）中显示坐标。可在工具栏提示中输入坐标值，而不用在命令行中输入，使用 Tab 键可以在多个工具栏提示中切换。

（2）【标注输入】选项区域：启用标注输入时，当命令提示输入第二点时，工具栏提示将显示距离和角度值。工具栏提示中的值将随着光标的移动而改变。可以在工具栏提示中输入距离或角度值，按 Tab 键可以移动到要更改的值。标注输入可用于绘制直线、多段线、圆、圆弧、椭圆等命令。

（3）【动态提示】选项区域：启用动态提示时，提示会显示在光标附近的工具栏提示中。用户可以在工具栏提示（而不是命令行）中输入。按向下箭头键可以查看和选择选项；按向上箭头键可以显示最近的输入。

动态输入可以取代命令行进行绘图和编辑。

2.4 使用图层、颜色、线型和线宽

在图形中，不同的图线具有不同的作用，每一种图线都有线型和线宽等不同的特

性。在 AutoCAD 中，同样可以通过创建图层，设置适合绘图需要的具有不同特性的图线。

2.4.1 创建并设置图层

在机械制图中，图形主要包括粗实线、细实线、波浪线、虚线、点画线、剖面线、尺寸标注以及文字说明等元素。如果用图层来管理它们，不仅能使图形的各种信息清晰、有序，便于观察，而且也会给图形的编辑、修改和输出带来很大方便。

利用【图层特性管理器】对话框可以创建新的图层、制定图层的各种特性、设置当前图层、选择图层和管理图层。

激活图层命令的方法有如下几种。

(1)【图层】工具栏：【图层特性管理器】按钮。
(2) 菜单：【格式】|【图层特性管理器】。
(3) 命令行：layer↙。

激活图层命令后，会弹出【图层特性管理器】对话框，如图 2.40 所示。在此对话框中可进行如下设置。

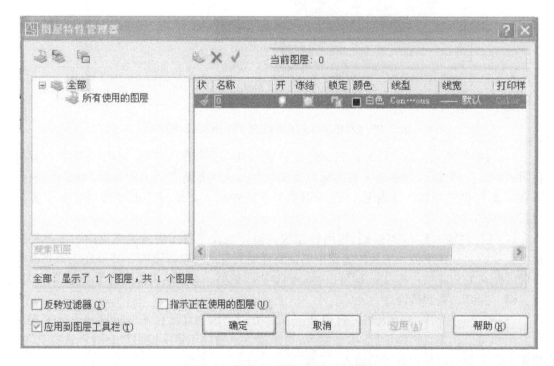

图 2.40 【图层特性管理器】对话框

(1) 创建图层。默认情况下，AutoCAD 自动创建一个图层 0。要新建图层时，在【图层特性管理器】对话框中单击【新建】按钮，在【图层】列表中将出现一个名称为"图层 1"的新图层，此时，可以为其输入新的图层名（如"中心线"）来标识将要在该图层上绘制的图形元素的特性。

(2) 设置颜色。要为每一图层设置颜色，以便区分图形中的元素。在【图层特性管理器】对话框中单击【图层】列表中图层所在的行的颜色选项，此时系统将打开【选择颜色】对话框，单击选择的颜色，单击【确定】按钮，如图2.41所示。

图 2.41 【选择颜色】对话框

（3）设置线型。线型也用于区分图形中的不同元素，例如实线、虚线等。默认情况下，图层的线型为Continuous（连续线型）。

要改变线型时，可在【图层】列表中单击Continuous选项，打开【选择线型】对话框，在【已加载的线型】列表中选择一种线型，单击【确定】按钮，如图2.42所示。

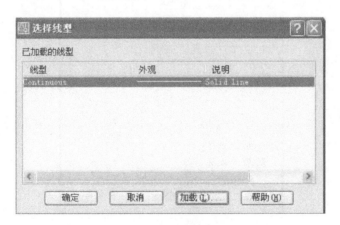

图 2.42 选择线型

如果【已加载的线型】列表中没有想要的线型，可单击【加载】按钮，打开【加载或重载线型】对话框，如图2.43所示。从当前线库中选择需要加载的线型，单击【确定】按钮，返回【线型选择】对话框。在【已加载的线型】列表中选择线型，单击【确定】按钮。

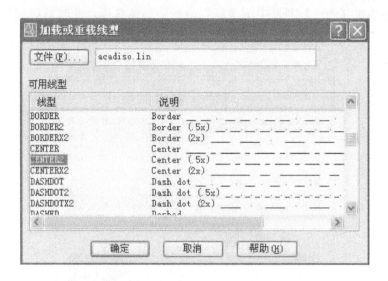

图 2.43 【加载或重载线型】对话框

（4）设置线宽。线宽是指图线在打印输出时的宽度，这种线宽可以显示在屏幕上，并输出到图纸。设置线宽时，在【图层特性管理器】对话框的图层列表中单击线宽列的【——默认】选项，打开【线宽】对话框，在【线宽】列表中进行选择，如图 2.44 所示。

图 2.44 设置线宽

选择菜单【格式】|【线宽】命令，可弹出【线宽设置】对话框，如图 2.45 所示，在此对话框中也可设置对象线宽并可以选择是否在屏幕上显示线宽。单击【辅助绘图】工具栏的【线宽】按钮，也可打开或关闭线宽显示。

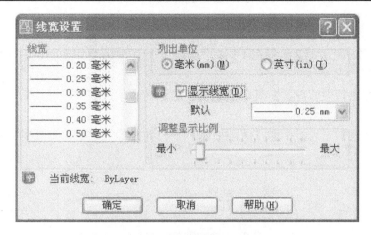

图 2.45 【线宽设置】对话框

2.4.2 设置图层状态

在 AutoCAD 中，通过【图层特性管理器】对话框，或【图层】工具栏中【图层控制】下拉列表中的特征图标可控制图层的状态，如打开/关闭、锁定/解锁及冻结/解冻等，如图 2.46 所示。

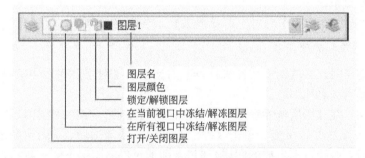

图 2.46 使用【图层】工具栏设置图层状态

设置图层状态时要注意以下几点。

（1）打开/关闭：图层打开时，可显示和编辑图层上的内容；图层关闭时，图层上的内容全部隐蔽，且不可被编辑或打印。打开关闭的图层时，AutoCAD 将重画该图层上的对象。

（2）冻结/解冻：冻结图层时，图层上的内容全部隐蔽，且不可被编辑或打印，解冻已冻结的图层时，AutoCAD 将重新生成该图层上的对象。

（3）锁定/解锁：锁定图层时，图层上的内容仍然可见，并且能够捕捉和添加新对象，但不能被编辑和修改。

此外，在【图层特性管理器】对话框中，还可以通过单击【打印】图标设置图层能否打印。

2.4.3 图层管理

使用【图层特性管理器】对话框，还可以对图层进行更多设置与管理，如图层的切换、重命名和删除等。

1. 切换当前图层

为了将不同的图形元素绘制在不同的图层上，绘图时需要切换图层。切换图层的方法有如下几种。

（1）在【图层特性管理器】对话框的【图层】列表中选择某一图层后，单击【置为当前】按钮 。

（2）在【图层】工具栏中的【图层控制】下拉列表中，单击要切换的图层名称，如图 2.47 所示。

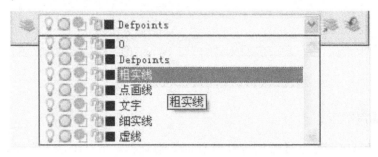

图 2.47　设置当前图层

（3）将某个对象的所在图层设置为当前图层，单击【图层】工具栏中的 按钮，然后在绘图区单击该对象。

（4）回到上一次操作的图层，单击【图层】工具栏中的 按钮。

2. 重命名图层和删除图层

要重命名图层时，在【图层特性管理器】对话框的【图层】列表中选择该图层，单击名称文本框，输入新名称即可。

要删除图层，在【图层特性管理器】对话框的【图层】列表中选择该图层，单击【删除图层】按钮 或按 Delete 键，单击【确定】按钮。当前图层、0 图层和定义点图层（对图形标注尺寸时，系统自动生成的图层）和包含图形对象的图层不能被删除。

3. 改变图形对象所在图层

在实际绘图中，有时有的图形元素并没有绘制在预先设置的图层上，这时可选中该图形元素，在【图层】工具栏的【图层控制】下拉列表中选择预设层名，然后按 Esc 键。

2.4.4　设置与修改对象特性

在 AutoCAD 中，对象特性包括对象的颜色、线型和线宽。

1. 【对象特性】工具栏

默认的【对象特性】工具栏有 4 个下拉列表，分别控制对象颜色、线型、线宽和打印样式。颜色、线型、线宽的当前设置都是 Bylayer，意即"随层"，表示当前的对象特性随图层而定，并不单独设置。打印样式的当前设定为"随颜色"，但是此列表为虚，也就是说，不能在此状态进行设置。

（1）设置当前对象的特性。希望设置当前使用的颜色、线型和线宽，应首先确保当前未选中任何对象，然后分别打开【对象特性】工具栏中的【颜色控制】、【线型控制】和

【线宽控制】下拉列表,并进行选择,如图 2.48 所示。

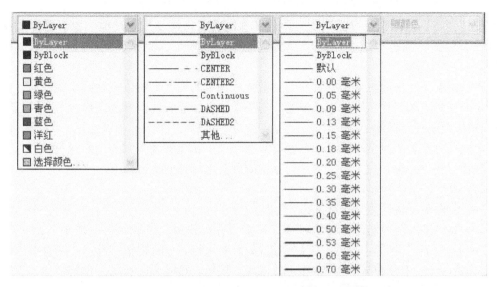

图 2.48　在【对象特性】工具栏中设置颜色、线型和线宽

(2) 现有图形对象的特性。更改已有对象的颜色、线型和线宽,操作过程为:首先选择图形对象,将对象加入到选择集,此时【对象特性】工具栏显示被选择对象的特性,然后在【对象特性】工具栏相应的下拉列表中选择想要更改的特性。

2. 使用【特性】选项板查看、修改对象特性

调用【特性】选项板可以查看、修改对象特性。在【标准】工具栏中单击【对象特性】按钮,调出【特性】选项板,如图 2.49 所示。【特性】选项板中包括颜色、图层、线型、线型比例、线宽等基本特征,还包括其他特性,可在其中直接修改。修改时先选择对象,再修改【特性】选项板中的设置。

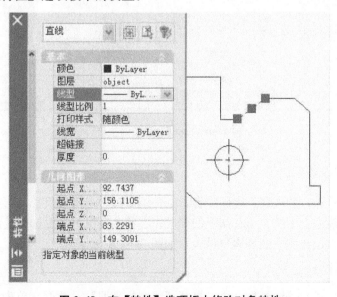

图 2.49　在【特性】选项板中修改对象特性

3. 利用"特性匹配"修改对象特性

使用"特性匹配"可以将一个对象的某些或所有特性复制到其他对象。可以复制的特性类型包括：颜色、线型、图层、线型比例、线宽等。此操作类似于 Word 中的格式刷。

默认情况下，所有可应用的特性都自动地从选定的第一个对象复制到其他对象。如果不希望复制特定的特性，则使用"设置"选项禁止复制该特性。可以在执行命令的过程中随时选择"设置"选项。

单击【标准】工具栏中的【特性匹配】按钮，或选择菜单【修改】|【特性匹配】命令，激活【特性匹配】命令。将一个对象复制到其他对象的步骤如下。

(1) 激活特性匹配命令。

(2) 选择要复制其特性的对象。

(3) 如果要控制传递某些特性，在"选择目标对象或[设置(S)]"提示下输入 S(设置)，回车，出现如图 2.50 所示的【特性设置】对话框。在对话框中清除不需要的复制项目(默认情况下所有项目都打开)，单击【确定】按钮；选择应用选定特性的对象，被选择的对象将采用指定对象的特性。

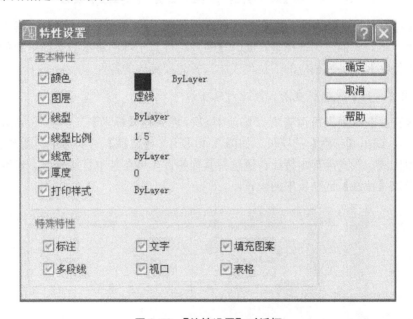

图 2.50 【特性设置】对话框

2.4.5 设置与修改线型比例

对于非连续线型，如虚线、点画线等，其外观(疏密)受图形尺寸的影响，在屏幕上显示或打印输出的线型会不符合工程制图的要求，在某些情况下需要调整线型比例。

线型比例越大，线型中的要素也越大，如图 2.51 所示。

1. 设置线型比例

选择菜单【格式】|【线型】命令，打开【线型管理器】对话框，单击【显示细节】按

钮使其显示【详细信息】选项区域，如图 2.52 所示。在【详细信息】选项区域中的【全局比例因子】文本框中可以设置或修改所有非连续线型的比例，【当前对象的线型比例】文本框可以设置当前创建对象的线型比例。

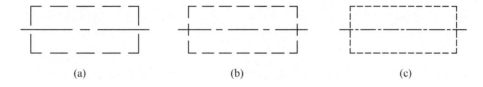

图 2.51　不同线型比例的显示效果
(a) 线型比例为 1.5；(b) 线型比例为 1；(c) 线型比例为 0.5

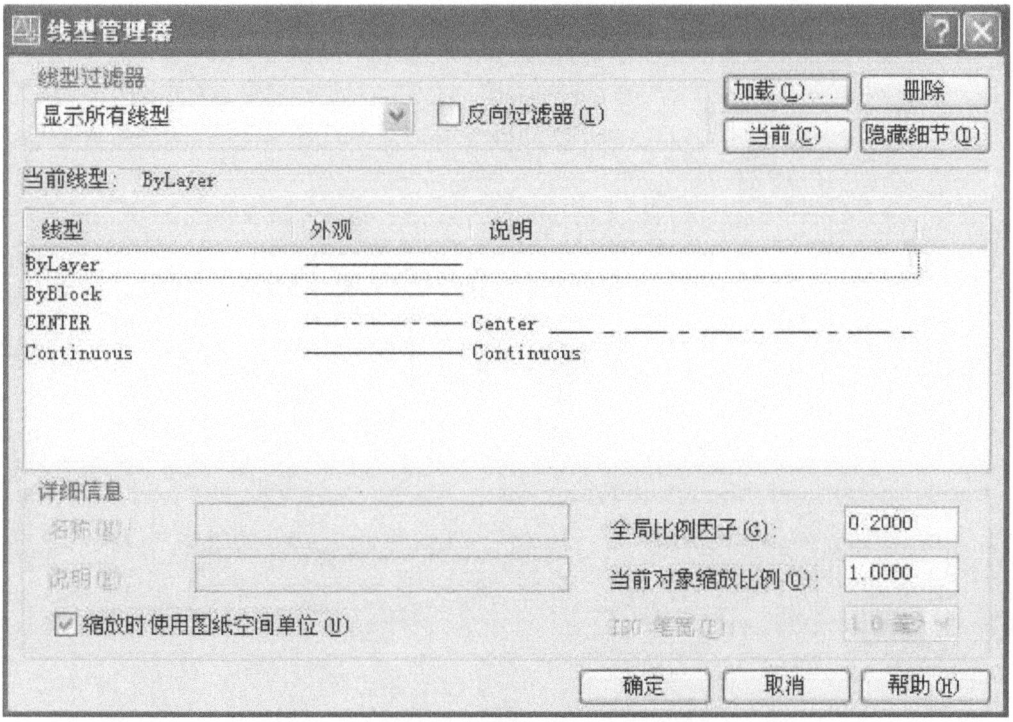

图 2.52　用【线型管理器】对话框设置线型比例

2. 修改线型比例

要修改已绘制对象的线型比例，可在选中对象后单击【标准】工具栏中的【对象特性】按钮，在打开的【特性】选项板中修改【线型比例】即可。

复习思考题

1. 简述 AutoCAD 2006 使用界面中的各组成元素的功能。
2. 简述 AutoCAD 2006 状态栏中各按钮的功能。
3. 图形缩放的方式主要有哪些？其意义是什么？

4. 什么是栅格、捕捉与正交？如何设置栅格与捕捉？
5. 什么是极轴追踪？如何设置极轴追踪？
6. 什么是对象捕捉追踪与临时追踪点？如何使用临时追踪点功能？
7. 为什么在绘图时要使用图层？如何使用图层属性？
8. 如何改变图层状态？如何改变对象所在图层？如何在屏幕上看到线宽显示效果？

第 3 章 AutoCAD 绘图与编辑命令

教学目标：通过对本章的学习，熟悉 AutoCAD 命令的操作方法，熟练运用绘图与编辑命令进行二维图形的绘制，为机械制图打下基础。

教学要求：熟练掌握命令的基本操作方法和各种基本图形的绘制方法，熟练运用对象选择方法选择图形，掌握夹点编辑的方法，灵活运用图形编辑命令完成对图形对象的编辑操作。

本章将介绍 AutoCAD 的常用绘图与编辑命令。

3.1 基本图形的绘制

3.1.1 绘制直线和构造线

1. 绘制直线

直线命令用于绘制一系列连续的直线段，每条直线段作为一个图形对象处理。
调用绘制直线命令的方式如下。
(1)【绘图】工具栏：【直线】按钮 。
(2) 菜单：【绘图】|【直线】。
(3) 命令行：line(或简化命令 l)✓。
使用此命令时，在命令行中出现如下提示。
命令： _line 指定第一点：（用点的输入方法确定起点）
指定下一点或 [放弃(U)]：（用点的输入方法确定第二点）
指定下一点或 [放弃(U)]：（输入点或直接回车结束命令，或输入"U"取消上一线段）
指定下一点 [闭合(C)/放弃(U)]：（输入点或直接回车结束命令，或输入"U"取消上一线段，或输入"C"，使此命令下绘制的线段首尾闭合）
例如，绘制如图 3.1 所示的图形。

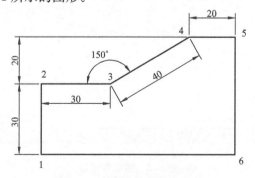

图 3.1　用直线命令绘制图形

操作过程如下。

打开正交模式。

命令：_line

指定第一点：(鼠标拾取法，在屏幕适当位置单击确定点1)

指定下一点或 [放弃(U)]：30↙(直接距离输入。鼠标向上指引输入距离，给出第2点)

指定下一点或 [放弃(U)]：30↙(鼠标沿水平方向指引输入距离，给出第3点)

指定下一点或 [闭合(C)/放弃(U)]：@40＜30↙(输入相对极坐标给出第4点)

指定下一点或 [闭合(C)/放弃(U)]：20↙(鼠标沿水平方向指引输入距离，给出第5点)

指定下一点或 [闭合(C)/放弃(U)]：50↙(鼠标向下指引输入距离，给出第6点)

指定下一点或 [闭合(C)/放弃(U)]：C↙(封闭图形结束绘图)

2. 绘制构造线

在AutoCAD中，若直线既没有起点也没有终点，称为构造线。构造线主要用于绘制辅助参考线。

调用绘制构造线命令的方式如下。

(1)【绘图】工具栏：【构造线】按钮 ╱ 。

(2) 菜单：【绘图】|【构造线】。

(3) 命令行：xline(或简化命令 xl)↙。

操作过程如下。

命令：_xline

指定点或 [水平(H)/垂直(V)/角度(A)/二等分(B)/偏移(O)]：(在绘图区指定一点A)

指定通过点：(在绘图区再指定一点，此时通过该点和A点将绘出一条构造线)

指定通过点：(在绘图区再指定一点，此时通过该点和A点将绘出另一条构造线。以此类推，可以绘制出交汇于A点的多条构造线)

指定通过点：(回车结束命令)

结果如图3.2所示。

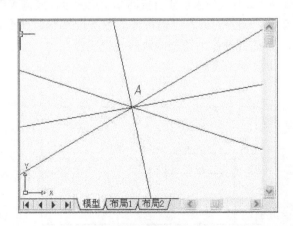

图 3.2 绘制构造线

选项说明如下。

(1) 水平：通过指定的一点画水平线。

(2) 垂直：通过指定的一点画垂线。

(3) 角度：通过指定的一点并根据所给的角度画线。

(4) 二等分：画指定角的平分线。

(5) 偏移：根据指定的距离或指定点画与已有的线段或构造线平行的构造线。

3.1.2 绘制圆和圆弧

1. 圆的绘制

在 AutoCAD 中，可以通过圆心和半径或圆周上的点创建圆，也可以创建与对象相切的圆。

调用绘制圆命令的方法如下。

(1)【绘图】工具栏：【圆】按钮 ⊙。

(2) 菜单：【绘图】|【圆】。

(3) 命令行：circle(或简化命令 c)↙。

使用此命令时，在命令行中出现如下提示：

circle 指定圆的圆心或 [三点(3P)/两点(2P)/相切、相切、半径(T)]：(指定点或输入选项)

选择菜单【绘图】|【圆】命令时，级联菜单中有 6 种绘制圆的方法，如图 3.3 所示。

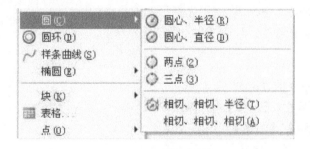

图 3.3 绘制圆级联菜单

各选项说明如下。

(1) 圆心、半径：给定圆心和半径画圆，如图 3.4(a)所示。

(2) 圆心、直径：给定圆心和圆的直径画圆，如图 3.4(b)所示。

(3) 两点：通过给定直径的两个端点画圆，如图 3.4(c)所示。

(4) 三点：给定圆上 3 点画圆，如图 3.4(d)所示。

(5) 相切、相切、半径：绘制一个与两个已知对象(如直线、圆或圆弧)相切的圆。当光标移到相切对象上时，将出现相切标记，选中该对象，AutoCAD 会自动找到切点，如图 3.4(e)所示。

(6) 相切、相切、相切：绘制一个与 3 个已知对象(如直线、圆或圆弧)相切的圆。当光标移到相切对象上时，将出现相切标记，选中 3 个已知对象，AutoCAD 会自动找到 3 个切点，过该 3 点绘制一个圆，如图 3.4(f)所示。

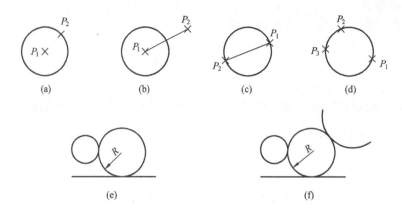

图 3.4 各种绘制圆的方式

例如,已知半径 $R_1=10$、$R_2=7$ 的两圆,作半径 $R=15$ 的圆与两已知圆相切,如图 3.5 所示。

操作过程如下。

命令:_circle

指定圆的圆心或[三点(3P)/两点(2P)/相切、相切、半径(T)]:T↙(选择相切、相切、半径方式画圆)

指定对象与圆的第一个切点:(用光标拾取 $R_1=10$ 的圆)

指定对象与圆的第二个切点:(用光标拾取 $R_2=7$ 的圆)

指定圆的半径<当前>:15↙(输入半径值)

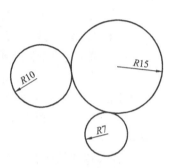

图 3.5 用"相切、相切、半径"方式绘制圆

2. 圆弧的绘制

调用绘制圆弧命令的方法如下。

(1)【绘图】工具栏:【圆弧】按钮 。

(2)菜单:【绘图】|【圆弧】。

(3)命令行:arc(或简化命令 a)↙。

使用此命令时,在命令行中出现如下提示:

指定圆弧的起点或[圆心(C)]:(指定点或输入选项)

在【绘图】|【圆弧】级联菜单中设有 11 种绘制圆弧的方法,如图 3.6 所示。圆弧命令的选项多而且复杂,通常无需将这些选项的组合都记住,绘图时按给定条件和命令行的提示操作即可。实际上很多圆弧不是通过绘制圆弧的方式绘制出来的,而是利用辅助圆修剪出来的。

下面介绍几种绘制圆弧的常用方法。

(1)三点:通过指定的三点绘制圆弧。如图 3.7 所示,第一点 P_1 为起点,第三点 P_3 为端点,第二点 P_2 为圆弧上的一个点。操作过程如下。

命令:_arc

指定圆弧的起点或[圆心(C)]:(指定斜点)

指定圆弧的第二个点或[圆心(C)/端点(E)]:(指定 P_2 点)

第 3 章　AutoCAD 绘图与编辑命令

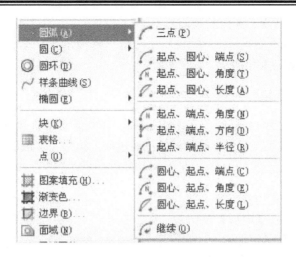

图 3.6　【绘图】|【圆弧】菜单命令

指定圆弧的端点：(指定 P_3 点)

（2）圆心、起点、端点：给定圆弧圆心、起点和端点绘制圆弧。如绘制图 3.8 所示的圆弧，操作过程如下。

命令：_arc

指定圆弧的起点或 [圆心(C)]：C↙(选择圆心方式)

指定圆弧的圆心：(指定圆心)

指定圆弧的起点：(指定起点)

指定圆弧的端点或 [角度(A)/弦长(L)]：(指定端点)

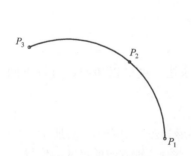

图 3.7　用"三点"方式绘制圆弧

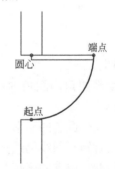

图 3.8　用"圆心、起点、端点"方式绘制圆弧

（3）起点、圆心、角度：给定起点、圆心和包含角度画圆，也可用"圆心、起点、角度"方式绘制圆弧，如绘制图 3.9 所示的图形，操作过程如下。

命令：_arc

指定圆弧的起点或 [圆心(C)]：(拾取圆弧起点)

指定圆弧的第二个点或 [圆心(C)/端点(E)]：C↙(选择圆心方式)

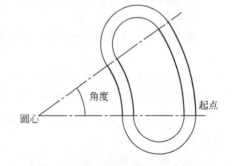

图 3.9　用"起点、圆心、角度"方式绘制圆弧

指定圆弧的圆心：（指定圆弧的圆心）
指定圆弧的端点或［角度(A)/弦长(L)］：A↙（选择角度方式）
指定包含角：（指定角度）

3.1.3 绘制矩形与正多边形

在AutoCAD中，用绘制矩形和正多边形命令可以创建带有包括倒角、圆角、标高、厚度、宽度的矩形和包含3～1024条边数的正多边形，矩形和多边形都是独立的对象。

1. 绘制矩形

调用绘制矩形命令的方法如下。
(1)【绘图】工具栏：【矩形】按钮 ▭。
(2) 菜单：【绘图】|【矩形】。
(3) 命令行：rectang(或简化命令 rec)↙。
如绘制如图 3.10(a)所示的矩形，操作过程如下。
命令：_rectang
指定第一个角点或［倒角(C)/标高(E)/圆角(F)/厚度(T)/宽度(W)］：（单击左下角点）
指定另一个角点或［面积(A)/尺寸(D)/旋转(R)］：（单击右上角点）

图 3.10 绘制矩形

命令选项说明：
(1) 倒角：绘制四角都倒角的矩形，倒角的两条边长度可以相同也可以不同，如图 3.10(b)、(c)所示。
(2) 圆角：绘制带圆角的矩形，如图 3.10(d)所示。
(3) 宽度：设置矩形图线的线宽，线宽为1的矩形如图 3.10(e)、(f)所示。
(4) 厚度和标高：厚度和标高是一个空间概念，指沿Z轴方向的尺寸和位置。
如绘制倒角为3的矩形，如图 3.10(b)所示，操作过程如下。
命令：_rectang
指定第一个角点或［倒角(C)/标高(E)/圆角(F)/厚度(T)/宽度(W)］：C↙（选择倒角）
指定矩形的第一个倒角距离<0.0>：3↙
指定矩形的第二个倒角距离<3.0>：↙
指定第一个角点或［倒角(C)/标高(E)/圆角(F)/厚度(T)/宽度(W)］：（输入第一个角点）
指定另一个角点：@20,15↙
两倒角边长度不同时，第一个和第二个倒角距离分别按要求输入相应的数值。

2. 绘制正多边形

调用绘制正多边形命令的方法如下。

(1)【绘图】工具栏：【正多边形】按钮 。
(2) 菜单：【绘图】|【正多边形】。
(3) 命令行：polygon(或简化命令 pol)↙。

操作过程如下。

命令：_ polygon
输入边的数目<4>：(指定多边形的边数)
指定正多边形的中心点或 [边(E)]：(指定中心点或选择指定边长的方式)

在确定多边形边数的情况下，有两种绘制正多边形的方式。

(1) 指定多边形的中心点：如绘制如图 3.11 所示的内接或外切正八边形，操作过程如下。

命令：_ polygon
输入边的数目<4>：8↙
指定正多边形的中心点或 [边(E)]：(指定中心点)
输入选项 [内接于圆(I)/外切于圆(C)] <I>：(选择内接于圆或外切于圆方式)
指定圆的半径：(指定与多边形相接或相切的圆的半径)

(2) 指定多边形的边长：如绘制如图 3.12 所示的正五边形，操作过程如下。

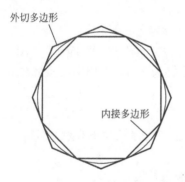 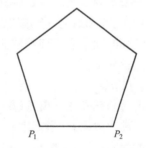

图 3.11　绘制内接或外切正多边形　　图 3.12　以边长画正多边形

命令：_ polygon
输入边的数目<4>：5↙
指定正多边形的中心点或 [边(E)]：E↙(选择指定边长方式)
指定边的第一个端点：(指定点 P_1)
指定边的第二个端点：(指定点 P_2)

3.1.4　绘制椭圆与椭圆弧

调用椭圆和椭圆弧命令的方法如下。

(1)【绘图】工具栏：【椭圆】按钮 (【椭圆弧】按钮)。
(2) 菜单：【绘图】|【椭圆】|级联菜单选项。

(3) 命令行：ellipse(或简化命令 el)↙。

操作过程如下。

使用创建椭圆或椭圆弧命令时，系统提示：

命令：_ellipse

指定椭圆的轴端点或［圆弧(A)/中心点(C)］：

(1) 指定长轴或短轴的两个端点和另一个轴的半轴长度来绘制椭圆，如图 3.13(a) 所示。

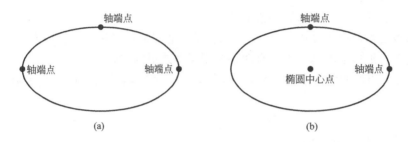

图 3.13 创建椭圆

如绘制长轴为 30，短半轴为 7.5 的椭圆，采用给出轴端点绘制椭圆，操作过程如下。

命令：_ellipse

指定椭圆的轴端点或［圆弧(A)/中心点(C)］：（指定椭圆的一个轴端点）

指定轴的另一个端点：30(给出轴长)

指定另一条半轴长度或［旋转(R)］：7.5↙（指定另一半轴长）

(2) 指定中心点和给定一个轴端点以及另一个轴的半轴长度创建椭圆，如图 3.13(b)所示。

如绘制已知椭圆中心点和长半轴为 15，短半轴为 7.5，采用中心点和轴长的方式绘制椭圆，操作过程如下。

命令：_ellipse

指定椭圆的轴端点或［圆弧(A)/中心点(C)］：C↙（选择中心点）

指定椭圆的中心点：（指定中心点）

指定轴的端点：15(鼠标指示轴端点方向，输入长度)

指定另一条半轴长度或［旋转(R)］：7.5↙

(3) 创建椭圆弧。可根据已知条件用指定椭圆弧的轴端点的方式或中心点方式绘制椭圆弧，如图 3.14 所示。根据轴端点绘制椭圆弧，操作过程如下。

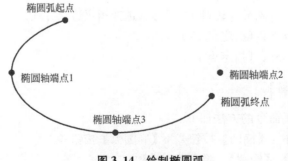

图 3.14 绘制椭圆弧

命令：_ellipse
指定椭圆的轴端点或 [圆弧(A)/中心点(C)]：A↙
指定椭圆弧的轴端点或 [中心点(C)]：(指定轴端点 1)
指定轴的另一个端点：(指定轴端点 2)
指定另一条半轴长度或 [旋转(R)]：(指定另一半轴长度 3)
指定起始角度或 [参数(P)]：(指定椭圆弧的起始角度)
指定终止角度或 [参数(P)/包含角度(I)]：(指定椭圆弧的终止角度)
椭圆弧的起点到端点按逆时针方向绘制。

3.1.5 绘制样条曲线

在 AutoCAD 中，样条曲线是通过拟合数据点绘制而成的光滑曲线。样条曲线适合于创建形状不规则的曲线，在机械图形中用于绘制波浪线。

调用样条曲线命令的方法如下。

(1)【绘图】工具栏：【样条曲线】按钮 ～。
(2) 菜单：【绘图】|【样条曲线】。
(3) 命令行：spline↙。

操作过程如下。

创建样条曲线命令时，系统提示：
指定第一个点或 [对象(O)]：(在绘图区内指定一点作为样条曲线的起点)
指定下一点：(指定第二点)
指定下一点或 [闭合(C)/拟合公差(F)] <起点切向>：

各选项的意义如下。

(1) 指定下一点：继续确定其他数据点。
(2) 闭合(C)：使样条曲线最后一点与起点重合，构成闭合的样条曲线。
(3) 拟合公差(F)：控制样条曲线对数据点的接近程度。公差越小，样条曲线就越接近拟合点，如为 0，则表明样条曲线精确通过拟合点，如图 3.15 所示。

给定样条曲线的拟合点后，需要指定曲线的起点切向和终点切向，此时可指定一点作为切向。

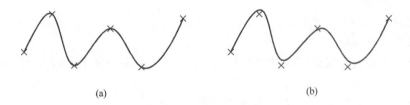

图 3.15 拟合公差效果
(a) 拟合公差为 0 的样条曲线；(b) 拟合公差为 10 的样条曲线

3.1.6 多段线的绘制与编辑

多段线是由许多段首尾相连的直线段和圆弧段组成的一个独立对象，它提供单个直线所不具备的编辑功能。例如，可以调整多段线的宽度和圆弧的曲率。创建多段线后，可以使用 pedit 命令对其进行编辑，或者使用 explode 命令将其转换成单独的直线段或弧线段。

1. 多段线的绘制

调用绘制多段线命令的方法如下。

(1)【绘图】工具栏：【多段线】按钮 ⌒。

(2) 菜单：【绘图】|【多段线】。

(3) 命令行：pline↙。

使用此命令时，系统提示：

命令：_pline

指定起点：

当前线宽为 0.0

指定下一个点或 [圆弧(A)/半宽(H)/长度(L)/放弃(U)/宽度(W)]：

指定下一点或 [圆弧(A)/闭合(C)/半宽(H)/长度(L)/放弃(U)/宽度(W)]：

(1) 创建直线段的多段线：创建包括直线段的多段线类似于创建直线。在输入起点后，可以连续输入一系列端点，用 Enter 键结束命令。如同用矩形、多边形命令创建的对象一样，创建的多段线为一个对象。

多段线命令中各选项的功能如下。

① 闭合：当绘制两条以上的直线段或圆弧段以后，此选项可以封闭多段线。

② 放弃：在多段线命令执行过程中，将刚刚绘制的一段或几段取消。

③ 宽度：设置多段线的宽度，可以输入不同的起始宽度和终止宽度。

④ 半宽：设置多段线的半宽度，只需要输入宽度的一半。

⑤ 长度：在与前一段相同的角度方向上绘制指定长度的直线段。

⑥ 圆弧：将画线方式转化为圆弧方式，将弧线段添加到多段线中。

(2) 创建具有宽度的多段线：首先指定直线段的起点，然后输入宽度(W)选项，再输入直线段的起点宽度。要创建等宽度的直线段，在终止宽度提示下按 Enter 键。要创建锥状线段，需要在起点和终点分别输入不同的宽度值，再指定线段的端点，并根据需要继续指定线段端点，按 Enter 键结束，或者输入"C"，闭合多段线。

例如，用多段线命令创建箭头的方法如下。

命令：_pline

指定起点：(拾取 P_1 点)

当前线宽为 0.000

指定下一个点或 [圆弧(A)/半宽(H)/长度(L)/放弃(U)/宽度(W)]：W(选择指定线宽方式)

指定起点宽度<7.0>：2(指定起始宽度值)

指定端点宽度<2.0>：↙(确认端点宽度值)

指定下一个点或 [圆弧(A)/半宽(H)/长度(L)/放弃(U)/宽度(W)]：(指定 P_2 点)

指定下一点或 [圆弧(A)/闭合(C)/半宽(H)/长度(L)/放弃(U)/宽度(W)]：W(选择指定线宽方式)

指定起点宽度<2.0>：5(指定起点宽度值)

指定端点宽度<5.0>：0(指定端点宽度值)

指定下一点或[圆弧(A)/闭合(C)/半宽(H)/长度(L)/放弃(U)/宽度(W)]：(指定 P_3 点)
指定下一点或[圆弧(A)/闭合(C)/半宽(H)/长度(L)/放弃(U)/宽度(W)]：↙
执行结果如图 3.16 所示。

(3) 创建直线和圆弧组合的多段线：在命令行中输入"A"，切换到"圆弧"模式。在此模式下输入"L"，可以返回到"直线"模式。绘制圆弧段的操作和绘制圆弧的命令相同。例如，绘制如图 3.17 所示的键槽图形，绘制前打开极轴，作图过程如下。

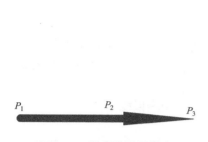

图 3.16 多段线绘制箭头

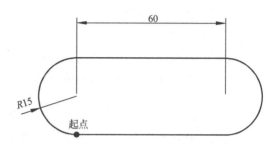

图 3.17 绘制包含圆弧和直线的多段线

命令：_pline
指定起点：(指定起点)
当前线宽为 0.0000
指定下一点或[圆弧(A)/半宽(H)/长度(L)/放弃(U)/宽度(W)]：60(鼠标向右，确认已显示水平追踪线)
指定下一点或[圆弧(A)/闭合(C)/半宽(H)/长度(L)/放弃(U)/宽度(W)]：A(选择圆弧方式)
指定圆弧的端点或[角度(A)/圆心(CE)/闭合(CL)/方向(D)/半宽(H)/直线(L)/半径(R)/第二个点(S)/放弃(U)/宽度(W)]：30(鼠标向上，确认已显示竖直追踪线)
指定圆弧的端点或[角度(A)/圆心(CE)/闭合(CL)/方向(D)/半宽(H)/直线(L)/半径(R)/第二个点(S)/放弃(U)/宽度(W)]：L(选择直线方式)
指定下一点或[圆弧(A)/闭合(C)/半宽(H)/长度(L)/放弃(U)/宽度(W)]：60(鼠标向左，确认已显示水平追踪线)
指定下一点或[圆弧(A)/闭合(C)/半宽(H)/长度(L)/放弃(U)/宽度(W)]：A(选择圆弧方式)
指定圆弧的端点或[角度(A)/圆心(CE)/闭合(CL)/方向(D)/半宽(H)/直线(L)/半径(R)/第二个点(S)/放弃(U)/宽度(W)]：CL(选择闭合多段线结束命令)

2. 多段线编辑

对于现有的多段线，当形状、控制点等不满足图形要求时，可以通过闭合或打开多段线，以及移动、添加或删除单个顶点来编辑。编辑的过程中，可以将首尾相连的直线、圆弧等转化为多段线，可以在任何两个顶点之间拉直多段线，也可以切换线型以便在每个顶点前或后显示虚线。同时既可以为整个多段线设置统一的宽度，也可以分别控制各个线段的宽度。另外还可以通过多段线创建近似样条曲线。

调用多段线编辑命令的方法如下。

(1)【修改】工具栏：【多段线编辑】按钮。

(2) 菜单：【修改】|【对象】|【多段线】。

(3) 命令行：pedit(或简化命令 pe)↙。

使用此命令时，系统提示：

选择多段线或 [多条(M)]：(选择多段线)

输入选项 [闭合(C)/合并(J)/宽度(W)/编辑顶点(E)/拟合(F)/样条曲线(S)/非曲线化(D)/线型生成(L)/放弃(U)]：

各选项的功能如下。

(1) 闭合：将被编辑的多段线首尾闭合。当多段线开放时，系统提示含此项。

(2) 打开：将被编辑的闭合多段线变成开放的多段线。当多段线闭合时，系统提示含此项。

(3) 合并：将首尾相连的直线、圆弧或多段线合并为一条多段线。

(4) 宽度：指定整个多段线的新的统一宽度。

(5) 编辑顶点：对构成多段线的各个顶点进行编辑，从而进行点的插入、删除、改变切线方向、移动等操作。

(6) 拟和：用圆弧来拟合多段线，该曲线通过多段线的所有顶点，并使用指定的切线方向。

(7) 样条曲线：生成由多段线顶点控制的样条曲线。

(8) 非曲线化：删除由拟合样条曲线插入的其他顶点，并拉直所有多段线线段。

(9) 线型生成：生成经过多段线顶点的连续图案的线型。

如图 3.18 所示，图形编辑前由直线段和圆弧共 6 个对象组成，如图(a)所示，用多段线编辑命令将其转化为多段线，成为一个独立的对象，如图(b)所示。操作过程如下。

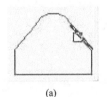

(a)   (b)

图 3.18　合并对象

(a) 编辑前；(b) 编辑后

命令：_pedit

选择多段线或 [多条(M)]：(选择多段线，此对象可以是多段线也可以不是)

选定的对象不是多段线

是否将其转换为多段线？ <Y>Y(将选择的多段线转化为多段线)

输入选项 [闭合(C)/合并(J)/宽度(W)/编辑顶点(E)/拟合(F)/样条曲线(S)/非曲线化(D)/线型生成(L)/放弃(U)]：J(选择合并对象方式)

选择对象：指定对角点：(用窗交方式选择全部对象)

找到 6 个

选择对象：(回车结束选择)

5 条线段已添加到多段线

输入选项 [打开(O)/合并(J)/宽度(W)/编辑顶点(E)/拟合(F)/样条曲线(S)/非曲线化(D)/线型生成(L)/放弃(U)]：(回车结束命令)

3.1.7 点的绘制及对象的等分

几何对象点是精确绘图的辅助对象，为了能够方便地识别点对象，可以设置不同的点样式，使点对象清楚地显示在屏幕上。可以使用定数等分和定距等分命令沿直线、圆弧等绘制多个点。

1. 绘制点

调用绘制点命令的方式如下。
（1）【绘图】工具栏：【点】按钮 。
（2）菜单：【绘图】|【点】。
（3）命令行：point（或简化命令 po）↙。
命令操作过程如下。
命令：_point
当前点模式：PDMODE=0　PDSIZE=0.0000
指定点：（指定点的位置）
指定点：（继续指出一点或确认）

2. 设置点样式

在默认的情况下，点对象以一个小圆点的形式表现，不便于识别。通过设置点的样式，使点能清楚地显示在屏幕上。

设置点样式的方法如下。
（1）菜单：【格式】|【点样式】。
（2）命令行：ddptype↙。

执行命令后，系统弹出【点样式】对话框，如图 3.19 所示。

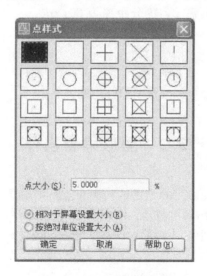

图 3.19 【点样式】对话框

在【点样式】对话框中可以设置点的样式和大小。

3. 定数等分

定数等分是在对象上按指定数目等间距地创建点或插入块。这个操作并不把对象实际等分为单独对象，而只是在对象等分的位置上添加节点，这些点将作为几何参照点，起辅助作图之用。例如三等分任一角，作图方法为：以角的顶点为圆心，绘制和两条边相连接的圆弧，并将圆弧等分为 3 段，再连接角顶点和定数等分的节点。

调用定数等分命令的方法如下。

(1) 菜单：【绘图】|【点】|【定数等分】。

(2) 命令行：divide↙。

例如将如图 3.20(a)所示的圆弧进行三等分，执行命令的过程如下。

命令：_ divide

选择要定数等分的对象：(选择圆弧)

输入线段数目或［块(B)］：3(指定等分的段数)

在此图形中插入两个等距的点，结果如图 3.20(b)所示。

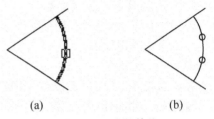

图 3.20　定数等分

(a) 选择等分对象；(b) 三等分结果

4. 定距等分

定距等分是按指定的长度，从指定的端点测量一条直线或圆弧等，并在其上按长度标记点或块标记，最后一段为剩余距离。

调用定距等分的方法如下。

(1) 菜单：【绘图】|【点】|【定距等分】。

(2) 命令行：measure↙。

如图 3.21 所示，等分圆弧 L，等分距离为 20，执行命令的过程如下。

命令：_ measure

选择要定距等分的对象：(选择圆弧 L 左端)

指定线段长度或［块(B)］：20(指定等分距离)

图 3.21　定距等分

3.2　图形编辑操作

图形的绘制与编辑是 AutoCAD 绘图的两大重点，能够灵活、准确、高效地绘制图形的关键在于熟练掌握绘图和编辑的技巧。利用 AutoCAD 提供的绘图命令只能绘制一些基本对象，为了获得想要的图形，还必须对这些图形进行编辑。

3.2.1　对象选择方法

执行编辑命令时通常需要分两步进行。

(1) 选择编辑对象，构造选择集。

(2) 对选择集进行相关的编辑操作。

通常，在输入编辑命令之后，系统提示"选择对象："。当选择对象后，AutoCAD 将亮显选择对象（即用虚线显示），表示这些对象已加入到选择集。在选择对象的过程中，拾取框将代替十字光标。

1. 直接选择对象

用拾取框单击直接选择对象，用此方法可以连续选择多个对象。

2. 窗口与窗交选择方式

窗口（W）选择方式可以选择所有位于矩形窗口内的对象，选择时只需指定窗口的两个角点即可。

在指定编辑命令后，进行窗口选择时，系统会提示指定窗口的两个角点，如图 3.22(a)所示。命令的执行过程如下。

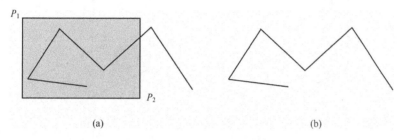

图 3.22　窗口(W)选择方式

选择对象：w↙
指定第一个角点：（指定窗口的 P_1 点）
指定对角点：（指定窗口的 P_2 点，拉出一个紫色实线选择框）
找到 3 个：
选择结果如图 3.22(b)所示，位于窗口内的 3 个对象被选中。

对于窗交（C）选择方式，除选择全部位于矩形窗口内的所有对象外，还包括与窗口 4 条边相交的所有对象。

在指定编辑命令后，进行窗口选择时，系统会提示指定窗口的两个角点。如图 3.23(a)所示，命令的执行过程如下。

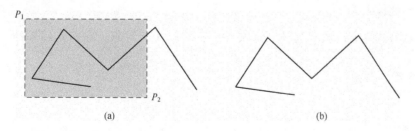

图 3.23　窗交(C)选择

选择对象：c↙
指定第一个角点：（指定窗口的 P_1 点）
指定对角点：（指定窗口的 P_2 点，拉出一个绿色实线选择框）

找到 4 个：

如图 2.23(b)所示，位于窗口内的 3 条直线和与窗口右边框相交的 1 条直线，共 4 个对象被选中。

在默认的情况下，不用输入选项，直接用从左向右的方法确定窗口，则系统按窗口方式建立选择集；反之，从右向左确定窗口，则系统按窗交方式建立选择集。

3. 栏选方式

栏选(F)方式是绘制一条多段的折线，所有与多段折线相交的对象都将被选中，如图 3.24 所示。

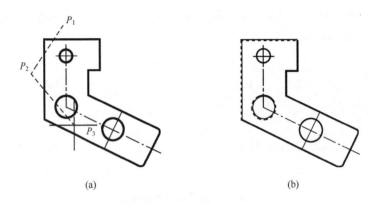

图 3.24　栏选方式

在指定编辑命令后，按栏选方式选择时，系统提示如下。

选择对象：f ↙
指定第一个栏选点：指定栏选的第一点(指定 P_1 为栏选的第一点)
指定下一个栏选点或 [放弃(U)]：(指定 P_2 为栏选的第二点)
指定下一个栏选点或 [放弃(U)]：(指定 P_3 为栏选的第三点)
指定下一个栏选点或 [放弃(U)]：↙
找到 3 个
结果如图 3.24(b)所示。

4. 全部选择方式

全部(All)选择方式用于选择图形文件中创建的所有对象。在指定编辑命令后，系统提示如下。

选择对象：all ↙
找到×个对象

5. 删除选择对象

删除(R)选择方式可以将对象从选择集中移出。在创建一个选择集后，可以从选择集中移走某些对象。尤其是当图形对象十分密集，数量比较多时，先创建选择集，然后从选择集中将不需要的对象移走，这样会提高选择对象的效率。如果还需要向选择集里添加对象，可以再执行添加(A)选择方式。

在指定编辑命令后,系统提示如下。

选择对象:(用窗交的方式选择对象,创建选择集)
选择对象:R(选择删除命令)
删除对象:(选择需要从选择集中删除的对象)
删除对象:A(选择添加命令)
选择对象:(选择需要添加到选择集中的对象)

默认情况下选择对象的时候,如果按住 Shift 键再选择对象,会将对象从选择集中删除,不按 Shift 键选择对象,会向选择集中添加对象,这是最简便的增减选择集对象的方法。

3.2.2 对象的移动、旋转与对齐

1. 移动对象

移动对象仅仅是平移,不改变对象的方向和大小。要精确地移动对象,可以使用对象捕捉模式,也可以通过指定位移矢量的基点和终点精确地确定位移的距离和方向。

调用移动命令的方法如下。
(1)【修改】工具栏:【移动】按钮✥。
(2) 菜单:【修改】|【移动】。
(3) 命令行:move(或简化命令 m)↙。

操作过程如下。
(1) 输入移动命令。
(2) 选择移动的对象。
(3) 指定位移的基点为矢量的第一点。
(4) 指定位移的第二点。

2. 旋转对象

调用旋转命令的方法如下。
(1)【修改】工具栏:【旋转】按钮○。
(2) 菜单:【修改】|【旋转】。
(3) 命令行:rotate(或简化命令 ro)↙。

在旋转对象时,首先选择要旋转的对象,创建选择集,然后给定旋转的基点和角度。AutoCAD 2006 的旋转命令还可以在旋转的同时复制对象。

如图 3.25 所示,将图(a)编辑为图(b),命令执行过程如下。

命令: _rotate
UCS 当前的正角方向: ANGDIR=逆时针 ANGBASE=0
选择对象:(先拾取 P_1 点,再拾取 P_2 点)

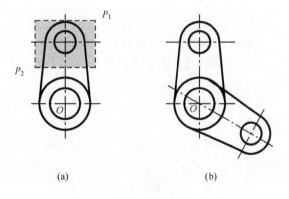

图 3.25 旋转并复制对象

选择对象：(回车结束选择对象)
指定基点：(捕捉圆心点 O)
指定旋转角度，或 [复制(C)/参照(R)] <0>：C(选择复制方式旋转，源对象保留)
旋转一组选定对象。
指定旋转角度，或 [复制(C)/参照(R)] <0>：-120(输入旋转角度，顺时针旋转 120°，回车结束命令)

如果不知道应该旋转的角度，可以采用参照旋转的方式。例如，已知两个角度的绝对角度时对齐这两个对象，即可使用要旋转对象的当前角度作为参照角度。更为简单的方法使用鼠标选择要旋转的对象和与之对齐的对象，例如以图 3.26(a)中的 P_1、P_2、P_3 点作为参照点旋转对象，结果如图 3.26(b)所示。

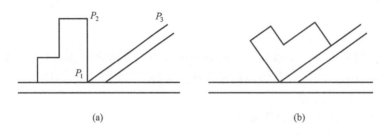

图 3.26 用参照方式旋转对象

操作过程如下。
命令：_rotate
UCS 当前的正角方向：ANGDIR=逆时针　ANGBASE=0
选择对象：(选择旋转对象)
选择对象：(回车结束选择对象)
指定基点：(指定旋转的基点 P_1)
指定旋转角度，或 [复制(C)/参照(R)] <305>：R(指定参照旋转方式)
指定参照角 <90>：(捕捉到点 P_1)
指定第二点：(捕捉到点 P_2)
指定新角度或 [点(P)] <35>：(捕捉到点 P_3)

3. 对齐对象

对齐对象可以将一个对象与另一个对象对齐。
调用对齐命令的方法如下。
(1) 菜单：【修改】|【三维操作】|【对齐】。
(2) 命令行：align↙。

在进行对象对齐时，首先选择要对齐的对象，再一一指定源点和目标点，并确定是否将对象缩放到对齐点，通过对象捕捉可以精确地对齐对象。

例如，要对齐如图 3.27(a)所示的图形，操作过程如下。
命令：_align
选择对象：(选择图 3.27(a)的右图)
选择对象：↙

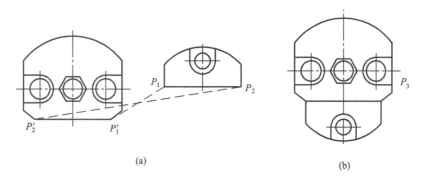

图 3.27 对齐对象

指定第一个源点:(拾取第一个源点 P_1)
指定第一个目标点:(拾取第一个目标点 P'_1)
指定第二个源点:(拾取第一个源点 P_2)
指定第二个目标点:(拾取第一个目标点 P'_2)
指定第三个源点或<继续>:✓
是否基于对齐点缩放对象?[是(Y)/否(N)]<否>:y
结果如图 3.27(b)所示。

3.2.3 对象复制、偏移、镜像和阵列

在 AutoCAD 中,不仅使用复制命令复制对象,还可以使用偏移、镜像和阵列命令复制对象。

1. 复制对象

复制命令用于在不同的位置复制现有的对象。复制的对象完全独立于源对象,可以对它进行编辑或其他操作。

调用复制命令的方法如下。

(1)【修改】工具栏:【复制】按钮 。
(2)菜单:【修改】|【复制】。
(3)命令行:copy(或简化命令 co 或 cp)✓。

复制命令需要指定位移的矢量,即基点和第二点的位置,一次可以在多个位置上复制对象。

如使用复制命令将如图 3.28 所示的左图编辑成右图,操作过程如下。

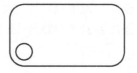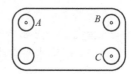

图 3.28 复制对象

命令:_copy
选择对象:(拾取圆)
选择对象:✓
指定基点或[位移(D)]<位移>:(指定圆心为复制的基点)
指定第二个点或<使用第一个点作为位移>:(捕捉并拾取 A 点)

指定第二个点或［退出(E)/放弃(U)］＜退出＞：(捕捉并拾取 B 点)
指定第二个点或［退出(E)/放弃(U)］＜退出＞：(捕捉并拾取 C 点)
指定第二个点或［退出(E)/放弃(U)］＜退出＞：↙

2. 偏移图形

偏移图形是创建一个与选定对象平行并保持等距的新对象。在绘图时经常使用此命令创建轴线和等距的图形。可以偏移的对象包括直线、圆、圆弧、多段线、椭圆、构造线等。

调用偏移命令的方法如下。
(1)【修改】工具栏：【偏移】按钮 。
(2) 菜单：【修改】|【偏移】。
(3) 命令行：offset(或简化命令 o)↙。

执行偏移命令的过程如下。
(1) 在【修改】工具栏中单击【偏移】按钮。
(2) 用鼠标指定偏移距离或输入一个偏移值。
(3) 选择要偏移的对象，在要偏移的对象一侧指定点，以确定偏移的方向。

例如，使用偏移命令绘制如图 3.29 所示的表格。绘图过程如下。

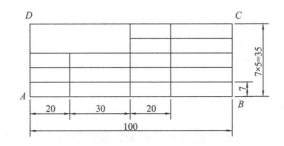

图 3.29　绘制表格

(1) 绘制直线。打开正交模式。
命令：_line 指定第一点：(指定左下角 A 点为第一点)
指定下一点或［放弃(U)］：100(用鼠标导向，输入距离值，给出 B 点)
指定下一点或［放弃(U)］：35(用鼠标导向，输入距离值，给出 C 点)
指定下一点或［闭合(C)/放弃(U)］：100(用鼠标导向，输入距离值，给出 D 点)
指定下一点或［闭合(C)/放弃(U)］：C(封闭图形结束绘图)

(2) 偏移水平直线。
命令：_offset
当前设置：删除源＝否　图层＝源　OFFSETGAPTYPE＝0
指定偏移距离或［通过(T)/删除(E)/图层(L)］＜通过＞：7(指定偏移的距离)
选择要偏移的对象，或［退出(E)/放弃(U)］＜退出＞：(选择要偏移的对象 AB)
指定要偏移的那一侧上的点，或［退出(E)/多个(M)/放弃(U)］＜退出＞(给定 AB 线上方一点)
选择要偏移的对象，或［退出(E)/放弃(U)］＜退出＞：(选择刚生成的偏移对象)

指定要偏移的那一侧上的点，或［退出(E)/多个(M)/放弃(U)］<退出>:(给定偏移对象上方一点)

依次绘制完成所有水平线，如图3.30(a)所示。

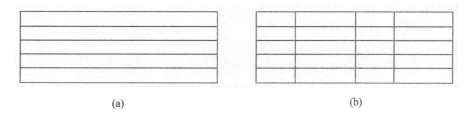

图 3.30　表格的绘制过程

(3) 偏移垂直直线。

命令：_offset　（重复偏移命令）

当前设置：删除源＝否　图层＝源　OFFSETGAPTYPE＝0

指定偏移距离或［通过(T)/删除(E)/图层(L)］<7.0>：20(指定偏移的距离)

选择要偏移的对象，或［退出(E)/放弃(U)］<退出>：(选择要偏移的对象 AD)

指定要偏移的那一侧上的点，或［退出(E)/多个(M)/放弃(U)］<退出>：(给定 AD 线右侧一点)

选择要偏移的对象，或［退出(E)/放弃(U)］<退出>：(回车结束命令)

命令：_offset(重复偏移命令)

当前设置：删除源＝否　图层＝源　OFFSETGAPTYPE＝0

指定偏移距离或［通过(T)/删除(E)/图层(L)］<20.0>：30(指定偏移的距离)

选择要偏移的对象，或［退出(E)/放弃(U)］<退出>：(选择刚生成的垂直偏移对象)

指定要偏移的那一侧上的点，或［退出(E)/多个(M)/放弃(U)］<退出>：(给定偏移对象右侧一点)

依次绘制完成所有垂直线，如图3.30(b)所示。

(4) 修剪直线。使用 trim 命令修剪图形，把外框线型转换为粗实线，结果如图3.29所示。

使用偏移命令可以创建同心圆和多边形、多段线的类似形。如图3.31(a)中的对象按指定的距离进行偏移，偏移圆将产生同心圆，偏移矩形对象将产生该对象的类似图形，如图3.31(b)所示。

图 3.31　偏移图形

(a) 原始对象；(b) 偏移后的对象

3. 镜像复制对象

镜像命令用于创建轴对称图形。

调用镜像命令的方法如下。

(1)【修改】工具栏:【镜像】按钮。

(2) 菜单:【修改】|【镜像】。

(3) 命令行: mirror(或简化命令 mi)。

镜像复制对象首先要选择对象,然后指定镜像轴线进行对称复制。

如通过镜像绘制如图 3.32(a)所示的图形,操作过程如下。

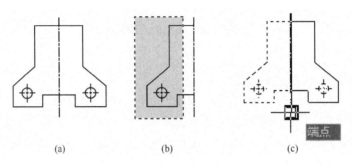

图 3.32 镜像复制对象

命令: _ mirror

选择对象:(用窗交方式选择对象,如图 3.32(b)所示)

选择对象:(回车结束选择)

指定镜像线的第一点:(指定对称线的上端点)

指定镜像线的第二点:(指定对称线的下端点,如图 3.32(c)所示)

要删除源对象吗？[是(Y)/否(N)]<N>:(指定是否删除源对象,直接回车接受默认选项)

4. 阵列复制对象

复制多个对象并按照一定规则(间距和角度)排列称为阵列。阵列命令可以按照环形或者矩形阵列复制对象。对于环形的阵列,可以控制复制对象的数目和决定是否旋转对象;对于矩形阵列,可以控制复制对象行数和列数,以及对象之间的角度。

调用阵列命令的方法如下。

(1)【修改】工具栏:【阵列】按钮。

(2) 菜单:【修改】|【阵列】。

(3) 命令行: array(或简化命令 ar)。

(1) 创建矩形阵列。工程图中常有一些图形呈矩形阵列排列,只要绘制其中一个单元,找准阵列之间的几何关系,就可以轻松地创建阵列对象。例如,要绘制如图 3.33(a)所示的图形,操作步骤如下。

① 用矩形命令绘制一个 240×160 的矩形。

② 用偏移命令使矩形向内侧偏移距离 20,在偏移后的矩形的左上角绘制一半径为 10 的圆,如图 3.33(b)所示。

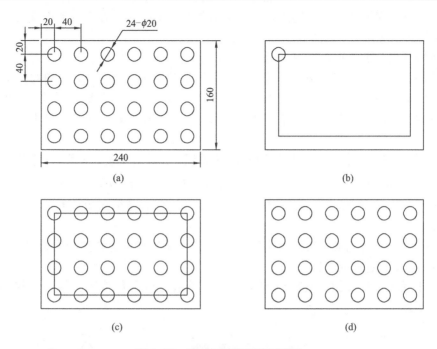

图 3.33 使用矩形阵列绘制图形

③ 在【修改】工具栏中单击【阵列】按钮，打开【阵列】对话框，如图 3.34 所示。选择【矩形阵列】单选按钮，在【行】文本框中输入"4"，【列】文本框中输入"6"，【行偏移】文本框中输入"-40"，【列偏移】文本框中输入"40"。

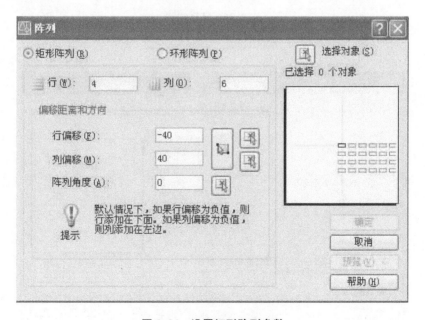

图 3.34 设置矩形阵列参数

④ 单击【选择对象】按钮，系统切换到绘图界面，在绘图区选择已画好的圆，系统返回【阵列】对话框。

⑤ 单击【预览】按钮，在绘图窗口显示当前参数下的阵列效果，单击【接受】按钮，完成矩形阵列。阵列结果如图 3.33(c)所示。

⑥ 删除偏移后的矩形，结果如图 3.33(d)所示。

(2)创建环形阵列。环形阵列是指复制多个图形并按照指定的中心排列的操作。

如图 3.35(a)所示，以图中的小圆和六边形为原始图形进行环形阵列操作，步骤如下。

① 在【修改】工具栏中单击【阵列】按钮，打开【阵列】对话框，选中【环形阵列】单选按钮。

② 在【阵列】对话框中，单击【选择对象】按钮，在绘图区选择小圆、六边形及中心线。

③ 返回【阵列】对话框，单击【中心点】选项区域的【拾取中心点】按钮，选择环形阵列的中心（大圆圆心），设置【项目总数】为"6"，【填充角度】为"180°"，如图 3.36 所示。

④ 如果让选择对象按照旋转角度复制，应选中【复制时旋转项目】复选框，如不需要旋转对象，则不选择此选项。

⑤ 单击【预览】按钮，观察阵列的结果，单击【接受】按钮。阵列结果如图 3.35(b)、(c)所示。

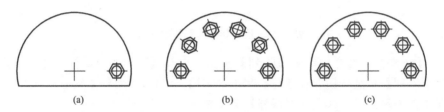

图 3.35　环形阵列

(a)原始对象；(b)阵列复制时旋转项目；(c)阵列复制时不旋转项目

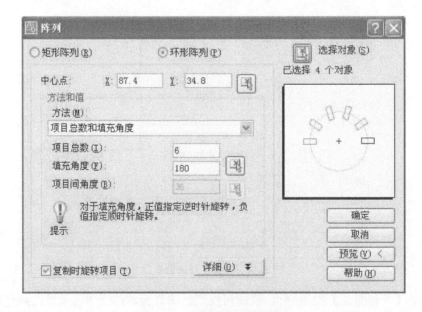

图 3.36　设置环形阵列的参数

3.2.4 对象延伸、拉长和拉伸

1. 延伸对象

使用延伸命令可以将对象精确地延伸到其他对象定义的边界。

调用延伸命令的方法如下。

(1)【修改】工具栏：【延伸】按钮 。

(2)菜单：【修改】|【延伸】。

(3)命令行：extend(或简化命令 ex)✓。

使用延伸命令时要注意以下几点。

(1)选择延伸的边界，可以选择一个或多个对象作为延伸边界。作为延伸边界的对象同时也可以作为被延伸的对象。

(2)"投影"选项是指三维空间中的对象在二维平面上的投影边界作为延伸边界。

(3)"边"选项包括"延伸"和"不延伸"选择，其中"延伸"是指延伸边界，被延伸的对象按照延伸边界进行延伸；"不延伸"表示不延伸边界，被延伸的对象仅在与边界相交时进行延伸，反之则不进行对象的延伸。

(4)选择延伸对象是从靠近选择对象的拾取点一端开始延伸，对象要延伸的那端按其初始方向延伸(如果是直线段，则按直线方向延伸，圆弧段则按圆周方向延伸)，一直到与最近的边界相交为止。

例如，将图 3.37(a)修改为图 3.37(b)，操作过程如下。

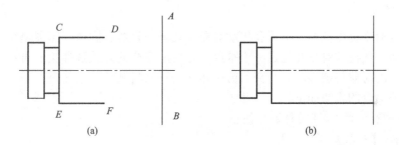

图 3.37 延伸对象

命令：_ extend

当前设置：投影＝UCS，边＝延伸

选择边界的边...

选择对象或＜全部选择＞：(选择延伸的边界 AB)

选择对象：(回车结束选择)

选择要延伸的对象，或按住 Shift 键选择要修剪的对象，或 [栏选(F)/窗交(C)/投影(P)/边(E)/放弃(U)]：(拾取延伸对对象 CD)

选择要延伸的对象，或按住 Shift 键选择要修剪的对象，或 [栏选(F)/窗交(C)/投影(P)/边(E)/放弃(U)]：(拾取延伸对象 EF)

选择要延伸的对象，或按住 Shift 键选择要修剪的对象，或 [栏选(F)/窗交(C)/投影(P)/边(E)/放弃(U)]：(回车结束选择)

2. 拉长对象

使用拉长命令可以改变非闭合对象的长度，也可以改变圆弧的角度。

调用拉长命令的方法如下。

(1) 菜单：【修改】|【拉长】。

(2) 命令行：lengthen(或简化命令 len)↙。

使用该命令可用以下几种方法改变对象的长度。

(1) 增量：指定一个增加的长度来改变直线或圆弧的长度。

(2) 百分比：按总长度的百分比的形式改变对象长度。

(3) 全部：通过指定对象的总绝对长度或包含角改变对象长度。

(4) 动态：动态拖动对象的端点，改变其长度。

如图 3.38 所示，通过动态拉长将图(a)修改为图(b)，操作步骤如下。

命令：_lengthen

选择对象或［增量(DE)/百分数(P)/全部(T)/动态(DY)］：DY(选择动态拉长方法)

选择要修改的对象或［放弃(U)］：(单击图 3.38(a)垂直中心线的下端点)

指定新端点：(指定拉长的位置点)

选择要修改的对象或［放弃(U)］：↙

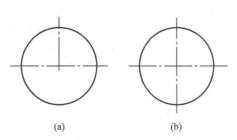

图 3.38 动态拉长

3. 拉伸对象

利用拉伸命令可以拉伸、缩短和移动对象。凡是与直线、圆弧、图案填充等对象的连线都可以拉伸。在拉伸时需要指定一个基点，然后用窗交的方式选择拉伸对象，完全包含在交叉窗口中的对象将被移动，与交叉窗口相交的对象将被拉伸或缩短。

调用拉伸命令的方法如下。

(1)【修改】工具栏：【拉伸】按钮 。

(2) 菜单：【修改】|【拉伸】。

(3) 命令行：stretch(或简化命令 s)↙。

例如，要拉伸如图 3.39 所示的图形，操作步骤如下。

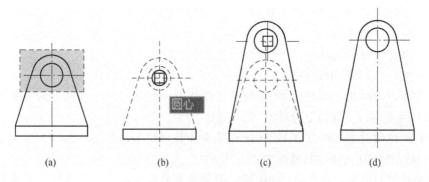

图 3.39 拉伸对象

(1) 选择菜单【修改】|【拉伸】命令。
(2) 用交叉窗口选择对象,如图 3.39(a)所示。
(3) 指定圆心为基点,如图 3.39(b)所示。
(4) 指定位移点,如图 3.39(c)所示。
结果如图 3.39(d)所示。

3.2.5 对象的缩放与打断

1. 缩放对象

在工程设计中,对于图形结构相同、尺寸不同且长宽方向缩放比例相同的零件,在设计完成一个图形后,其余可通过比例缩放图形完成。可以直接指定缩放的基点和缩放的比例,也可以利用参照缩放指定当前的比例和新的比例长度。指定的基点表示选定对象的大小发生改变时位置保持不变的点。

调用缩放命令的方法如下。
(1)【修改】工具栏:【比例】按钮 。
(2) 菜单:【修改】|【缩放】。
(3) 命令行:scale(或简化命令 sc)↙。

例如要缩放如图 3.40(a)所示的图形,操作步骤如下。
(1) 在【修改】工具栏中单击【缩放】按钮。
(2) 选择要缩放的对象,拾取 A 点作为基点,如图 3.40(b)所示。
(3) 在命令行输入比例因子 1.5,结果如图 3.40(b)所示。

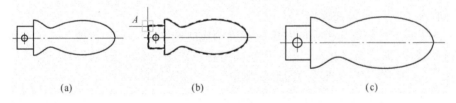

(a)　　　　　　　　(b)　　　　　　　　(c)

图 3.40　缩放对象

2. 打断对象

打断命令用于删除对象中的一部分或把一个对象分为两部分。打断对象时,可以先在第一个断点处选择对象,然后再指定第二个断点;或者先选择对象,然后再指定两个打断点。

调用打断命令的方法如下。
(1)【修改】工具栏:【打断】按钮 。
(2) 菜单:【修改】|【打断】。
(3) 命令行:break(或简化命令 br)。

执行打断命令的操作步骤如下。
(1) 在【修改】工具栏中单击【打断】按钮。
(2) 选择要打断的对象,在默认的情况下,将对象的选点作为第一个断点。如果要选择另一个点作为第一个打断点，则需要输入"F"，再重新指定第一个打断点。

(3) 指定第二个打断点。如图 3.41 所示，命令的执行过程如下。

命令：_break

选择对象：(选择打断对象并指定 P_1 点为第一个断点)

指定第二个打断点或[第一点(F)]：(指定 P_2 点为第二个断点)

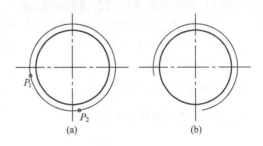

图 3.41　打断图形
(a) 打断前；(b) 打断后

3.2.6　圆角和倒角

圆角是按照指定的半径创建一条圆弧，或自动修剪和延伸圆角的对象使之光滑连接。倒角是连接两个非平行的对象，通过延伸或修剪使之相交或用斜线连接。

1. 圆角命令

调用圆角命令的方法如下。

(1)【修改】工具栏：【圆角】按钮 。

(2) 菜单：【修改】|【圆角】。

(3) 命令行：fillet(或简化命令 f)。

可以进行圆角操作的对象包括直线、圆弧、圆、椭圆弧、构造线等，两条平行的直线也可以进行圆角操作。执行圆角的操作步骤如下。

(1) 在【修改】工具栏中单击【圆角】按钮。

(2) 输入"R"，并设置圆角半径。

(3) 选择要进行的圆角操作的对象或设置相应的选项。其中"修剪"选项可以设置是否修剪过渡线段(默认为修剪)；"多个"选项可在一次圆角命令下进行多处圆角。

例如，将如图 3.42(a)所示的图形修圆角，操作过程如下。

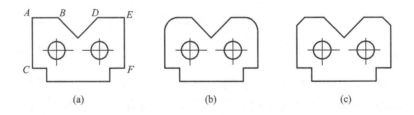

图 3.42　对图形修圆角和修倒角
(a) 修改前；(b) 修圆角；(c) 修倒角

命令：_fillet

当前设置：模式＝修剪，半径＝0.8

选择第一个对象或 [放弃(U)/多段线(P)/半径(R)/修剪(T)/多个(M)]：M(对多个对象修圆角)

选择第一个对象或 [放弃(U)/多段线(P)/半径(R)/修剪(T)/多个(M)]：R(设置圆

角半径)

指定圆角半径<0.8>：5(输入圆角半径)

选择第一个对象或［放弃(U)/多段线(P)/半径(R)/修剪(T)/多个(M)］：(选择 AB 边)

选择第二个对象，或按住 Shift 键选择要应用角点的对象：(选择 AC 边)

选择第一个对象或［放弃(U)/多段线(P)/半径(R)/修剪(T)/多个(M)］：(选择 DE 边)

选择第二个对象，或按住 Shift 键选择要应用角点的对象：(选择 EF 边)

选择第一个对象或［放弃(U)/多段线(P)/半径(R)/修剪(T)/多个(M)］：(回车结束选择)

结果如图 3.42(b)所示。

2. 倒角命令

调用倒圆角命令的方法如下。

(1)【修改】工具栏：【倒角】按钮。
(2) 菜单：【修改】|【倒角】。
(3) 命令行：chamfer(或简化命令 cha)↙。

在两个对象之间进行倒角有两种方法，分别是距离法和角度法。距离法可指定倒角边被修剪或延伸的长度，角度法可以指定倒角的长度以及它与第一条直线间的角度。

例如，将如图 3.42(a)所示的图形修倒角，操作过程如下。

命令：_ chamfer

("修剪"模式)当前倒角长度=5.0，角度=45

选择第一条直线或［放弃(U)/多段线(P)/距离(D)/角度(A)/修剪(T)/方式(E)/多个(M)］：M(对多个对象修倒角)

选择第一条直线或［放弃(U)/多段线(P)/距离(D)/角度(A)/修剪(T)/方式(E)/多个(M)］：D(设置倒角距离)

指定第一个倒角距离<5.0>：3(输入第一个倒角距离)

指定第二个倒角距离<3.0>：(输入第二个倒角距离或回车默认系统设置)

选择第一条直线或［放弃(U)/多段线(P)/距离(D)/角度(A)/修剪(T)/方式(E)/多个(M)］：(选择 AB 边)

选择第二条直线，或按住 Shift 键选择要应用角点的直线：(选择 AC 边)

选择第一条直线或［放弃(U)/多段线(P)/距离(D)/角度(A)/修剪(T)/方式(E)/多个(M)］：(选择 DE 边)

选择第二条直线，或按住 Shift 键选择要应用角点的直线：(选择 EF 边)

选择第一条直线或［放弃(U)/多段线(P)/距离(D)/角度(A)/修剪(T)/方式(E)/多个(M)］：(回车结束选择)

结果如图 3.42(c)所示。

3.2.7 分解对象

在 AutoCAD 中，有很多组合对象，如块、矩形、多边形、多段线、标注、图案填充等。要对这些对象进行进一步的修改，需要将它们分解为各个层次的组合对象。对象分解后有时在外观上看不出明显的变化，但用鼠标点取后就可以发现它们之间的区别。例如将矩形分解后变为简单的直线段，由原来的1个对象变为4个对象。

调用分解命令的方法如下。
(1)【修改】工具栏：【分解】按钮 。
(2)菜单：【修改】|【分解】。
(3)命令行：explode↙。

执行分解命令的过程如下。
(1)在修改工具栏中单击【分解】按钮。
(2)选择要分解的对象。

3.2.8 夹点功能

夹点功能是一种非常灵活快捷的编辑功能，利用它可以实现对象的拉伸、移动、旋转、镜像、复制5种操作。通常利用夹点功能来快速实现对象的拉伸和移动。

在不输入任何命令的情况下，拾取对象，被拾取的对象上将显示夹点标记。夹点标记就是选定对象上的控制点，如图3.43所示，不同对象控制的夹点是不一样的。

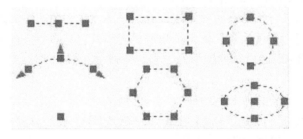

图 3.43 各种对象的控制夹点

当对象被选中时夹点是蓝色的，称为"冷夹点"，如果再次单击对象某个夹点则变为红色，称为"暖夹点"。

当出现"暖夹点"时命令行提示：
命令：
＊＊拉伸＊＊
指定拉伸点或 [基点(B)/复制(C)/放弃(U)/退出(X)]：
通过按 Enter 键可以在拉伸、移动、旋转、缩放、镜像编辑方式中进行切换。

例如，选择一条直线后，直线的端点和中点处将打开夹点。单击端点，使其成为"暖夹点"后，此端点可以拖动到任何位置，从而实现线段的拉伸。单击中点，使其成为"暖夹点"后，拖动到任何位置，从而实现线段移动。

复习思考题

1. 有多少种绘制圆的方法？采用椭圆命令能否绘制圆？怎样绘制？
2. 有多少种绘制圆弧的方法？

3. 用 line 命令绘制的折线与用 pline 命令绘制的折线的主要区别是什么？
4. 构造线一般作何用途？点对象的主要功用是什么？
5. 何谓选择集？AutoCAD 主要有哪几种选择方式？默认选择方式有哪些？
6. "夹点"编辑有几种模式？这几种模式与相应的编辑命令有何区别？

第 4 章 AutoCAD 文字、表格与尺寸标注

教学目标： 掌握 AutoCAD 文本注写、表格使用和尺寸标注的方法，为在机械图样中注写技术要求和标注尺寸打下基础。

教学要求： 掌握设置文字样式的方法，掌握单行文字和多行文字的输入及编辑方法，掌握表格的创建使用功能，掌握标注样式的创建、修改和替代方式，熟练运用各种尺寸标注方式标注图形尺寸。

本章主要介绍 AutoCAD 的文字注写与编辑功能、表格功能及尺寸标注与编辑功能。

4.1 文本注写

AutoCAD 2006 提供了超强的文字功能。使用这些功能，可灵活、方便、快捷地在图形中注释文字说明。

4.1.1 文字概述

在 AutoCAD 中可以使用两种类型的文字，分别是 AutoCAD 专用的形（SHX）字体和 Windows 自带的 TupeType 字体。

在 AutoCAD 2000 中文版以后的版本里，提供了中国用户专用的符合国标要求的中西文工程形字体，其中有两种西文字体和一种中文长仿宋体工程字，两种西文字体的名字分别是"gbenor. shx"和"gbeitc. shx"，前者是正体，后者是斜体；中文长仿宋体工程字的字体名是"gbcbig. shx"，如图 4.1 所示。

1234567890abcdeABCDE
1234567890abcdeABCDE
中文工程字

图 4.1 符合国标要求的中西文工程形字体

在 Windows 操作环境下，几乎所有的 Windows 应用程序都可以直接使用由 Windows 操作系统提供的 TupeType 字体，包括宋体、黑体、楷体、仿宋体等，AutoCAD 也不例外。

4.1.2 写入文字

AutoCAD 提供了两种书写文字的工具，分别是单行文字和多行文字。

1. 写入单行文字

对于不需要多种字体或多行的内容，可以创建单行文字。单行文字对于简短文字非常

方便，激活命令的方式如下。

(1)【文字】工具栏:【单行文字】按钮 AI。

(2) 菜单:【绘图】|【文字】|【单行文字】。

(3) 命令行：dtext(或 text 或简化命令 dt)↙。

如书写图 4.2 所示文字，操作如下。

命令：dt↙

TEXT(AutoCAD 自动给出命令的全称)

当前文字样式：Standard 当前文字高度：0.0

指定文字的起点或［对正(J)/样式(S)］:（在合适位置拾取一点作为文字输入的左下角基点)

指定高度<0.0>：5↙(输入文字高度)

指定文字的旋转角度<0>：↙

输入文字：机械制图↙(在绘图区输入文字)

输入文字：单行文字↙(在绘图区输入文字)

输入文字：↙

命令操作完成后，输入了两行文字对象，这两行文字分别是两个独立的文字对象，如果对它们进行文字编辑，需要分别进行。

单行文字中的"对正"选项用于决定文字的对正方式。默认的对正方式是左对齐，因此对于左对齐的文字，可以不必设置对正选项，"对齐"方式用于确定文字基线的起点和终点，调整文字高度使其位于两者之间；"调整"方式用于确定文字基线的起点和终点，在保证原指定的文字高度的情况下，自动调整文字的宽度以适应指定两者之间均匀分布，如图 4.3(a)、(b)所示为同一字高的两种对齐方式效果。其他对正方式如图 4.4 所示。

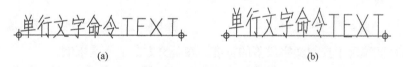

图 4.3 单行文字的"对齐"、"调整"对正方式
(a)"对齐"选项；(b)"调整"选项

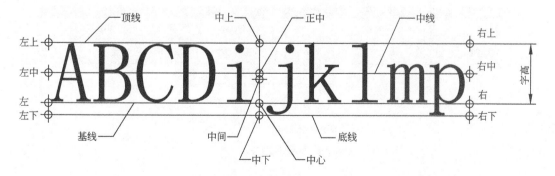

图 4.4 文字的对正方式

2. 写入多行文字

对于较长、较复杂的内容，可以创建多行或段落文字。多行文字实际上是一个类似于 Word 软件一样的编辑器，它由任意数目的文字行或段落组成，布满指定的宽度，并可以沿垂直方向无限延伸。多行文字的编辑选项比单行文字多。例如，可以将对下划线、字体、颜色和高度的修改应用到段落中的每个字符、词语或短语，可以通过控制文字的边界框来控制文字段落的宽度和位置。

多行文字与单行文字的主要区别在于，多行文字无论行数是多少，创建的段落集都被认为是单个对象。多行文字命令的激活方式如下。

(1)【绘图】或【文字】工具栏：【多行文字】按钮 。
(2) 菜单：【绘图】|【文字】|【多行文字】。
(3) 命令行：mtext(或简化命令 mt 或 t)↙。

如书写图 4.5 所示的文字，操作如下。
(1) 激活多行文字命令，提示为：

命令：_mtext 当前文字样式："Standard" 当前文字高度：5
指定第一角点：(在合适位置拾取一点)
指定对角点或 [高度(H)/对正(J)/行距(L)/旋转(R)/样式(S)/宽度(W)]：(在第一角点的右下角再拾取一点，如图 4.6 所示的矩形书写区域)

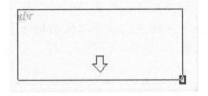

图 4.5 多行文字　　图 4.6 选取多行文字的书写区域

文字书写区域用于控制文字段落的宽度，在垂直方向上不受限制。

(2) 设定好书写区域后，弹出【文字格式】编辑器，在文字编辑区域键入所需文字，如图 4.7 所示，并将其中的"技术要求"字高设为"7"，其他文字字高设为"5"。单击【确定】按钮，完成多行文字输入。

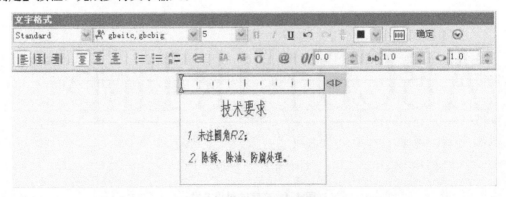

图 4.7 【文字格式】编辑器

4.1.3 定义文字样式

AutoCAD 图形中所有的文字都具有与之相关联的文字样式。对于单行文字工具，如果想要使用其他的字体来创建文字或改变字体，并不像 Word 一类字处理那样简单，必须对每一种字体设置一个文字样式，然后通过改变这行文字的文字样式来达到改变字体的目的；多行文字工具可以像字处理软件一样随意地改变文字的字体，并不完全依赖于文字样式的设置，但实际上在使用多行文字工具来书写文字的时候，也会使用当前设置的文字样式进行书写，并且还可以通过文字样式来改变字体。

文字样式中包含了字体、字号、角度、方向和其他文字特征，设置文字样式的方法如下。

(1)【样式】工具栏：【文字样式】按钮 。
(2) 菜单：【格式】|【文字样式】。
(3) 命令行：stylet(或简化命令 st)↙。

激活文字样式命令后，弹出【文字样式】对话框，如图 4.8 所示。

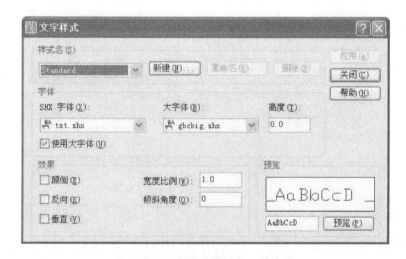

图 4.8 【文字样式】对话框

AutoCAD 默认的文字样式是"Standard"，Standard 文字样式设置了"SHX"字体（西文字体）"txt.shx"和"大字体"（国标字体）"gbcbig.shx"。如果想要使用其他字体，可以直接修改当前"Standard"文字样式的设置，但图形中如果已经使用"Standard"文字样式注写了一些文字，那么这些文字都将随着"Standard"文字样式的改变而改变，这就是说一个文字样式只能设置一种文字特征，如果在同一个图形文件中使用多种字体，需要为每一种字体创建一个文字样式。

下面用前面提到的国标字体来创建一个新的文字样式，样式名为"工程字"，方法如下。

(1) 在【文字样式】对话框中单击【新建】按钮，弹出【新建文字样式】对话框，在【样式名】文本框中输入"工程字"，如图 4.9 所示，单击【确定】按钮，创建了一个名为"工程字"的新文字样式。

(2) 创建完新样式后，需要对样式的字体等特征进行设置，先来设置字体。AutoCAD

可以使用两类字体，一类是形(SHX)字体，一类是 TrueType 字体，如果要同时使用形字体和 TrueType 字体，必须确保不选中【使用大字体】复选框，而国标字体都不是 True-Type 字体，属于形字体，要想使用的话必须选取【使用大字体】复选框。所谓大字体是指亚洲国家使用非拼音文字的大字符集字体，AutoCAD 为这些国家专门提供了符合地方标准的形字体。

图 4.9 【文字样式】对话框

确保选中了【使用大字体】复选框，在【字体】选项区域的【SHX 字体】下拉列表中选择 gbeitc.shx，在【大字体】下拉列表中选择 gbcbig.shx，如图 4.10 所示。

图 4.10 国标文字样式的字体设置

【SHX 字体】下拉列表设定的西文及数字的字体，前面提到过有两种字体，分别是"gbenor.shx"和"gbeitc.shx"，前者是正体，后者是斜体；【大字体】下拉列表设定的是中文等大字符集字体，国标长仿宋体工程字的字体名是"gbcbig.shx"。

对话框中的【高度】文本框用于定义字高，一般情况最好不要改变它的默认设置"0"，如果在这里修改成其他数值，则此样式输入单行文字时的字高便不会被提示，并且如果在以后的标注中使用了这个文字样式，标注的字高就会被固定，不能在标注设置中更改。

对话框中的【宽度比例】文本框用于设置文字的纵横比，默认为"1"，如果设置为小于 1 的正数，则压缩文字宽度，若大于 1，则放宽文字。对于 gbcbig.shx 字体，因为它的字形本身就是长仿宋体，所以保持默认值。

对话框中的【倾斜角度】文本框用于设置文字的倾斜角度使其变为斜体字，保持其默认设置"0"。

对话框中的【重命名】按钮用来改变已有的样式名称，【删除】按钮用来删除不用的文字样式。要注意的是，"Standard"文字样式即不能重命名，也不能删除。【颠倒】选项是确定是否倒写文字，【反向】选项是是否反写文字，一般不使用。

完成上述设置后，单击【应用】按钮，再单击【关闭】按钮，完成对国标文字样式"工程字"的设置。此时【样式】工具栏中的【文字样式】下拉列表中就有了新创建的"工程字"样式。

如果将【文字样式】下拉列表中的"工程字"文字样式选中，则"工程字"文字样式为当前文字样式，使用单行或多行文字工具来创建新文字的时候，就会遵照此文字样式的设置进行注写。

4.1.4 编辑文字

文字输入的内容和样式不可能一次就达到要求，需要进行反复调整和修改，这就需要在原有文字基础上对文字进行编辑处理。

AutoCAD 提供了两种对文字进行编辑修改的方法，一种是文字编辑(ddedit)命令，另外就是特性工具。

激活文字编辑命令的方法如下。

(1)【文字】工具栏：【编辑】按钮 A/。
(2) 菜单：【修改】|【对象】|【文字】|【编辑】。
(3) 命令行：ddedit(或简化命令 ed)↙。
(4) 直接在需要编辑的文字上双击。

激活文字编辑命令后，AutoCAD 对于单行文字和多行文字的响应是不同的。共同的地方是：在 AutoCAD 2006 中无论单行文字还是多行文字，都是采用在位编辑的方式，也就是说，被编辑的文字并不离开原来文字在图形中的位置，这样保证了文字与图形相对位置的一致。

1. 编辑单行文字

在需要编辑的单行文字上双击，被编辑的文字转化为一个文本编辑器，在此可以随意编辑文字内容，修改完后直接回车进行下一个文字对象的编辑，再回车即可结束命令。

单行文字编辑只能修改文字的内容，如果还想进一步修改其他的文字特性，可以使用【特性】工具。在【特性】选项板上不但可以修改文字的内容、样式、高度、旋转、倾斜、颠倒、反向等文字样式管理器里的全部项目，而且连颜色、图层、线型等基本特性也可以修改，如图 4.11 所示。

2. 编辑多行文字

要修改如图 4.5 所示的多行文字，在文字上双击，AutoCAD 系统弹出【文字格式】编辑器，如图 4.12 所示。

在【文字格式】编辑器中可以像 Word 一样对文字的字体、字高、加粗、斜体、下划线、颜色、堆叠样式、甚至是缩进、制表符等特性进行编辑。下面介绍【文字格式】编辑器上各项设置的使用。

(1)【文字样式】下拉列表：可以直接选择定义好的文字样式，将其应用到该多行文字的全部文字上，而无需也无法部分选择文字，也不必进行其他的字体、字高设置，并且如果部分文字修改了字体、字高等设置，不会影响到文字样式原有的设置。

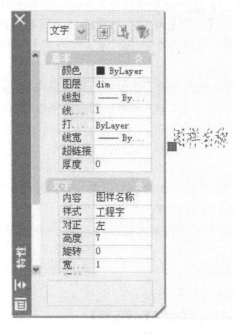

图 4.11　利用【特性】选项板编辑单行文字

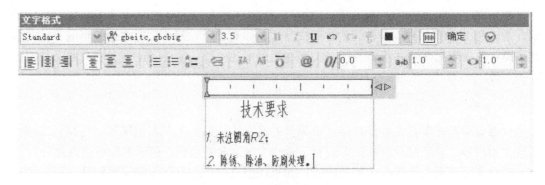

图 4.12　【文字格式】编辑器

（2）【字体】下拉列表：修改选中文字的字体。

（3）【字高】下拉列表：修改选中文字的高度。默认的【字高】下拉列表中只有已设置过的文字高度，如果想要设置为下拉列表中没有的值，可以直接在列表框中输入。

（4）【加粗】按钮 B、【斜体】按钮 I、【下划线】按钮 U：用于打开或关闭文字的加粗、斜体和下划线格式。

（5）【放弃】按钮、【重做】按钮：单击【放弃】按钮，放弃在【文字样式】编辑器中进行的最后一次编辑操作；执行放弃操作后如果又不想放弃，单击【重做】按钮可以撤销上一次放弃操作。

（6）【堆叠】按钮：用于打开或关闭堆叠格式。如果要使文字堆叠，则必须包含"^"、"/"或"#"字符，字符左边的文字将被堆叠到右边文字的上面，选中要堆叠的文字后单击【堆叠】按钮即可。表 4-1 所示为几种堆叠效果。

表 4-1 堆叠效果

输入的内容	堆叠效果
100+0.02^-0.03 （对+0.02^-0.03 应用堆叠） 2/3	$100^{+0.02}_{-0.05}$ $\dfrac{2}{3}$
2#3	2/3

选择堆叠文字，单击鼠标右键从快捷菜单中选择【特性】命令即可打开【堆叠特性】对话框，如图 4.13 所示。在【堆叠特性】对话框中，可以编辑堆叠文字以及修改堆叠文字的类型、对正和大小等设置。

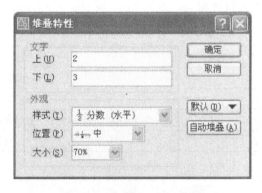

图 4.13 【堆叠特性】对话框

（7）【颜色】下拉列表：修改选中文字的颜色。

（8）【标尺】按钮：打开或关闭标尺的显示。可以像 Word 软件一样通过拖动标尺上的滑块来修改段落缩进，通过在标尺上双击添加 L 形的小标记来增加制表位，如图 4.14 所示。在标尺上单击鼠标右键，在快捷菜单中选择【缩进和制表位】命令打开【缩进和制表位】对话框，如图 4.15 所示，在此对话框中可以对缩进和制表位进行进一步的设置。

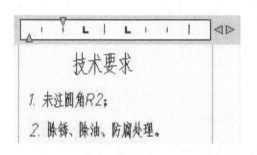

图 4.14 标尺上的滑块及 L 形小标记

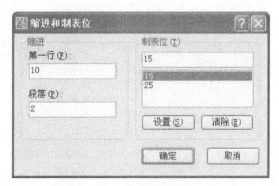

图 4.15 【缩进和制表位】对话框

(9)【选项】按钮：单击【选项】按钮可以弹出一个菜单，这个菜单包含了全部的按钮选项和更多的设置。

(10)【对齐】按钮：共有 6 个对齐按钮，用于设置对齐方式。

(11)项目符号按钮：共有 3 个项目符号按钮，分别是【编号】按钮、【项目符号】按钮、【大写字母】按钮，分别控制项目符号的 3 种使用形式，【编号】按钮使用阿拉伯数字作为项目符号，【项目符号】按钮则仅仅是圆点，【大写字母】按钮是使用大写英文字母。

(12)【全部大写】按钮、【全部小写】按钮：将选中的英文字母全部改为大写或小写。

(13)【上划线】按钮：为文字添加上划线。

(14)【符号】按钮：在 AutoCAD 中输入符号的时候，会遇到一些特殊的工程符号不能直接用键盘输入。常用的特殊符号和代码如表 4-2 所示，但是代码并不好记，符号按钮可以帮助我们直接输入这些符号，如图 4.16 所示。

表 4-2 常用的特殊符号代码表

控制代码	结　果
%%d	度符号(°)
%%p	公差符号(±)
%%c	直径符号(φ)
%%%	百分号(%)

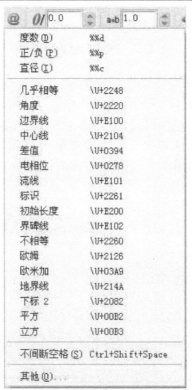

图 4.16 【符号】按钮菜单

(15)【倾斜角度】文本框：控制文字的倾斜角度。

(16)【追踪】文本框：控制一行文字的总宽度，只调节文字间距，不调节文字本身的宽度。

(17)【宽度比例】文本框：控制文字的宽度比例。

对于多行文字，也可以利用特性工具对文字进行编辑，而且多行文字的行距比例及行间距只能通过特性工具进行调整。

4.2 表格的使用

在工程上大量使用表格，AutoCAD 2006 提供了表格工具。本节介绍表格的创建、插入及编辑方法。

4.2.1 创建表格样式

创建表格对象时，首先要创建一个空表格，然后在表格的单元格中添加内容。在创建空表格前先要进行表格样式的设置。激活表格样式的方法如下。

(1)【样式】工具栏：【表格样式】按钮 。

(2) 菜单：【格式】|【表格样式】。

(3) 命令行：tablestyle(或简化命令 ts)↙。

如创建一个明细表的具体操作如下。

(1) 单击【表格样式】按钮，弹出【表格样式】对话框，如图 4.17 所示。

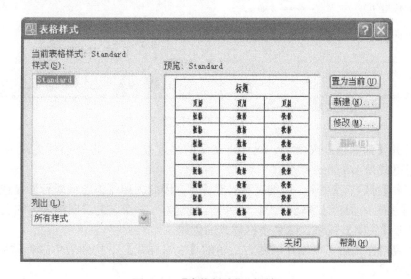

图 4.17 【表格样式】对话框

在【表格样式】对话框的【样式】列表里有一名为"Standard"的表格样式，不用改动它，单击【新建】按钮，弹出【创建新的表格样式】对话框，在【新样式名】文本框中输入"明细表"。

(2) 单击【继续】按钮，弹出【新建表格样式】对话框，如图 4.18 所示。该对话框中有 3 个选项卡，默认为【数据】选项卡，其中【单元特性】选项区域控制所有数据行内文字数据的特性，将文字高度更改为 5；【边框特性】选项区域控制表格边框线的特性，将外边框更改为 0.4mm 线宽，内边框更改为 0.15mm 线宽，要注意此处的更改要先选择线宽，然后再单击需要更改的边框按钮。另外在【基本】选项区域的【表格方向】下拉列表中选择"上"选项，表示明细表向上扩展。【单元边距】选项区域控制文字和边框的距离，对于水平距离不用做更改，垂直距离需要根据明细表的行高来定，预期的行高为 8，文字高度为 5，但是文字的高度还要加上上下的余量，现在无法准确地估算，因此将垂直距离暂设置为 0.5。

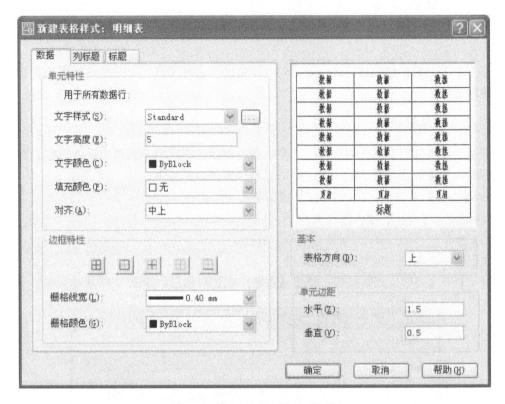

图 4.18 【新建表格样式】对话框

（3）打开【列标题】选项卡，同样将文字的高度改为 5，将外边框更改为 0.4mm 线宽，内边框更改为 0.15mm 线宽。

（4）打开【标题】选项卡，明细表不需要标题，因此去掉【包含标题行】复选框的选择。单击【确定】按钮，回到【表格样式】对话框，创建好了一个名为"明细表"的表格样式。

（5）单击【关闭】按钮，结束表格样式的创建。

创建完表格样式后，可以在屏幕右上角的【表格样式】下拉列表中选择"明细表"作为当前表格样式。

4.2.2 插入表格

插入表格命令的激活方式如下。

（1）【绘图】工具栏：【表格】按钮 。

（2）菜单：【绘图】|【表格】。

(3) 命令行：table(或简化命令 tb↙)。

继续刚才的练习，插入表格的步骤如下。

(1) 单击【绘图】工具栏中的【表格】按钮，弹出【插入表格】对话框，如图 4.19 所示。

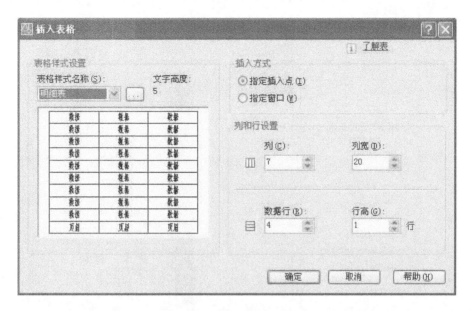

图 4.19 【插入表格】对话框

(2) 确保在【表格样式名称】下拉列表中选择了刚才创建的"明细表"，选中【插入方式】选项区域中的【指定插入点】单选按钮，在【列和行设置】选项区域中设置为 7 列和 4 行，列宽为 20，行高为 1 行，单击【确定】按钮。

(3) 在合适位置指定插入点，在提示输入的列标题行中填入"序号"、"代号"、"名称"、"数量"、"材料"、"重量"、"备注"7 项，在"序号"一列向上填入 1~4，最后效果如图 4.20 所示。

4						
3						
2						
1						
序号	代号	名称	数量	材料	重量	备注

图 4.20 完成插入后的表格

4.2.3 编辑表格

编辑表格的方法如下。

(1) 按住鼠标左键并拖动可以选择多个单元格，如将"序号"一列全部选中，单击鼠标右键弹出快捷菜单，如图 4.21 所示，菜单里包括【单元对齐】、【单元边框】、【插入行列】、【插入字段】等编辑命令，如果选择单个单元格，快捷菜单里还会包括公式等选项。

(2) 选择菜单【工具】|【特性】命令，弹出【特性】选项板如图 4.22 所示。将【单元宽度】文本框中内容更改为"8"，【单元高度】文本框中内容更改为"8"。

图 4.21 表格快捷编辑菜单

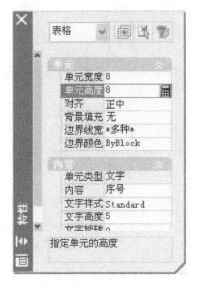
图 4.22 【特性】选项板

(3) 在绘图区域继续选择其他列，分别将"代号"列宽更该为"40"、"名称"列宽更改为"44"、"数量"列宽更该为"8"、"材料"列宽更该为"38"、"重量"列宽更该为"22"、"备注"列宽更该为"20"，最后完成的明细表如图 4.23 所示。

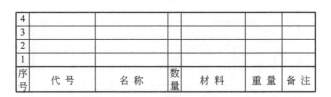
图 4.23 完成的明细表

在表里填写数据，包括应用一些公式进行统计分析或者合并拆分单元格，以及添加和删除行和列等，在这里不再赘述。

4.3 尺寸标注

AutoCAD 系统提供了一整套完整的尺寸标注命令，使用它们可以方便地标注图样上的各种尺寸，如长度、角度、直径、半径等。

4.3.1 创建各种尺寸标注

AutoCAD 的尺寸标注是建立在精确绘图基础上的。只要绘图尺寸精确，标注时只需要准确地拾取到标注点，系统便会自动给出正确的尺寸数值，而且标注尺寸和被标注对象相关联，即修改了对象，尺寸便会自动得以更新。

AutoCAD 中提供了十几种标注命令以满足不同的需求，下面介绍常用的标注命令。

1. 线性标注与对齐标注

(1) 线性标注。线性标注命令提供水平或垂直方向上的长度尺寸标注，如图 4.24(b) 所示。

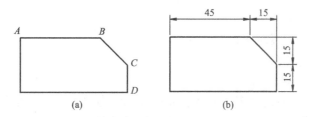

图 4.24　线性标注
(a) 原始图形；(b) 标注后

命令的激活方式如下。

① 【标注】工具栏：【线性】按钮 ⊢⊣。
② 菜单：【标注】|【线性】。
③ 命令行：dimlinear✓。

如标注图 4.24 所示的图形，使用线性标注的操作过程如下。

① 激活命令，命令行提示如下。

命令：_ dimlinear
指定第一条尺寸界线原点或<选择对象>：(拾取 A 点作为标注线性尺寸的第一点)
指定第二条尺寸界线原点：(拾取 B 点作为标注线性尺寸的第二点)
指定尺寸线位置或 [多行文字(M)/文字(T)/角度(A)/水平(H)/垂直(V)/旋转(R)]：(向上拉出标注尺寸线至合适位置)
标注文字＝45

以上标注时，最后一行没有专门输入标注值"45"，而是由 AutoCAD 根据拾取到的两个标注点之间的投影距离自动给出的。另外，在执行命令时，如果提示"指定第一条尺寸界线原点或<选择对象>："的时候直接回车，可以激活选择标注对象的方式，只要选取对象，AutoCAD 会自动将这个对象的两个端点作为标注点进行线性标注。

② 按 Enter 键继续执行线性标注命令，命令行提示如下。

命令：_ dimlinear
指定第一条尺寸界线原点或<选择对象>：✓
选择标注对象：(选择 B、C 点间的斜线段)
指定尺寸线位置或 [多行文字(M)/文字(T)/角度(A)/水平(H)/垂直(V)/旋转(R)]：(向上拉出标注尺寸线，捕捉前一个标注的箭头端使标注与前一个标注对齐)

标注文字＝15

③ 重复步骤②，在拉出尺寸线的时候向右拉可以拉出垂直方向的线性标注。

④ 按 Enter 键继续执行线性标注命令，对 CD 段进行标注。

标注时，在执行到"指定尺寸线位置或［多行文字（M）/文字（T）/角度（A）/水平（H）/垂直（V）/旋转（R）］："这一步时，默认的响应是拉出标注尺寸线，自定义合适的尺寸线位置，其他各选项可以自定义标注文字的内容、角度以及尺寸线的旋转角度，需要时可选用。

线性标注只能标注水平、垂直方向或者按指定旋转方向的直线尺寸，而无法标注斜线的长度（使用旋转选项方法除外）。

（2）对齐标注。对齐标注命令提供与拾取的标注点对齐的长度尺寸标注，激活方式如下。

① 【标注】工具栏：【对齐】按钮 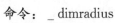。

② 菜单：【标注】|【对齐】。

③ 命令行：dimaligned↙。

对齐标注与线性标注方法基本相同，它可以标注出斜线尺寸。在上一个图例中，如果使用对齐标注形式来标注图中的斜线，标注的执行过程如下。

命令：_ dimaligned

指定第一条尺寸界线原点或＜选择对象＞：（拾取图 4.24 所示的 B 点）

指定第二条尺寸界线原点：（拾取图 4.24 所示的 C 点）

指定尺寸线位置或［多行文字（M）/文字（T）/角度（A）］：（拉出标注尺寸线，自定义合适位置）

标注文字＝21.21

标注结果如图 4.25 所示。

图 4.25　对齐标注

2. 半径标注与直径标注

AutoCAD 对圆或者圆弧可以进行直径和半径的标注。对于半径，标注尺寸值之前会自动加上半径符号"R"，对于直径，标注尺寸值之前会自动加上直径符号"ϕ"。

（1）半径的标注。半径标注命令提供对圆或者圆弧半径的标注，激活方法如下。

① 【标注】工具栏：【半径】按钮 。

② 菜单：【标注】|【半径】。

③ 命令行：dimradius↙。

如标注图 4.26 所示的半径尺寸，激活半径标注命令，提示如下。

命令：_ dimradius

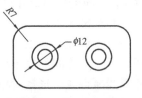

图 4.26　半径与直径标注

选择圆弧或圆：（选择图形左上角的圆弧）

标注文字＝7

指定尺寸线位置或［多行文字（M）/文字（T）/角度（A）］：（拉出标注尺寸线，自定义合适位置）

（2）直径的标注。直径标注命令提供对圆或者圆弧直径的标注，激活方法如下。

① 【标注】工具栏：【直径】按钮 。

② 菜单：【标注】|【直径】。
③ 命令行：dimdiameter↙。
如标注图 4.26 中的直径尺寸，激活直径标注命令，提示如下。
命令：_ dimdiameter
选择圆弧或圆：（选择图形左边两个圆中的大圆）
标注文字＝12
指定尺寸线位置或［多行文字(M)/文字(T)/角度(A)］：（拉出标注尺寸线，自定义合适位置）
半径或直径标注的对象既可以是完整的圆，也可以是圆弧，拉出的标注尺寸线可以在圆或圆弧的内部，也可以在圆或圆弧的外部。

3. 角度尺寸的标注

AutoCAD 可以对两条非平行直线形成的夹角、圆或圆弧的夹角或者是不共线的 3 个点进行角度标注，标注值为度数，AutoCAD 会在标注值后面自动加上度数单位(°)。
角度标注命令的激活方式如下。
(1)【标注】工具栏：【角度】按钮。
(2) 菜单：【标注】|【角度】。
(3) 命令行：dimangular↙。
如标注图 4.27(a)所示的角度，激活角度标注命令，提示如下。
命令：_ dimangular
选择圆弧、圆、直线或＜指定顶点＞：（选择斜线段）
选择第二条直线：（选择斜线段下面的垂直线段）
指定标注弧线位置或［多行文字(M)/文字(T)/角度(A)］：（向左上角拉出标注尺寸线，自定义合适位置）
标注文字＝45

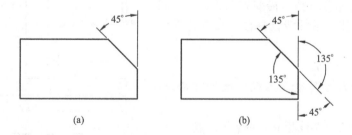

图 4.27 角度标注
(a) 角度标注；(b) 直线段间的 4 个角度标注结果

角度标注所拉出的尺寸线的方向将影响到标注结果，如图 4.27(b)所示，两条直线段间的角度在不同的方向可以形成 4 个角度值。
角度标注也可以应用到圆或者圆弧上，在激活命令的第一个提示"选择圆、圆弧、直线或＜指定顶点＞:"下，可以选择圆或圆弧，然后分别进行下面的操作。
(1) 如果选择圆，则标注出拾取的第一点和第二点间围成的扇形角度。

（2）如果选择圆弧，AutoCAD 会自动标出圆弧起点及终点围成的扇形角度。

标注结果如图 4.28 所示。

（3）如果在此提示下直接按 Enter 键，则可以标注三点间的夹角（选取的第一点为夹角顶点）。

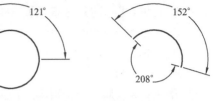

图 4.28　角度标注在圆弧上的应用

4. 基线标注与连续标注

基线标注与连续标注的实质是线性标注、角度标注的延续，在某些特殊情况中，比如一系列尺寸是由同一个基准面引出的或者是首尾相接的一系列连续尺寸，AutoCAD 提供了专门的标注工具以提高标注效率。长度尺寸和角度尺寸都可以应用基线标注和连续标注。

（1）基线标注。对于由同一个基准面引出的一系列尺寸，可以使用基线标注，激活方法如下。

① 【标注】工具栏：【基线】按钮 。

② 菜单：【标注】|【基线】。

③ 命令行：dimbaseline ✓。

无论是基线标注还是连续标注，都需要预先指定一个完成的标注作为标注的基准，这个标准可以是线性标注或角度标注，一旦指定了基准标注，接下来的基线标注或连续标注也和基准标注的形式一样。例如，如果指定了线性标注作为基准，那么基线标注或连续标注也会进行线性标注。

需要注意，如果刚刚执行了一个标注，那么激活基线标注或连续标注后，系统会自动以刚刚执行完的线性标注为基准进行标注，如果刚执行的不是线性标注，执行基线标注或连续标注时，命令行会提示选择一个已经执行完成的标注作为基准。如果当前图形中一个标注都没有，那么基线标注或连续标注命令就无法执行下去。

如对图 4.29 所示阶梯轴进行基线标注的过程如下。

① 由于没有基准标注，需要先在 A、B 点间创建一个线性标注。激活线性标注，命令行提示如下。

命令：_ dimlinear

指定第一条尺寸界线原点或＜选择对象＞：（拾取 A 点）

指定第二条尺寸界线原点：（拾取 B 点）

指定尺寸线位置或 [多行文字(M)/文字(T)/角度(A)/水平(H)/垂直(V)/旋转(R)]（向下拉出标注尺寸线，自定义合适的尺寸线位置）

标注文字＝23

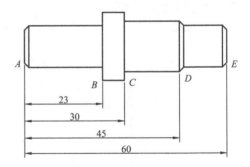

图 4.29　基线标注

② 单击【标注】工具栏上的【基线】按钮，因为刚刚执行完一个线性标注，AutoCAD 会直接以刚执行完的线性标注作为基准标注，提示输入下一个尺寸点，基准面是这个线性标注选择的第一个标注点，依次选择 C、D、E 点，会得到完整的基线标注，执行过程如下。

命令：_dimbaseline
指定第二条尺寸界线原点或[放弃(U)/选择(S)]<选择>：(拾取 C 点)
标注文字=30
指定第二条尺寸界线原点或[放弃(U)/选择(S)]<选择>：(拾取 D 点)
标注文字=45
指定第二条尺寸界线原点或[放弃(U)/选择(S)]<选择>：(拾取 E 点)
标注文字=60
指定第二条尺寸界线原点或[放弃(U)/选择(S)]<选择>：✓
选择基准标注：✓

(2) 连续标注。对于首尾相接的一系列连续尺寸，可以使用连续标注，连续标注的激活方式如下。

① 【标注】工具栏：【连续】按钮 ⊢⊢⊢。
② 菜单：【标注】|【连续】。
③ 命令行：dimcontinue ✓。

如标注图 4.30 所示的尺寸，用连续标注命令的步骤如下。

① 首先在 A、B 点间创建一个线性标注。激活线性标注命令，命令行提示如下。
命令：_dimlinear
指定第一条尺寸界线原点或<选择对象>：(拾取 A 点)

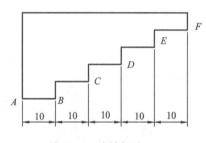

图 4.30　连续标注

指定第二条尺寸界线原点：(拾取 B 点)
指定尺寸线位置或[多行文字(M)/文字(T)/角度(A)/水平(H)/垂直(V)/旋转(R)]：
标注文字=10

② 激活连续标注命令，系统直接以刚执行完的线性标注为基准标注，执行过程如下。
命令：_dimcontinue
指定第二条尺寸界线原点或[放弃(U)/选择(S)]<选择>：(拾取 C 点)
标注文字=10
指定第二条尺寸界线原点或[放弃(U)/选择(S)]<选择>：(拾取 D 点)
标注文字=10
指定第二条尺寸界线原点或[放弃(U)/选择(S)]<选择>：(拾取 E 点)
标注文字=10
指定第二条尺寸界线原点或[放弃(U)/选择(S)]<选择>：(拾取 F 点)
标注文字=10
指定第二条尺寸界线原点或[放弃(U)/选择(S)]<选择>：✓
选择连续标注：✓

5. 快速标注

快速标注用来快速创建或编辑一系列标注。当需要创建一系列基线、连续或并列标注，或者为一系列圆或圆弧创建标注时，快速标注特别有用。快速标注的激活方法如下。

(1)【标注】工具栏：【快速标注】按钮。

(2) 菜单：【标注】|【快速标注】。

(3) 命令行：qdim✓。

如使用快速标注命令标注图 4.30 中的尺寸，激活快速标注命令，命令行提示如下。

命令：_qdim

关联标注优先级＝端点

选择要标注的几何图形：指定对角点：(使用窗口方式选择标注的图线，如图 4.31(a)所示) 找到 11 个

选择要标注的几何图形：✓

指定尺寸线位置或［连续(C)/并列(S)/基线(B)/坐标(O)/半径(R)/直径(D)/基准点(P)/编辑(E)/设置(T)］＜并列＞：c(选择连续标注，向下拉出标注尺寸线，自定义合适位置，如图 4.31(b)所示)

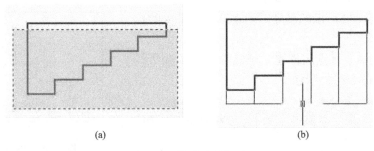

图 4.31 快速连续标注

完成后的快速连续标注如图 4.30 所示。

6. 快速引线标注

标注倒角尺寸或是一些文字注释、装配图的零件编号等时，需要用引线来标注，在 AutoCAD 中用快速引线标注来完成。激活快速引线命令的方式如下。

(1)【标注】工具栏：【快速引线】按钮。

(2) 菜单：【标注】|【引线】。

(3) 命令行：qleader✓。

如使用引线标注方法标注图 4.32 所示的倒角。因为需要标注 45°倒角，所以预先设置极轴增量角为 45°，激活快速引线命令，提示如下。

命令：_qleader

指定第一个引线点或［设置(S)］＜设置＞：(拾取 A 点作为引线起点)

指定下一点：(拾取 B 点作为引线第二点)

指定下一点：(拾取 C 点作为引线终点)

指定文字宽度＜0＞：✓

输入注释文字的第一行＜多行文字(M)＞：2×45%%D(输入需要标注的文字)

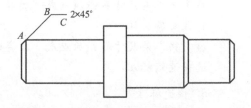

图 4.32 用快速引线标注倒角尺寸

输入注释文字的下一行：↙

引线标注可以对其格式进行设置。激活引线设置的方法是：在执行快速引线标注命令的第一个提示"指定第一个引线点或［设置(S)］＜设置＞："下回车，AutoCAD 会弹出【引线设置】对话框，如图 4.33 所示。对话框中有 3 个选项卡，分别介绍如下。

图 4.33 【引线设置】对话框的【注释】选项卡

(1)【注释】选项卡各选项区域的功能如下。

①【注释类型】选项区域：设置引线注释类型，默认的选项是【多行文字】，如果要标注形位公差，需要选择【公差】选项。

②【多行文字选项】选项区域：设置多行文字选项，只有选定了多行文字注释类型使该选项才可用。

③【重复使用注释】选项区域：设置重复使用引线注释的选项。

(2)【引线和箭头】选项卡(如图 4.34 所示)各选项区域的功能如下。

①【引线】选项区域：设置引线格式为直线或样条曲线。

②【点数】选项区域：设置引线转折点的数目。

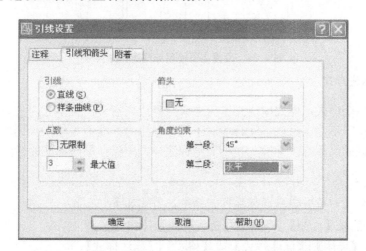

图 4.34 【引线设置】对话框的【引线和箭头】选项卡

③【箭头】选项区域：设置引线箭头的形式，对于倒角尺寸标注，可以设置为"无"。

④【角度约束】选项区域：设置第一条与第二条引线的角度约束。对于倒角尺寸标注，可以在【第一段】下拉列表中选择"45°"选项，在第二段下拉列表中选择"水平"选项。

(3)【附着】选项卡设置引线和多行文字注释的附加位置。只有当在【注释】选项卡上选定【多行文字】类型时，此选项卡才有用，如图 4.35 所示。

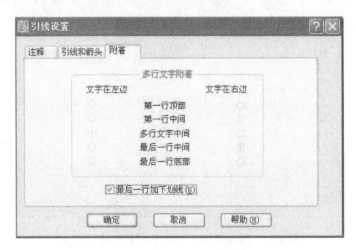

图 4.35 【引线设置】对话框的【附着】选项卡

刚才做过的倒角尺寸标注，标注的文字在尺寸线旁。如果想要将文字改到尺寸线上方，则选中选项卡底部的【最后一行加下划线】复选框。单击【确定】按钮完成引线设置，此时仍然在引线命令状态。

按以上设置重新标注刚才的倒角，结果如图 4.36 所示。

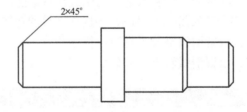

图 4.36 设置完引线后标注的倒角尺寸

4.3.2 定义标注样式

标注要有一个样式，样式中定义了尺寸线与界线、箭头、文字、对齐方式、标注比例等各种参数，由于不同国家或不同行业对于尺寸标注的标准不尽相同，因此需要使用标注样式来定义不同的尺寸标注标准。在不同的标注样式中保存不同标准的标注设置。

1. 定义尺寸标注样式

定义标注样式，首先要激活标注样式命令，方式如下。

(1)【样式】或【标注】工具栏：【标注样式】按钮。

(2) 菜单：【标注】|【标注样式】或【格式】|【标注样式】。

(3) 命令行：ddim↙。

激活命令后，弹出【标注样式管理器】对话框，如图4.37所示，如果使用了acadiso.dwt作为样板图来新建图形文件，则【标注样式管理器】对话框的【样式】列表中有一个名为"ISO-25"的标注样式，这是一个符合ISO标准的标注样式，一般AutoCAD的"ISO"和"GB"样板图中标注样式的命名方式是以"-"为界，前面部分是执行的标准命名，后面部分是标注文字及箭头尺寸的命名。

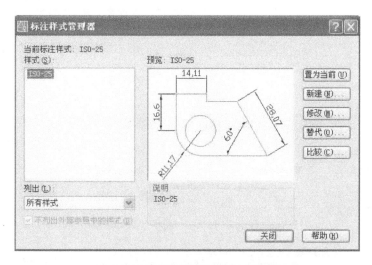

图4.37 【标注样式管理器】对话框

【标注样式管理器】对话框的右边有一列按钮，其功能如下。

(1)【置为当前】按钮：将【样式】列表中选定的标注样式设置为当前标注样式。

(2)【新建】按钮：创建新的标注样式。

(3)【修改】按钮：修改在【样式】列表中选定的标注样式。

(4)【替代】按钮：设置【样式】列表中选定的标注样式的临时替代，这在只是临时修改标注设置的时候非常有用。

(5)【比较】按钮：比较两种标注样式的特性或列出一种样式的所有特性。

下面将以名为"GB-35"的样式为例，讲解如何创建一个符合国标的标注样式以及标注样式各项设置的含义。

(1) 单击【标注样式管理器】对话框中的【新建】按钮，弹出【创建新标注样式】对话框，如图4.38所示，在其中的【新样式名】文本框中输入"GB-35"。【基础样式】下拉列表中列出当前图形中的全部标注样式。【用于】下拉列表列出标注应有的范围以供选择，本例使用默认设置。

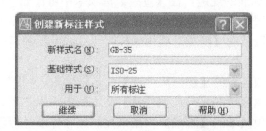

图4.38 【创建新标注样式】对话框

(2) 单击【继续】按钮，继续新标注样式的创建，此时系统弹出【新建标注样式】对话框，如图 4.39 所示。

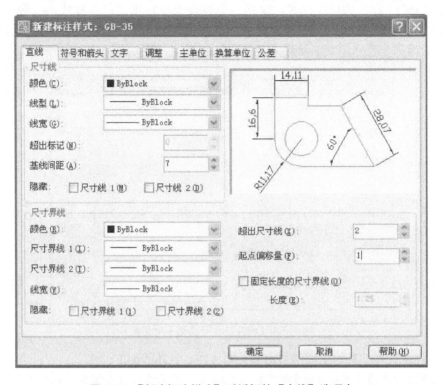

图 4.39 【新建标注样式】对话框的【直线】选项卡

在【新建标注样式】对话框中有 7 个选项卡，当前打开的是【直线】选项卡，用于设置尺寸线、尺寸界线的格式和特性。部分选项的含义如图 4.40 所示。

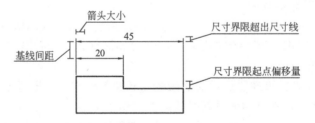

图 4.40 标注样式中部分选项的含义

根据机械制图国家标准的规定，在【直线】选项卡中可作如下设置。
① 【尺寸线】选项区域的【基线间距】设置为"7"。
② 【尺寸线】选项区域的【隐藏】项用来控制尺寸线及端部箭头是否隐藏，如图 4.41 所示。
③ 【尺寸界线】选项区域的【超出尺寸线】文本框中输入"2"。
④ 【尺寸界线】选项区域的【起点偏移量】文本框中输入"1"。
⑤ 【尺寸界线】选项区域的【隐藏】项用来控制尺寸界线是否隐藏，如图 4.42 所示。

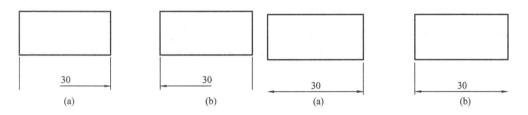

图 4.41 尺寸线隐藏方式　　　　　图 4.42 尺寸界线隐藏方式
(a) 隐藏尺寸线 1；(b) 隐藏尺寸线 2　　(a) 隐藏尺寸界线 1；(b) 隐藏尺寸界线 2

⑥【固定长度的尺寸界线】复选框用于设置尺寸界线从起点一直到终点的长度，一般用于建筑图，机械制图中不选中。

(3)【符号和箭头】选项卡用于设置箭头的样式和大小、圆心标记的类型与大小、弧长符号等，如图 4.43 所示。

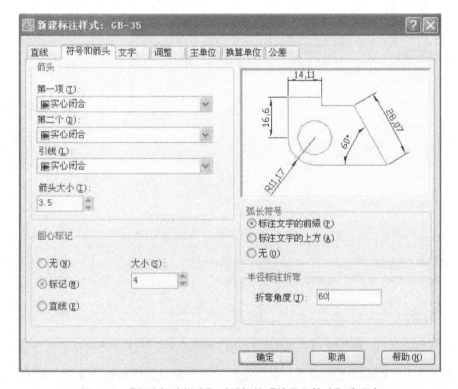

图 4.43 【新建标注样式】对话框的【符号和箭头】选项卡

①【箭头】选项区域的【第一个】和【第二个】下拉列表可以选择标注箭头样式，对于机械制图应选择"实心闭合"选项。

②【箭头】选项区域的【引线】下拉列表可以选择引线标注箭头的样式。这里选择"无"选项。

③【箭头】选项区域的【箭头大小】文本框用于设置标注箭头的大小，这里输入"3.5"。

④【圆心标记】选项区域用于设置圆心标记的类型和大小。其中，若选中【标记】单

选按钮，则在圆心位置以短十字线标注圆心，该十字线的长度由【大小】文本框设定，若选中【直线】单选按钮，则圆心标注将延伸到圆外，如图 4.44 所示。此处在【大小】文本框中输入"4"。

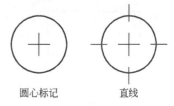

图 4.44 "圆心标记"类型

⑤【弧长符号】选项区域用于设置弧长符号的形式，圆弧符号可以显示在标注文字的前面、上方或不显示，此处保留选中【标注文字的前缀】单选按钮。

⑥【半径标注折弯】选项区域设置折弯标注的折弯角度，此处设为"60"。

(4)【文字】选项卡用于控制标注文字的格式、放置位置和对齐方式，如图 4.45 所示。

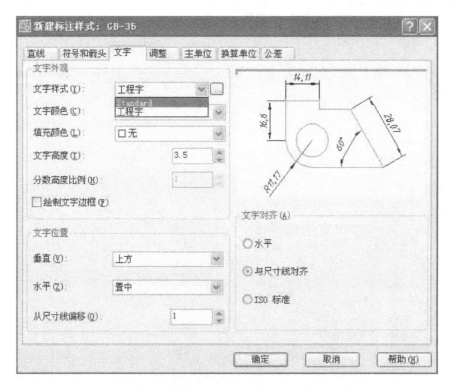

图 4.45 【新建标注样式】对话框的【文字】选项卡

①【文字外观】选项区域的【文字样式】下拉列表用来控制标注文字的样式，下拉列表中列出了当前图形中已定义的文字样式，可从中选择，若想创建新样式，可单击【文字样式】文本框右面的 按钮，在弹出的【文字样式】对话框中进行设置。此例需新建一个符合国标要求的名为"工程字"的文字样式并在下拉列表中选择它。

②【文字外观】选项区域的【文字高度】文本框用于设置标注文字的高度。此处在文本框中输入"3.5"。

③【文字位置】选项区域的【垂直】和【水平】两个下拉列表用于控制标注文字相对尺寸线的垂直位置和相对于尺寸线和尺寸界线的水平位置，在此使用默认设置"上方"和"置中"。

④【文字位置】选项区域的【从尺寸线偏移】文本框用于设置标注文字与尺寸线之间的距离。如果标注文字位于尺寸线中间，则表示断开处尺寸线端点与尺寸文字的间距；若标注文字带有边框，则可以控制文字边框与其中文字的距离。在这里输入"1"。

⑤【文字对齐】选项区域有 3 个选项，其中【水平】选项表示水平放置文字；【与尺寸线对齐】选项表示文字与尺寸线对齐；【ISO 标准】选项表示当文字在尺寸界线内时，文字与尺寸线对齐，当文字在尺寸界线外时，文字水平排列。这里选择默认【与尺寸线对齐】。

(5)【调整】选项卡用以控制标注文字、箭头、引线和尺寸线的放置，如图 4.46 所示。

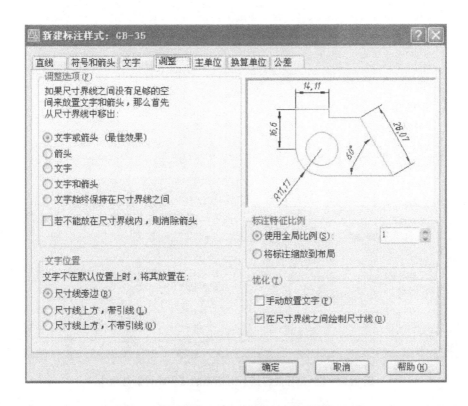

图 4.46 【新建标注样式】对话框的【调整】选项卡

①【调整选项】选项区域控制基于尺寸界线之间可用空间的文字和箭头的位置。在此选择默认选项【文字或箭头】。

②【文字位置】选项区域设置标注文字从默认位置（由标注样式定义的位置）移动时的位置。在此选择【尺寸线上方，带引线】选项。

③【标注特征比例】选项区域设置全局标注比例或图纸空间比例。所谓特征比例就是前面设置的箭头大小、文字尺寸、各种距离或间距等，这是一个很重要的标注设置，因为对于尺寸特别大的图形，由于使用 1∶1 的比例来绘图，这些标注特征尺寸相对图纸尺寸来说几乎不可见。此时如果选中【使用全局比例】复选框，后面设置的值就代表所有这些标注特征值放大的倍数。比如在模型空间采用 1∶10 出图，则将这个值设置为出图比例的倒数，也就是"10"，默认的情况下采用 1∶1 出图，这个值也就使用默认值"1"。如果选择【将标注缩放到布局】选项，则根据当前模型空间视口和图纸空间之间的比例确定比例

因子。

④【优化】选项区域中,【手动放置文字】复选框可以忽略所有水平对正设置,用鼠标指定文字的位置。【在尺寸界线之间绘制尺寸线】复选框控制始终在测量点之间绘制尺寸线,即使 AutoCAD 将箭头放在测量点之外也是如此。在此选中默认的【在尺寸界线之间绘制尺寸线】复选框。

(6)【主单位】选项卡可以控制主标注单位的格式和精度,并设置标注文字的前缀和后缀,如图 4.47 所示。

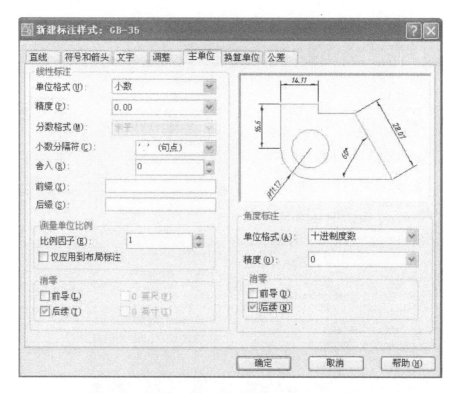

图 4.47 【新建标注样式】对话框的【主单位】选项卡

①【线性标注】选项区域设置线性标注的格式和精度。其中,在【单位格式】下拉列表中选择"小数"选项;【精度】下拉列表中选择标注线性尺寸的精度,在这里选择"0.00";在【小数分隔符】下拉列表中选择"句点"选项;【舍入】文本框可设置标注测量值的舍入规则,例如,如果在【舍入】文本框中输入"0.25",AutoCAD 将 16.68 舍入为 16.75,如果输入"1"作为舍入值,AutoCAD 将 16.68 舍入为 17;【前缀】和【后缀】文本框用于设置添加在标注文字前、后的文字。

②【测量单位比例】选项区域控制标注时测量的实际尺寸与标注值之间的比例,如果在绘图的时候使用了非 1∶1 比例,那么此处的【比例因子】应设置为绘图比例的倒数才能正确标注,比如使用"1∶10"的比例绘图,【比例因子】应设置为"10",在这里使用默认值"1"。【仅应用到布局标注】复选框控制仅对在布局中创建的标注应用线性比例值。

③【线性标注】选项区域的【消零】选项区域控制不输出前导零和后续零以及"0 英尺"和"0 英寸"的部分。

④【角度标注】选项区设置角度标注的当前角度格式。其中,在【单位格式】下拉列表中选择"十进制度数"选项;【精度】下拉列表决定标注角度尺寸的精度,在这里选择"0.00"。

⑤【角度标注】选项区域的【消零】选项区域控制不输出前导零和后续零。在这里选中【后续】复选框。

【换算单位】选项卡可以指定标注测量值中换算单位的显示,并设置其格式和精度。此选项卡用于在公、英制图纸之间进行交流,一般使用默认设置。

【公差】选项卡将在后续章节介绍。

(7) 设置结束之后,单击【确定】按钮,完成新标注样式的设置,返回到【标注样式管理器】对话框。此时的【样式】列表中有了一个名为"GB-35"的标注样式,选中这个标注样式,单击【置为当前】按钮,再单击【关闭】按钮,回到绘图界面。此时,【样式】工具栏【标注样式】下拉列表上会出现"GB-35",表明"GB-35"已被作为当前标注样式,如图4.48所示。

图4.48 【样式】工具栏的【标注样式】下拉列表

2. 定义标注样式的子样式

有时,在用同一个标注样式进行标注的时候,并不能满足所有的规范,比如对于机械图,如果在标注样式中设置的文字对齐方式是"与尺寸线对齐",那么在进行角度尺寸标注的时候就不符合国标要求,如图4.49所示,因为国标规定,角度标注的数字必须水平书写,如图4.50所示。

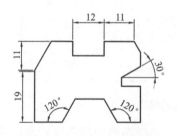 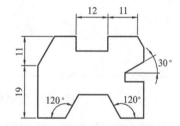

图4.49 不正确的角度标注　　图4.50 使用标注子样式修改后的正确标注

使用AutoCAD的标注子样式功能,可以在同一个标注样式中设置多个子样式,满足不同的标注要求。下面为刚刚创建的标注样式"GB-35"增加角度子样式。

(1) 选择菜单【标注】|【样式】命令,弹出【标注样式管理器】对话框,在【样式】列表中选择"GB-35",单击【新建】按钮,弹出【创建新标注样式】对话框,如图4.51所示,不用修改样式名,确保【基础样式】下拉列表中选择了"GB-35",在【用于】下拉列表中选择"角度标注"选项,这时【新样式名】文本框中会出现"GB-35:角度"字样并虚化。

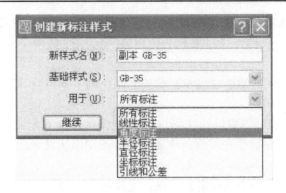

图 4.51 【创建新标注样式】对话框创建子样式

(2) 单击【继续】按钮,在弹出的【新建标注样式】对话框中选择【文字】选项卡,在【文字对齐】选项区域选中【水平】单选按钮,单击【确定】按钮,完成"角度"子样式的设置,此时【样式】列表中的"GB-35"会出现一个名为"角度"的子样式,如图 4.52 所示。

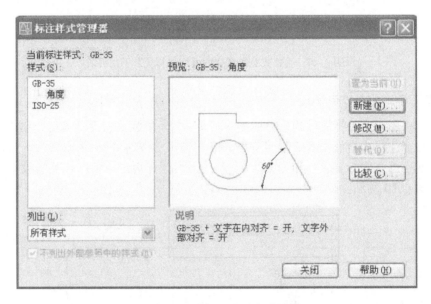

图 4.52 完成标注子样式的创建

(3) 完成后单击【关闭】按钮,返回到绘图界面,此时图形中的角度标注应该被更新为正确的样式,如图 4.50 所示。再以"GB-35"样式标注角度时,就会以子样式的设置标注。

用同样方法可以创建其他子样式,如半径标注、直径标注等。

3. 标注样式的编辑与修改

标注样式的编辑与修改都在【标注样式管理器】对话框中进行,方法是选中【样式】列表中的样式,然后单击【修改】按钮,在【修改标注样式】对话框中进行修改,方法和新建标注样式完全相同。

4.3.3 标注的编辑与修改

标注完成后，可以通过修改图形对象来修改标注。另外，标注好的尺寸也可以利用编辑工具对其进行编辑。

1. 利用标注的关联性进行编辑

AutoCAD 中默认的标注尺寸与标注对象之间具有关联性，也就是说，如果修改了标注对象，标注会自动更新。

如图 4.53 所示，对图(a)左边的 20 个单位长的一段轴进行编辑，将它的长度更改为 25，只需要使用拉伸命令，将这段轴的实际尺寸更改为 25，那么标注就会自动更新为 25，如图(b)所示。

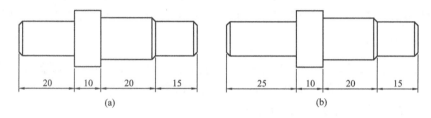

图 4.53 标注的关联性

(a) 编辑前；(b) 轴拉长后尺寸自动更新

2. 编辑标注的尺寸文字

有时候需要对标注好的文字内容进行修改，比方说在线性标注中增加直径符号等，可以利用文字编辑器进行修改。

如图 4.54 所示，阶梯轴的直径标注是采用线性标注完成的，尺寸数字前缺少直径符号。要将直径符号添加进去，步骤如下。

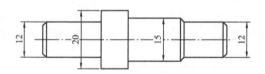

图 4.54 阶梯轴直径的原始标注

(1) 在命令行输入"ddedit"，激活文字编辑命令，在命令行提示选择对象的时候选择左边的标注值为 12 的线性标注，弹出【文字格式】编辑器，如图 4.55 所示。

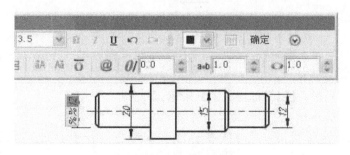

图 4.55 编辑标注文字

(2) 编辑器中的数字 12 带有背景，它代表关联的标注尺寸，也就是拾取的标注点之间的实际尺寸，不要改动它。在数字前面加"ϕ"的控制码"%%C"，单击【确定】按钮，为第一个尺寸添加了直径符号。

(3) 依次修改其他尺寸，将直径符号添加进去，最后修改的结果如图 4.56 所示。

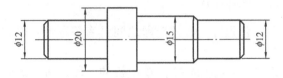

图 4.56　修改完成的直径标注

当然，也可以直接在步骤(2)编辑器中将带有背景的数字删除后换成需要的标注值，但这样做的结果会使标注的关联性丧失，即标注将不会随标注对象的修改而自动更新。

3. 编辑标注尺寸

(1) 编辑标注。编辑标注命令用来修改尺寸文字、旋转尺寸文字、倾斜尺寸界线、使移动或旋转尺寸文字返回默认状态。命令的激活方法如下。

① 【标注】工具栏：【编辑标注】按钮 。

② 命令行：dimedit↙。

继续刚才的标注编辑。如图 4.56 所示，由于 ϕ20 的标注文字压在了中心线上，可以将标注尺寸线倾斜一个角度以避过中心线。

单击【标注】工具栏中的【编辑标注】按钮激活命令，提示如下。

命令：_ dimedit

输入标注编辑类型［默认(H)/新建(N)/旋转(R)/倾斜(O)］＜默认＞：O(选择倾斜编辑类型)

选择对象：(选择 ϕ20 的标注)找到 1 个

选择对象：

输入倾斜角度(按 ENTER 表示无)：－20(输入尺寸界线倾斜角度)

编辑结果如图 4.57 所示。

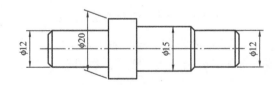

图 4.57　编辑尺寸界线的倾斜角度

(2) 编辑标注文字。编辑标注文字命令用来延长或缩短尺寸界线、改变尺寸文字的位置等。命令的激活方式如下。

① 【标注】工具栏：【编辑标注文字】按钮 。

② 命令行：dimtedit↙。

继续刚才的标注编辑，修改 ϕ15 的标注文字使之避开中心线。激活命令后，提示如下。

命令：_ dimtedit

选择标注：（选择 φ15 的标注）

指定标注文字的新位置或 [左(L)/右(R)/中心(C)/默认(H)/角度(A)]：（鼠标指定文字位置或选择括号中的选择项，其中左、右是指设定文字与左、右尺寸界线对齐）

执行结果如图 4.58 所示。

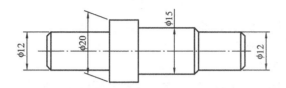

图 4.58　编辑标注文字命令的执行结果

4. 利用修改特性编辑尺寸标注

利用【特性】选项板可以对任何 AutoCAD 对象进行编辑，对于标注也不例外，任意在一个完成的标注上双击鼠标左键，将会弹出【特性】选项板，如图 4.59 所示，在这里可以对从标注样式到标注文字的几乎全部设置进行编辑。

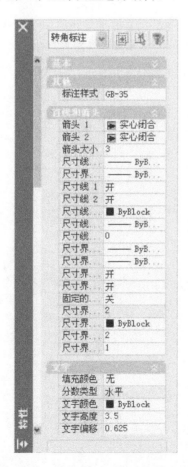

图 4.59　利用【特性】选项板编辑标注

复习思考题

1. 如何创建文字样式？如何建立一个符合工程图样要求的文字样式？
2. 如何输入单行文字与多行文字？单行文字只能输入一行文字吗？
3. 在进行文字注释时，如何输入直径符号"ϕ"、度符号"°"和公差符号"±"？
4. 在 dtext 命令中，"对齐"和"调整"选项有何异同点？
5. 如何创建与插入表格？
6. 如何修改已存在的文字对象的内容？
7. 何谓尺寸标注样式，如何使图中包含多种不同样式的尺寸标注？
8. 何谓尺寸标注的关联性？
9. 什么是引线标注？如何设置引线标注的格式？
10. 如果希望修改尺寸标注的内容，可以使用什么方法？

第 5 章　点、直线和平面的投影

教学目标：通过投影法基本知识的学习，了解图示几何元素与空间几何元素的内在关系，加深对点、直线、平面的投影规律及投影图画法的理解，培养空间想象能力，为之后几何体的三视图学习打下良好的基础。

教学要求：掌握正投影法的基本概念，熟练掌握点的投影规律及投影与其空间坐标的关系，熟练掌握各种位置直线、平面的投影特性及作图方法，掌握直线上的点、平面上的点和直线的投影特性及作图方法。利用投影特性能快速判断几何元素之间的位置关系。

本章主要介绍投影法的基本知识，点的投影及其规律，直线以及直线上的点的投影规律，平面投影的表示方法及投影规律，平面上的点和直线的投影规律。

5.1　投影法的基本知识

物体在阳光照射下，就会在墙面或地面上投下影子，这就是投射现象。投影法是将这一现象加以科学抽象而产生的。投射线通过物体向选定的面投射，并在该面上得到图形的方法，称为投影法。

5.1.1　投影法分类

投影法分为中心投影法和平行投影法两种。

1. 中心投影法

如图 5.1(a)所示，设 S 为投射中心，所有投射线都从投射中心出发，在投影面上作出物体图形的方法叫做中心投影法。中心投影法常用来绘制建筑物或产品的立体图。

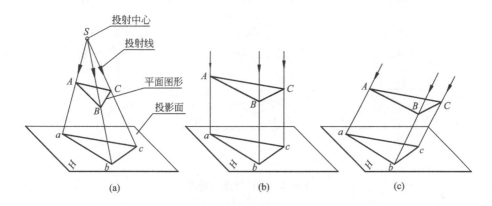

图 5.1　投影法的分类

2. 平行投影法

如果投射中心 S 在无限远,所有的投射线就相互平行。用相互平行的投射线,在投影面上作出物体图形的方法叫做平行投影法,如图 5.1(b)所示。

在平行投影法中,根据投射线是否垂直于投影面,又分为如下两种。

(1) 投射线垂直于投影面的投影法叫正投影法,如图 5.1(b)所示。

(2) 投射线倾斜于投影面的投影法叫斜投影法,如图 5.1(c)所示。

5.1.2 平行投影的特性

(1) 实形性:当线段或平面图形平行于投影面时,其投影反映实长或实形,如图 5.2(a)、(b)所示。

(2) 积聚性:当直线或平面垂直于投影面时,其投影积聚成点或直线,如图 5.2(c)所示。

(3) 类似性:一般情况下,直线的投影仍是直线,平面图形的投影是原图形的类似形,如图 5.2(d)、(e)所示。

(4) 定比性:直线上两线段长度之比,与其投影长度之比相等,如图 5.2(d)所示,$AC:CB=ac:cb$;两平行线段长度之比,与其投影长度之比相等,如图 5.2(f)所示,$AB:CD=ab:cd$。

(5) 从属性:直线上的点,或平面上的点和直线,其投影必在直线或平面的投影上,如图 5.2(d)、(e)所示。

工程图样,特别是机械图样多采用正投影法绘制,本书将"正投影"简称"投影"。

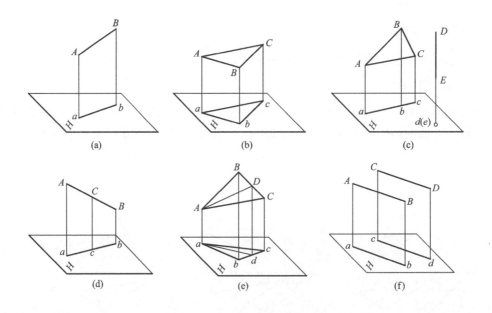

图 5.2 平行投影的特性

5.2 点的投影

一切几何形体都可以看成是某些点、线、面的组合,而点是最基本的几何元素,本节将以点的投影说明正投影的基本规律。

如图 5.3 所示,过空间点 A 作投射线垂直于投影面 H,投射线与 H 面的交点 a 为点 A 在 H 面上的投影。因为过 A 点的垂线上所有的点(如 A_1,A_2,A_3,…)的投影都是 a,所以,仅根据点 A 的一个投影无法唯一确定其空间位置。

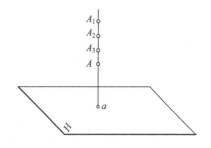

图 5.3 点的一个投影不能唯一确定点的空间位置

5.2.1 点的三面投影及投影规律

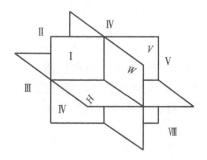

图 5.4 相互垂直的三投影面体系

由于点的一个投影不能唯一确定点的空间位置,要确定空间点的位置,必须增加投影面,如图 5.4 所示,建立相互垂直的三投影面体系。3 个相互垂直的投影面,分别称为正投影面、水平投影面和侧投影面,用 V、H、W 表示;三投影面的交线 OX、OY、OZ 称为投影轴;三投影轴的交点为原点,记为 O。3 个投影面把空间分为 8 个分角,依次记为 Ⅰ、Ⅱ、Ⅲ、…、Ⅷ,如图 5.4 所示。根据《技术制图》投影法 GB/T 14692—1993 的规定,机械制图采用第一角投影法绘制。

在如图 5.5(a)所示的第一分角内有一点 A,将其分别向 V、H、W 面投射(作垂线),即得点的三面投影。其中,V 面上的投影称为正面投影,记为 a';H 面上的投影称为水平投影,记为 a;W 面上的投影称为侧面投影,记为 a''。

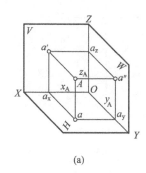
(a)

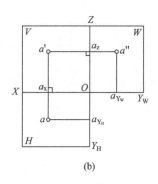
(b)

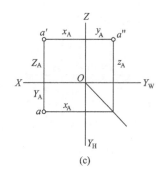
(c)

图 5.5 点的三面投影图

为把 A 点的三面投影表示在同一个平面上,先移去空间点 A,保持 V 面不动,将 H 面绕 OX 轴向下旋转 90°,W 面绕 OZ 轴向后旋转 90°,与 V 面共面,便得到 A 点的三面投影图，如图 5.5(b)所示。图中 OY 轴被假想地分为两条，随 H 面旋转的记为 OY_H 轴，随 W 面旋转的记为 OY_W 轴。因平面是无限延伸的，所以投影图中不必画出投影面的边界，A 点的三面投影图如图 5.5(c)所示。

由图 5.5(a)可以证明，投射线 Aa 和 Aa' 构成的平面 Aaa_xa' 垂直于 H 面和 V 面，那么该面也必垂直于 OX 轴，因而 $aa_x \perp OX$，$a'a_x \perp OX$。当 a 随 H 面绕 OX 轴旋转至与 V 面共面后，a、a_x、a' 三点共线，且 $a'a \perp OX$ 轴，如图 5.5(b)所示。同理可得，点 A 的正面投影与侧面投影的连线垂直于 OZ 轴，即 $a'a'' \perp OZ$。

空间点 A 的水平投影到 OX 轴的距离和侧面投影到 OZ 轴的距离均反映该点的 y 坐标，故：$aa_x = a''a_z = y_A$，如图 5.5(c)所示。

综上所述，点的三面投影规律如下。

(1) 点的水平投影与正面投影的连线垂直于 OX 轴。

(2) 点的正面投影与侧面投影的连线垂直于 OZ 轴。

(3) 点的水平投影到 OX 轴的距离与侧面投影到 OZ 轴的距离相等。

5.2.2 点的投影与直角坐标的关系

如果把投影面体系看作直角坐标系，把投影轴看作坐标轴，则点 A 的直角坐标(x、y、z)便是点 A 分别到 W、V、H 面的距离。

如图 5.5 所示，点的每一个投影都由其中的两个坐标所确定：V 面投影 a' 由 x 和 z 坐标确定，H 面投影 a 由 x 和 y 坐标确定，W 面投影 a'' 由 y 和 z 坐标确定。点的任意两个投影都包含了点的 3 个坐标，由此可见，点的两面投影能唯一确定点的空间位置。因此，根据点的 3 个坐标值和点的投影规律，就能做出点的三面投影图，也可以由点的两面投影补画出点的第三面投影。

【例 5.1】 已知 A(20、15、24)，求点 A 的三面投影。

【解】 作图：

(1) 画出投影轴 OX、OY_H、OY_W、OZ，分别在各轴上量取 $Oa_x = 20$；$Oa_z = 24$；$Oa_{Y_H} = 15$，如图 5.6(a)所示。

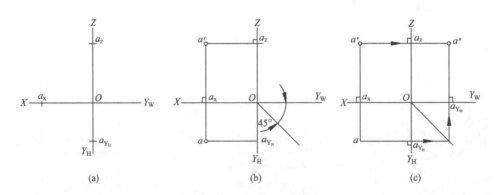

图 5.6 求点 A 的三面投影

(2) 分别过 a_x、a_z、a_{Y_H} 作投影轴的垂线，垂线两两相交，V 面交点为 A 的正面投影 a'，H 面交点为 A 的水平投影 a，如图 5.6(b)所示。

(3) 过原点作∠$Y_H OY_W$的平分线，如图 5.6(b)所示。

(4) 延长 aa_{Y_H} 与平分线相交，由交点作 OY_W 轴的垂线，再延长 $a'a_z$，二者相交，交点即为 A 点的侧面投影 a''，如图 5.6(c)所示。

5.2.3 两点的相对位置

两点的相对位置是指空间两点之间上下、前后、左右的关系。在投影体系中，根据两点的坐标，即可判断空间两点的相对位置。两点中 x 坐标大者在左，y 坐标大者在前，z 坐标大者在上。图 5.7(a)所示为空间两点 A、B 的投影，由投影图 5.7(b)可以看出 $x_A > x_B$，$y_A > y_B$，$z_A > z_B$，所以可判断 A 点在 B 点的左方、前方和上方。

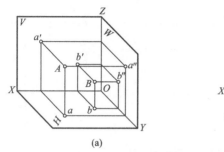
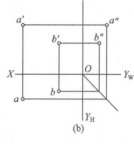

图 5.7 空间两点的位置关系

5.2.4 重影点及其可见性

如果空间两点有两个坐标相等，一个坐标不相等，则两点在一个投影面上的投影就重合为一点，此两点称为对该投影面的重影点。如图 5.8 所示，点 A 位于点 B 的正后方，即 $x_A = x_B$，$y_A < y_B$，$z_A = z_B$，两点在 V 面上的投影 a'、b' 重合为一点，则两点 A、B 即为对 V 面的重影点。

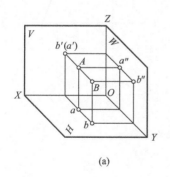
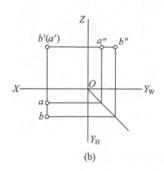

图 5.8 重影点及可见性

当空间两点在某投影面上的投影重合时，必有一点的投影被"遮盖"，这就出现了重影点的可见性问题。如图 5.8(b)所示，点 A、B 为对 V 面的重影点，由于 $y_A < y_B$，点 A 在点 B 的后方，故 b' 可见，a' 不可见，不可见投影加括号表示，如 (a')。

由此可见，判断重影点的可见性是根据它们不等的那个坐标值来确定的，即坐标值大的可见，坐标值小的不可见。

5.3　直线的投影

直线的投影可由属于该直线的两点的投影连线来确定。一般用直线段的投影表示直线的投影，即作出直线段两端点的投影，将两端点的同面投影连线即为直线在各投影面上的投影，如图5.9所示。

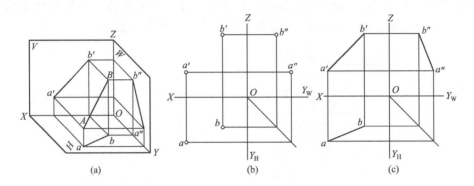

图5.9　直线的投影

5.3.1　各种位置直线的投影特性

根据直线在投影面体系中对3个投影面相对位置的不同，可将直线分为一般位置直线、投影面平行线和投影面垂直线3类。其中，后两类直线统称为特殊位置直线。

规定直线对V、H、W面的倾角分别用α、β、γ来表示，如图5.10所示。

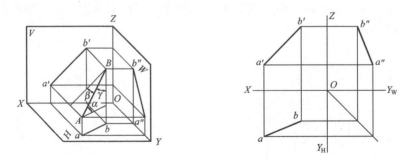

图5.10　一般位置直线的投影

1. 一般位置直线

一般位置的直线是指与三个投影面都倾斜的直线。如图5.10所示为一般位置直线AB的投影图，分析可得其投影特性如下。

（1）三面投影都倾斜于投影轴，但不反映空间直线对投影面倾角的真实大小。

（2）三面投影的长度均小于实长。

2. 投影面平行线

投影面平行线是指平行于一个投影面，且倾斜于另外两个投影面的直线。投影面平行线可分为 3 种：平行于 V 面的直线称为正平线；平行于 H 面的直线称为水平线；平行于 W 面的直线称为侧平线。

图 5.11 所示为正平线 AB 的投影图，分析可得其投影特性如下。

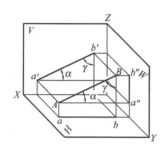
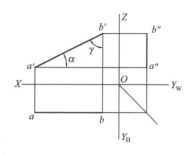

图 5.11　正平线的投影

(1) 正面投影与直线等长，即 $a'b'=AB$。

(2) 水平投影平行于 OX 轴，侧面投影平行于 OZ 轴，即 ab∥OX、$a''b''$∥OZ。

(3) $a'b'$ 与 OX 轴的夹角即为 AB 对 H 面的倾角 α，$a'b'$ 与 OZ 轴的夹角即为 AB 对 W 面的倾角 γ。

同理，分析可得其他投影面平行线的投影特性，见表 5-1。

表 5-1　投影面平行线的投影特性

名称	正平线	水平线	侧平线
轴测图			
投影图			
实例			

续表

名称	正平线	水平线	侧平线
实例			
投影特性	1. $a'b'=AB$，反映 α、γ 角 2. $ab // OX$ 轴，$a''b'' // OZ$ 轴，长度缩短	1. $cd=CD$，反映 β、γ 角 2. $c'd' // OX$ 轴，$c''d'' // OY_W$ 轴，长度缩短	1. $e''f''=EF$，反映 α、β 角 2. $e'f' // OZ$ 轴，$ef // OY_H$ 轴，长度缩短

概括表 5.1 得出投影面平行线的投影特性如下。

(1) 直线在与其平行的投影面上的投影反映该直线段的实长和对其他两个投影面的倾角。

(2) 直线在其他两投影面上的投影分别平行于相应的投影轴，且长度缩短。

3. 投影面垂直线

投影面垂直线是指垂直于一个投影面，平行于另外两个投影面的直线。投影面垂直线也分为 3 种：垂直于 H 面的直线称为铅垂线；垂直于 V 面的直线称为正垂线；垂直于 W 面的直线称为侧垂线。

图 5.12 所示为铅垂线 AB 的投影图，分析可得其投影特性如下。

(1) 水平投影积聚为一点 $a(b)$。

(2) 正面投影和侧面投影反映实长，并且都平行于 OZ 轴，即 $a'b'=a''b''=AB$，$a'b' // OZ$，$a''b'' // OZ$。

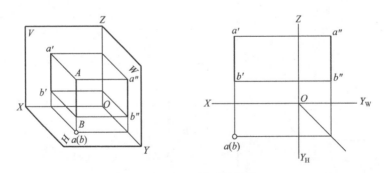

图 5.12　铅垂线的投影

同理，分析可得其他投影面垂直线的投影特性，见表 5-2。

概括表 5-2 得出投影面垂直线的投影特性如下。

(1) 直线在与其垂直的投影面上的投影积聚成一点。

(2) 直线在其他两个投影面上的投影，均反映该直线段的实长，且同时平行于一条投影轴。

表 5-2 投影面垂直线的投影特性

名称	正垂线	铅垂线	侧垂线
轴测图			
投影图			
实例			
投影特性	1. $a'b'$ 积聚成一点 2. $ab // OY_H$ 轴, $a''b'' // OY_W$ 轴, 都反映实长	1. cd 积聚成一点 2. $c'd' // OZ$ 轴, $c''d'' // OZ$ 轴, 都反映实长	1. $e''f''$ 积聚成一点 2. $e'f' // OX$ 轴, $ef // OX$ 轴, 都反映实长

5.3.2 点与直线、直线与直线的相对位置及其投影特性

1. 直线上的点

根据平行投影的特性可知,直线上的一点,其投影必在直线的同面投影上,且符合点

的投影规律；点分割线段之比等于点的投影分割线段的投影之比。

如图 5.13 所示，点 C 在直线 AB 上，C 点的投影分别在直线 AB 的同面投影上；且有 $ac:cb=a'c':c'b'=a''c'':c''b''=AC:CB$ 成立。

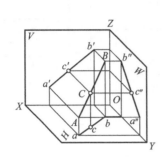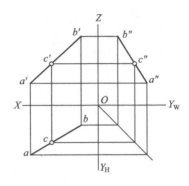

图 5.13　直线上的点的投影

【例 5.2】　如图 5.14(a)所示，作出分线段 AB 为 $2:3$ 的点 C 的两面投影图 c'、c。

【解】　分析：根据直线上点的投影特性，可将直线的任一投影分成 $2:3$，得到分 AB 为 $2:3$ 的点 C 的一个投影，利用从属性，再求出点 C 的另一投影。

作图如图 5.14(b)所示。

(1) 过 a 任意作一辅助直线，并在其上量取 5 个单位长度。

(2) 连接 $5b$，过 2 分点作 $5b$ 的平行线，交 ab 于 c 点。

(3) 过 c 点作直线垂直于 OX 轴，与 $a'b'$ 相交，交点即为 c'。

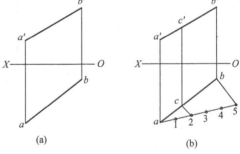

图 5.14　求直线上的点

2. 两直线的相对位置

空间两直线的相对位置有 3 种：平行、相交、交叉。其中平行、相交的两直线称为共面直线，交叉直线称为异面直线。

(1) 平行两直线。平行两直线的同面投影必定相互平行。如图 5.15 所示，$AB/\!/CD$，则 $ab/\!/cd$，$a'b'/\!/c'd'$，$a''b''/\!/c''d''$。

(2) 相交两直线。相交两直线的同面投影都相交，且交点符合点的投影规律。如图 5.16 所示，两直线 AB 和 CD 相交，水平投影 ab 与 cd 相交于 k，正面投影 $a'b'$ 与 $c'd'$ 相交于 k'，且 $kk''\perp OX$。

(3) 交叉两直线。交叉两直线的投影既不符合平行两直线的投影规律，也不符合相交两直线的投影规律。如图 5.17 所示，两直线 AB 和 CD 交叉，正面投影平行，水平投影相交，交点 $m(n)$ 是两直线上相对 H 面的重影点的投影。

【例 5.3】　如图 5.18(a)所示，判断两直线 AB、CD 是否平行。

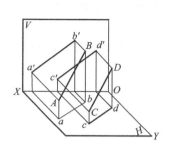 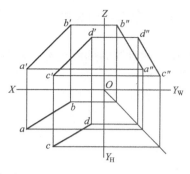

图 5.15 平行两直线的投影特性

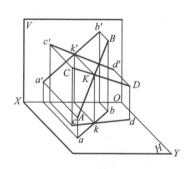 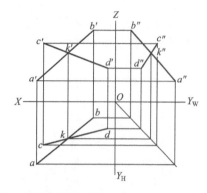

图 5.16 相交两直线的投影特性

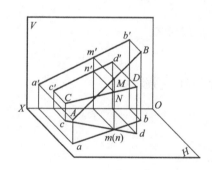 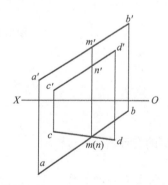

图 5.17 交叉两直线的投影特性

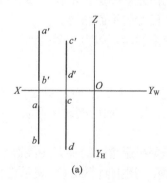 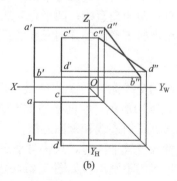

(a)   (b)

图 5.18 判断两直线是否平行

【解】 由 AB、CD 的两面投影可知，AB、CD 都是侧平线，要判断其是否平行有如下两种方法。

方法一：补画出两直线的侧面投影，如图 5.18(b)所示，由于 $a''b''$ 与 $c''d''$ 不平行，所以判断 AB 与 CD 不平行。

方法二：如果两直线同向，且满足定比性，两直线就平行。如图 5.18(a)所示，AB 与 CD 虽然同向，但 $ab:cd$ 不等于 $a'b':c'd'$，因此也可以判断 AB 与 CD 不平行。

5.3.3 直角投影定理

如果空间两直线垂直(相交或交叉)，且其中一条直线是某一投影面的平行线时，两直线在该投影面上的投影也垂直，直线的这种投影特性称为直角投影定理，如图 5.19 所示(读者可自行证明)。相反，如果两直线在某个投影面上的投影相垂直，且其中一条直线是该投影面的平行线，那么可判断两直线空间垂直。

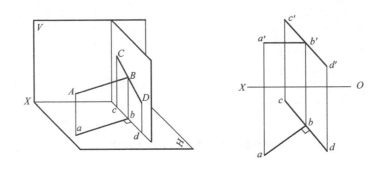

图 5.19 直角投影定理

5.4 平面的投影

5.4.1 平面的表示法

1. 用几何元素表示平面

由几何学可知，平面的空间位置可由下列几何元素确定：不在一条直线上的三点；一直线及直线外一点；两相交直线；两平行直线；任意的平面图形。

平面的投影可由属于平面的几何元素的投影来表示，如图 5.20 所示。

2. 用迹线表示平面

平面与投影面的交线称为平面的迹线。用迹线来表示平面，平面的空间位置比较明显。如图 5.21(a)、(b)所示，空间平面 P 与 H、V、W 面的交线用 P_H、P_V、P_W 来表示，分别称为水平迹线、正面迹线和侧面迹线。

用迹线表示特殊位置平面时，只将与平面积聚投影重合的那条迹线画出来，并用符号标记，另外两条迹线均不画出。如图 5.21(c)所示，用正面迹线 Q_V 表示正垂面 Q 的投影，其水平迹线、侧面迹线 Q_H、Q_W 均省略不画。

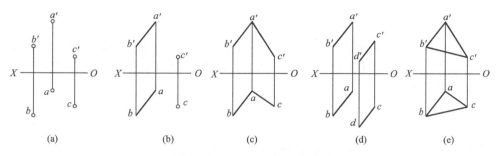

图 5.20　用几何元素表示平面

（a）不在同一直线上的三点；（b）直线及直线外一点；（c）相交两直线；（d）平行两直线；（e）平面图形

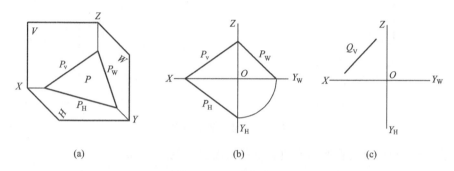

图 5.21　用迹线表示平面

5.4.2　各种位置平面的投影特性

空间平面对投影面的相对位置有 3 类：一般位置平面，投影面垂直面，投影面平行面。后两种称为特殊位置平面。空间平面对 H、V、W 投影面的倾角亦用 α、β、γ 表示。

1. 一般位置平面

一般位置平面是指对 3 个投影面都倾斜的平面。如图 5.22 所示，平面 $\triangle ABC$ 对 V、H、W 面都倾斜，为一般位置平面，由图可见它的 3 个投影都是三角形，为原平面图形的类似形，面积均比 $\triangle ABC$ 的小。

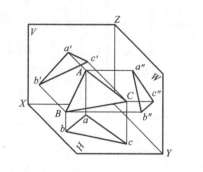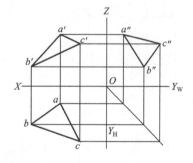

图 5.22　一般位置平面的投影

由此得出一般位置平面的投影特性：三面投影均为原平面图形的类似形，且面积缩小。

2. 投影面垂直面

投影面垂直面是指垂直于一个投影面，且与另外两个投影面倾斜的平面。投影面垂直面又分为3种：垂直于 V 面的平面称为正垂面；垂直于 H 面的平面称为铅垂面；垂直于 W 面的平面称为侧垂面。

图 5.23 所示为铅垂面 ABC 的投影。由于 $\triangle ABC$ 垂直于 H 面，倾斜于 V、W 面，因此其水平投影 abc 积聚成一条直线，V 面投影 $a'b'c'$ 和 W 面投影 $a''b''c''$ 均为面积缩小的三角形。H 面投影 abc 与 OX 轴、OY 轴的夹角分别反映 $\triangle ABC$ 平面对 V 面、W 面的倾角 β、γ。

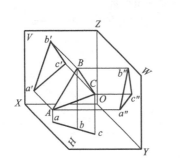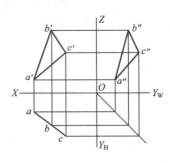

图 5.23 铅垂面的投影

同理，分析可得其他投影面垂直面的投影特性，见表 5-3。

表 5-3 投影面垂直面的投影特性

名称	正垂面	铅垂面	侧垂面
轴测图			
投影图			
实例			

续表

名称	正垂面	铅垂面	侧垂面
实例	(图示 p'、p''、p)	(图示 q'、q''、q)	(图示 r'、r''、r)
投影特性	1. p' 积聚成一直线，反映 $α$、$γ$ 角 2. p 和 p'' 均为原图形的类似形，且面积缩小	1. q 积聚成一直线，反映 $β$、$γ$ 角 2. q' 和 q'' 均为原图形的类似形，且面积缩小	1. r'' 积聚成一直线，反映 $α$、$β$ 角 2. r 和 r' 均为原图形的类似形，且面积缩小

概括表 5-3 得出投影面垂直面的投影特性如下。

(1) 平面在与其垂直的投影面上的投影积聚成一直线，它与两投影轴的夹角分别反映该平面对另外两个投影面的倾角。

(2) 平面在另外两个投影面上的投影为平面的类似形，且面积缩小。

3. 投影面平行面

投影面平行面是指平行于一个投影面，与另外两个投影面垂直的平面。投影面平行面又分为 3 种：平行于 V 面的平面称为正平面；平行于 H 面的平面称为水平面；平行于 W 面的平面称为侧平面。

图 5.24 所示为一正平面 P 的投影。由于平面 P 平行于 V 面，垂直于 H 面、W 面，因此其 V 面投影 p' 反映实形，H 面投影 p 和 W 面投影 p'' 均积聚成直线，且 $p//OX$ 轴，$p''//OZ$ 轴。

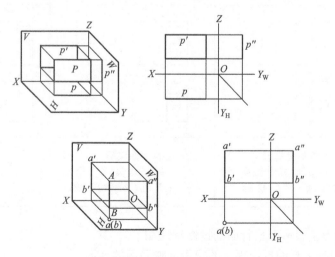

图 5.24 正平面的投影

同理，分析可得其他投影面平行面的投影特性，见表 5-4。

表 5-4 投影面平行面的投影特性

名称	正平面	水平面	侧平面
轴测图			
投影图			
实例			
投影特性	1. p' 反映平面实形 2. p 和 p'' 均具有积聚性，且 $p // OX$ 轴，$p'' // OZ$ 轴	1. q 反映平面实形 2. q' 和 q'' 均具有积聚性，且 $q' // OX$ 轴，$q'' // OY_W$ 轴	1. r'' 反映平面实形 2. r 和 r' 均具有积聚性，且 $r // OY_H$ 轴，$r' // OZ$ 轴

概括表 5-4 得出投影面平行面的投影特性如下。

(1) 平面在与其平行的投影面上的投影反映平面的实形。

(2) 平面在另外两个投影面上的投影均积聚成直线，且平行于相应的投影轴。

5.4.3 平面上的点和直线

从几何学可知，点和直线在平面内的几何条件如下。

(1) 若点在平面内的任一条直线上，点就在平面内，如图 5.25(a)所示。

(2) 若直线通过平面内的两个点，或通过平面内的一个点且平行该平面内的一条直线，直线就在平面内，如图 5.25(b)、(c)所示。

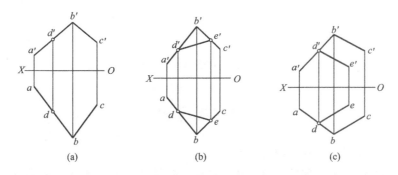

图 5.25 平面内的点和直线

(a) 点 D 在平面 ABC 的直线 AB 上；(b) 直线 DE 通过平面 ABC 上的两个点 D、E；
(c) 直线 DE 通过平面 ABC 上的点 D，且平行于平面 ABC 上的直线 BC

【例 5.4】 如图 5.26(a)所示，判断点 D 是否在 $\triangle ABC$ 平面内。

【解】 分析：若点能位于 $\triangle ABC$ 的一条直线上，则点 D 在 $\triangle ABC$ 内；否则，就不在 $\triangle ABC$ 内。

作图：

(1) 连接 A、D 的同面投影 ad 及 $a'd'$，并延长至与 BC 的同面投影相交，交点分别为 e、e'，如图 5.26(b)所示。

(2) 如图 5.26(b)所示，连接 e 与 e'，测得 $ee' \perp OX$，所以判断 e、e' 为直线 BC 上一点 E 的投影，AE 属于 $\triangle ABC$ 平面，点 D 在 $\triangle ABC$ 平面内。

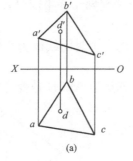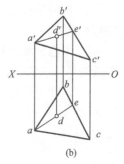

图 5.26 判断点 D 是否在 $\triangle ABC$ 平面内

【例 5.5】 如图 5.27(a)所示，已知四边形 ABCD 的两面投影，在其上取一点 K，使点 K 在 H 面之上 10mm，在 V 面之前 15mm。

【解】 分析：可在四边形 ABCD 内取位于 H 面之上 10mm 的水平线 EF，再在 EF 上取位于 V 面之前 15mm 的点 K。

作图：

(1) 在 OX 轴上方 10mm 处作直线 $e'f' // OX$，再由 $e'f'$ 作出 ef，如图 5.27(b)所示。

(2) 在 ef 上取位于 OX 之前 15mm 的点 k，即为所求点 K 的水平投影。再由 k 作出 k' 即可，如图 5.27(b)所示。

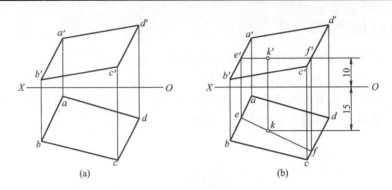

图 5.27　在四边形 ABCD 内取点 K

复习思考题

1. 什么叫正投影法？它有何特点？
2. 什么叫实形性和积聚性？直线在什么样的位置时，其投影才能有实形性和积聚性？平面呢？
3. 试述点在三面投影中的投影规律。
4. 怎样根据点的两个投影求其第三个投影？
5. 在投影图上怎样区分投影面的垂直线和投影面的平行线？
6. 如何根据三面投影来判别一个平面对投影面的相对位置？如果只给出两个投影，能否判断？
7. 当已判断出投影中的一个封闭线框为物体上一平面的投影时，如何断定该投影是否反映平面的实形？
8. 判断下图中表示的四边形 ABCD 是否是平面图形？

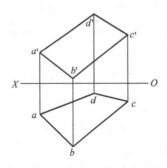

第 6 章　立体的投影

教学目标：通过对立体投影规律的学习，进一步了解平面几何图形对空间物体的表达规律，通过对基本几何体和几何体表面交线的分析与学习，能熟练绘制各类基本几何体、切割体和相贯体的三视图。

教学要求：了解三视图的形成和投影规律，熟练掌握常见的平面立体和曲面立体的投影特性及其表面取点、取线的作图方法，掌握截交线和相贯线的性质和利用积聚性和辅助平面求作截交线与相贯线的方法。

本章介绍三视图的形成过程和投影规律，常见的平面立体(棱柱、棱锥)和曲面立体(圆柱、圆锥、圆球和圆环)的投影特性、视图特征及其表面取点、取线的作图方法，及常见几何体截交线和相贯线的性质和作图的方法。

立体是由其表面所围成的，表面均为平面的立体称为平面立体，表面为曲面或曲面与平面的立体称为曲面立体。在投影图上表示一个立体，就是把这些围成立体的平面和曲面以及面与面的交线表达在投影面上，而形成视图的过程。

6.1　三视图的形成及投影规律

三视图是多面视图，是将物体向 3 个相互垂直的投影面作正投影所得到的一组图形。本节将介绍物体三视图的形成及其投影规律。

6.1.1　三视图的形成

在绘制机械图样时，将物体向投影面作正投影所得的图形称为视图。在三投影面体系中可得到物体的 3 个视图，其正面投影称为主视图，水平投影称为俯视图，侧面投影称为左视图，如图 6.1(a)所示。投影中物体的可见轮廓用粗实线表示，不可见轮廓用虚线表示，如图 6.1(b)、(c)所示。

由于在工程图上，视图主要用来表达物体的形状与结构，而没有必要表达物体与投影面间的距离，因此在绘制视图时不必画出投影轴，为了使图形清晰，也不必画出投影间的连线，如图 6.1(d)所示。3 个视图的相对位置不能变动，3 个视图的名称均不必标注。

6.1.2　三视图的位置关系和投影规律

物体有长、宽、高 3 个方向的尺寸。一般将 X 方向定义为物体的"长"，Y 方向定义为物体的"宽"，Z 方向定义为物体的"高"，如图 6.2(a)所示。主视图和俯视图都能反映物体的长，主视图和左视图都能反映物体的高，俯视图和左视图都能反映物体的宽。因此，三视图之间的投影规律可归纳为：主视图、俯视图长对正，主视图、左视图高平齐，俯视图、左视图宽相等。"长对正、高平齐、宽相等"是画图和看图必须遵循的最基本的投影规律，如图 6.2(b)所示。不仅整个物体的投影要符合这个规律，物体局部结构的投影亦必须符合这一规律。

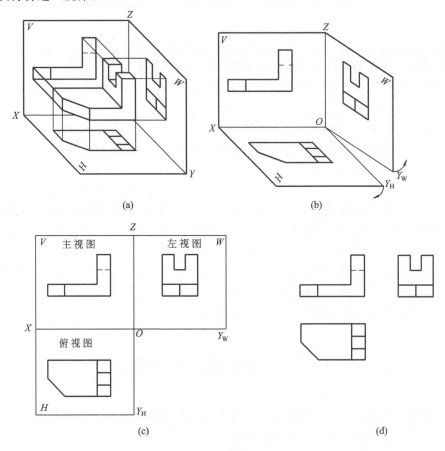

图 6.1　三视图的形成

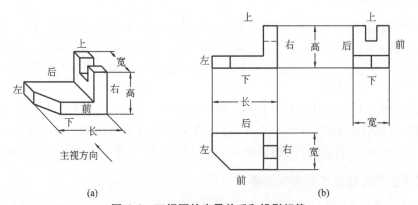

图 6.2　三视图的度量关系和投影规律

6.1.3　三视图与物体方位的对应关系

物体有上、下、左、右、前、后 6 个方位，主视图能反映物体的左右和上下关系，左视图能反映物体的上下和前后关系,俯视图能反映物体的左右和前后关系。物体的三视图不仅要符合"长对正、高平齐、宽相等"的规律,而且要保证其方位关系的正确对应,如图 6.2(b)所示。

6.2 平面立体的三视图及表面取点

平面立体的所有表面都是平面,平面与平面的交线称为棱线,棱线与棱线的交点称为顶点。平面立体按棱线间的相对关系可分为棱柱与棱锥。

6.2.1 棱柱

1. 棱柱的三视图

图 6.3 所示为一正六棱柱的三视图及其形成过程。该六棱柱的顶面、底面(六边形)均为水平面,其水平投影反映实形,正面投影和侧面投影积聚为直线;6 个侧棱面均为矩形,其中前后两侧棱面为正平面,正面投影反映实形,水平投影和侧面投影积聚为直线;其余侧棱面为铅垂面,水平投影均积聚为直线,正面投影和侧面投影均为类似形(矩形),如图 6.3(b)所示。

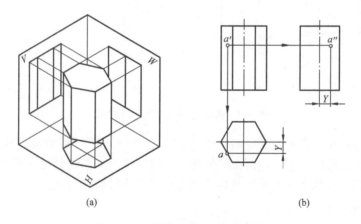

图 6.3 棱柱的三视图及表面取点

由以上分析可知,当棱柱的底面为水平面时,其俯视图为反映底面实形的多边形,主、左两视图分别为一组矩形。作图时可先画棱柱的俯视图——实形多边形,再根据投影规律作出其他两个视图。

2. 棱柱表面取点

在平面立体表面上取点,其原理和方法与平面上取点相同。如图 6.3 所示,正六棱柱的各个表面都处于特殊位置,因此在棱柱表面上取点可利用积聚性原理作图。对于立体表面上点的投影的可见性,规定表面可见点可见,表面被遮挡,其上点的投影亦不可见;当表面投影具有积聚性时,其上点的投影为可见。以下各类立体同理,不再重述。

如图 6.3(b)所示,已知棱柱表面上一点 A 的正面投影 a',求其 H 面、W 面投影 a、

a''。由于点 a' 是可见的，因此，点 A 必在棱柱的左前棱面上，该棱面是铅垂面，其水平投影积聚成直线，所以点 A 的水平投影 a 必在该直线上，由 a' 和 a 即可求得侧面投影 a''，a'' 可见，如图 6.3(b)所示。

6.2.2 棱锥

1. 棱锥的三视图

如图 6.4 所示为一正三棱锥的三视图及形成过程。棱锥的锥顶为 S，底面为 $\triangle ABC$。$\triangle ABC$ 为水平面，其 H 面投影反映实形，正面投影和侧面投影积聚为一直线；棱面 $\triangle SAB$、$\triangle SBC$ 为一般位置面，它们的各个投影均为类似形——三角形；棱面 $\triangle SAC$ 为侧垂面，其 W 面投影积聚为一条直线，另两投影为类似形——三角形，如图 6.4(b)所示。

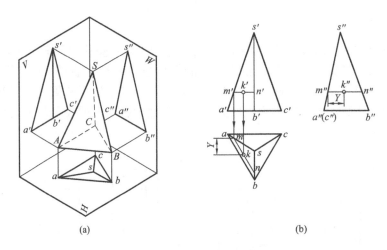

图 6.4 棱锥的三视图及形成过程

由以上分析可知，当棱锥的底面为水平面时，其俯视图外形为反映底面实形的多边形、内部为一组三角形，主、左两视图分别为一组三角形。作图时可先画底面多边形的各投影，再作出锥顶 S 的各个投影，然后连接各棱线即得棱锥的三视图。

2. 棱锥表面取点

在棱锥表面上取点，首先要确定点所在的平面，再分析该平面的投影特性。当该平面为一般位置平面时，可采用辅助直线法求出点的投影。

如图 6.4(b)所示，已知点 K 的正面投影 k'，求作点 K 的其他两投影 k、k''。因为 k' 可见，因此断定点 K 必定在棱面 SAB 上。SAB 为一般位置平面，需用辅助直线法求点。过点 k' 作一直线 $m'n' // a'b'$，由正面投影 $m'n'$ 求出水平投影 mn，根据点与直线的从属关系，在直线 mn 上由 k' 求出水平投影 k，再由 k'、k 求出侧面投影 k''，如图 6.4(b)所示。

6.3 曲面立体的三视图及表面取点

在机械工程中，用得最多的曲面立体是回转体，如圆柱、圆锥、圆球和圆环等。在投影图上表示回转体就是把围成立体的回转面或平面与回转面表示出来，并判别其可见性。

6.3.1 圆柱

1. 圆柱的三视图

圆柱表面由圆柱面和上、下底面圆组成。其中圆柱面是由一直母线绕与之平行的轴线回转而成。母线在圆柱面（回转面）上的任意位置叫素线，回转面即为所有素线的集合。

图 6.5 所示为圆柱的三视图及其形成过程。该圆柱的轴线为铅垂线，上、下底面圆为水平面，其水平投影反映实形，正面投影和侧面投影积聚为一直线；由于圆柱的轴线垂直于 H 面，所以圆柱面上所有素线都垂直于 H 面，故圆柱面的水平投影积聚为圆，正面投影和侧面投影均为矩形，如图 6.5(b)所示。其中，正面投影是前、后两半圆柱面的重合投影，矩形的两条竖线分别是圆柱的最左、最右素线的投影，也是前、后两半圆柱面投影的分界线，一般称为圆柱正面投影的转向轮廓线；侧面投影是左、右两半圆柱面的重合投影，矩形的两条竖线分别是圆柱的最前、最后素线的投影，也是左、右两半圆柱面投影的分界线，一般称为圆柱侧面投影的转向轮廓线。柱面可见性问题请读者自行分析。

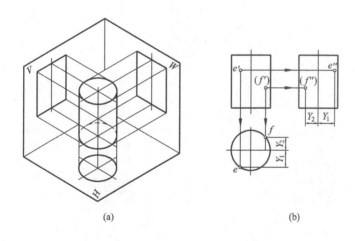

图 6.5 圆柱的三视图及形成过程

由以上分析可知，当圆柱的轴线垂直于 H 面时，其俯视图为反映底面实形的圆，主、左两视图为矩形。作图时可先画俯视图，再画主、左两视图。

2. 圆柱表面取点

如图 6.5(b)所示，已知圆柱表面上点 E 和点 F 的正面投影 e' 和 (f')，求作 E、F 的其他两投影。因为 e' 可见，所以点 E 必在前半圆柱面上。根据圆柱面水平投影具有积聚性的特征，在水平投影前半圆上即可求得 e，再由 e'、e 求得 e''，如图 6.5(b)所示。因 E 在左半圆柱面上，故 e'' 可见。由 F 点的正面投影可知，F 点在圆柱面的左、后半部分，其水平投影应在俯视图的后半圆周上，侧面投影为不可见。作图过程与 E 点相同，如图 6.5(b)所示。

6.3.2 圆锥

1. 圆锥的三视图

圆锥表面由圆锥面和底面其圆组成。圆锥面是由一直母线绕与它相交的轴线回转而成的。

图 6.6 所示为圆锥的三视图及形成过程。该圆锥的轴线为铅垂线，底面圆为水平面，其水平投影反映实形，正面投影和侧面投影均为等腰三角形，如图 6.6(b)所示。与圆柱相类似，正面投影是前、后两半圆锥面的重合投影，三角形的两腰分别是圆锥的最左、最右素线的投影，也是前、后两半圆锥面投影的分界线，一般称为圆锥正面投影的转向轮廓线；侧面投影是左、右两半圆锥面的重合投影，三角形的两腰分别是圆锥的最前、最后素线的投影，也是左、右两半圆锥面投影的分界线，一般称为圆锥侧面投影的转向轮廓线。

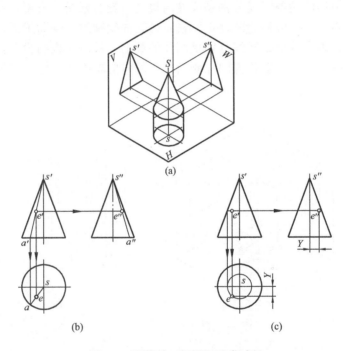

图 6.6 圆锥的三视图及形成过程

由以上分析可知，当圆锥的轴线垂直于 H 面时，其俯视图为反映底面实形的圆，主、左两视图为等腰三角形。作图时可先画俯视图，再画主、左两视图。

2. 圆锥表面取点

如图 6.6(b)所示，已知圆锥表面上点 E 的正面投影 e'，求作点 E 的其他两投影 e、e''。因为 e' 可见，所以点 E 必在前半个圆锥面上，具体作图可采用下列两种方法。

方法一，辅助素线法：

过锥顶投影 s' 和点 e' 作一辅助直线 $s'a'$，由 $s'a'$ 求出水平投影 sa 和侧面投影 $s''a''$，再根据点在直线上的投影性质，由 e' 求出 e 和 e''，如图 6.6(b)所示。

方法二，辅助圆法：

过点 E 作一垂直于回转轴线的水平辅助圆,该圆的正面投影为过 e' 且平行于底面圆投影的直线,该直线反映辅助圆的直径,由此可作出辅助圆的水平投影(圆),e 必在此圆周上,由 e' 求得 e,再由 e'、e 求出 e'',如图 6.6(c)所示。

6.3.3 球

1. 球体的三视图

球体的表面是球面。球面是由一条圆母线绕通过其圆心且在同一平面上的轴线回转而成。球面可分为前、后两半球面或左、右两半球面或上、下两半球面。

图 6.7 所示为球体的三视图及形成过程。球的正面、水平和侧面投影均为圆,且圆的直径均与球的直径相等,如图 6.7(b)所示。正面投影圆为前半球面和后半球面的重和投影,也是前、后半球面投影的分界线;水平投影圆为上半球面和下半球面的重合投影,也是上、下半球面投影的分界线;侧面投影圆为左半球面和右半球面的重合投影,也是左、右半球面投影的分界线。与圆柱的投影类似,3 个投影圆是球面 3 个方向的转向轮廓线。球面在各投影上的可见性问题读者可自行分析。

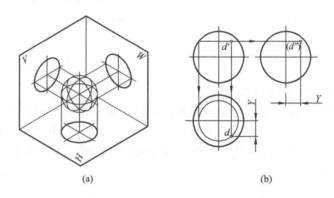

图 6.7 球体的三视图及形成过程

由以上分析可知,不论在任何位置,球体的三视图都是圆,直径等于球体直径。作图时先给出球心的三面投影,再画 3 个圆。

2. 球表面取点

球面的投影没有积聚性,且球面上也不存在直线,所以必须采用辅助圆法求作其表面上点的投影。

如图 6.7(b)所示,已知球面上点 D 的正面投影 d',求作点 D 的其他两投影 d、d''。过点 D 作一平行于 H 面的辅助圆,它的正面投影为一直线,水平投影为直径等于该直线的圆,d 必定在该圆周上,由 d' 即可求得 d,再由 d、d' 求出 d'',如图 6.7(b)所示。由正面投影 d' 可知,点 D 在球面的前、右、上半部分,所以投影 d 可见、d'' 不可见。

6.3.4 环

1. 环体的三视图

环的表面是由环面围成的。环面是由一圆母线绕不通过其圆心但在同一平面上的轴线回转而成的。靠近轴线的半个母线圆形成的环面为内环面，远离轴线的半个母线圆形成的环面为外环面。

图 6.8 所示为一个轴线垂直于 H 面的圆环的三视图及形成过程。主视图上左、右两个圆是环面上平行于 V 面的两个素线圆的投影，其中外环面的转向轮廓线（外半圆）为实线，内环面的转向轮廓线（内半圆）为虚线，它们是前半个环面和后半个环面的分界线，上、下两条切线是内外环面分界圆的投影，也是圆环面上最高、最低圆的投影。左视图

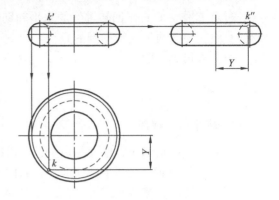

图 6.8 环体的三视图及表面取点

的分析与主视图完全相同，读者可自行分析。俯视图上最大、最小圆为区分上半环面和下半环面的分界线的投影，点画线圆表示母线圆心轨迹的投影，如图 6.8 所示。与其他回转体不同，圆环的可见性问题比较复杂。正面投影重合着前半外环面、后半外环面和整个内环面的投影，只有前半外环面是可见的；侧面投影重合着左半外环面、右半外环面和整个内环面的投影，只有左半外环面是可见的；水平投影重合着上半环面、下半环面的投影，上半环面可见。

2. 环表面取点

在环面上取点仍采用辅助圆法。

如图 6.8 所示，已知环面上点 K 的正面投影 k'，求作 K 点的另外两投影 k、k''。通过分析已知投影 k' 知，K 点位于圆环面的前、左、外、上部分，其水平、侧面投影均为可见。过点 K 作平行于水平面的辅助圆，作出该辅助圆的三面投影，即可由 k' 求得 k，再由 k'、k 求出 k''，如图 6.8 所示。

6.4 平面与立体相交

在零件上常有平面与立体相交而成的交线，画图时，为了清楚地表达零件的形状，必须正确地画出其交线的投影。平面与立体相交，可以认为是立体被平面截切，该平面称为截平面，截平面与立体的交线称为截交线，如图 6.9 所示。截交线的性质如下。

(1) 共有性。截交线既在截平面上，又在立体表面上，因此截交线是截平面与立体表面的共有线，截交线上的点是截平面与立体表面的共有点。

(2) 封闭性。由于立体表面是封闭的，因此截交线一般是封闭的线框。

(3) 相对性。截交线的形状取决于立体表面的形状和截平面与立体的相对位置。

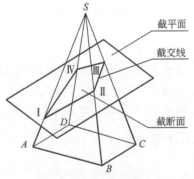

图 6.9 截切的概念

6.4.1 平面立体的截交线

平面立体被截平面截切后所得的截交线为封闭的平面多边形。多边形的各边是立体表面与截平面的交线,而多边形的各顶点是立体各棱线与截平面的交点。根据截交线的性质,求截交线可归结为求截平面与立体表面共有点、共有线的问题。

下面举例说明求平面立体截交线的方法和步骤。

【**例 6.1**】 如图 6.10 所示,试求出正垂面 P(用 P_V 表示)与四棱锥的截交线,并画出四棱锥截切后的三视图。

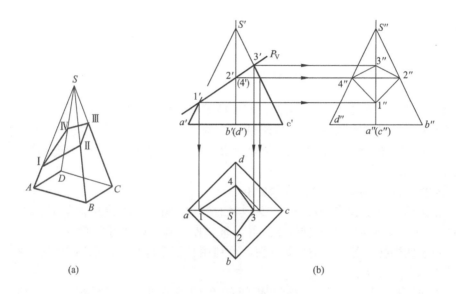

图 6.10 求四棱锥的截交线

【**解**】 分析:由图 6.10(a)可知,截平面 P 与 4 棱锥的 4 个侧面都相交,所以截交线为封闭的平面四边形。四边形的 4 个顶点为四棱锥的 4 条棱线与截平面 P 的交点。由于截平面是正垂面,故截交线的 V 面投影积聚为直线(为已知投影),由 V 面投影可以直接求出截交线的 H 面投影与 W 面投影。

注意:在 W 面投影图上,棱线 SC 的一段虚线投影不要漏画。

作图如图 6.10(b)所示,步骤如下。

(1)先在正面投影上找出迹线 P_V 与四棱锥棱线的交点 $1'$、$2'$、$3'$、$4'$,它们即为截平面 P 与各棱线交点 Ⅰ、Ⅱ、Ⅲ、Ⅳ的正面投影。

(2)根据直线上取点的方法直接求出其侧面投影 $1''$、$2''$、$3''$、$4''$ 和水平投影 1、2、3、4。

(3)顺次连接各点的同面投影,即得到截交线的 H 面、W 面投影 1234 和 $1''2''3''4''$,它们都是四边形的类似形。

(4)整理轮廓线,判断可见性。在图上去掉被截平面切去的部分,将 SC 棱线侧面投影 $s''c''$ 被遮挡部分 $1''3''$ 画成虚线,即完成截头四棱锥的三视图。

【**例 6.2**】 试画出图 6.11 所示四棱柱被 P、Q 两平面切去一角后的三视图。

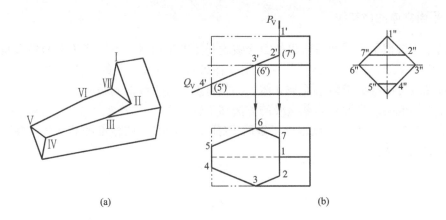

图 6.11 切去一角后的四棱柱的三视图

【解】 分析：分析图 6.11(a)可知，四棱柱被正垂面 Q 和侧平面 P 截切，Q 与四棱柱的 4 个侧面和一个左端面相交，P 与四棱柱的两个侧面相交。P、Q 两平面都垂直于 V 面，P 与 Q 两平面的交线为正垂线，因此，截交线的 V 面投影为两相交直线（为已知投影）。据此可求出其他投影。

作图如图 6.11(b)所示，具体步骤如下。

(1) 在正面投影上找出迹线 P_V、Q_V 与四棱柱棱线、棱面的共有点 $1'$、$2'$、$3'$、$4'$、$(5')$、$(6')$、$(7')$，它们即为截交线Ⅰ、Ⅱ、Ⅲ、Ⅳ、Ⅵ、Ⅶ的正面投影。

(2) 由于四棱柱的各棱面均为侧垂面，可利用其积聚性，直接求出它们的 W 投影 $1''$、$2''$、$3''$、$4''$、$5''$、$6''$、$7''$。

(3) 由截交线上各点的 V 面、W 面投影即可求出 H 面投影 1、2、3、4、5、6、7。

(4) 顺次连接各点的同面投影，去掉多余线条，将不可见棱线画成虚线，即得到四棱柱被截切后的三视图。

6.4.2 回转体的截交线

截平面与回转体相交时，截交线一般是封闭的平面曲线，有时为曲线与直线围成的平面图形。作图时，首先分析截平面与回转体的相对位置，从而了解截交线的形状。当截平面为特殊位置平面时，截交线的投影就重合在截平面具有积聚性的投影上，成为已知投影，再根据曲面立体表面取点的方法作出截交线的其他投影。一般情况下，先求特殊位置点(大多在回转体的转向轮廓线上)，再求一般位置点，最后将这些点光滑地连接成曲线，并判断其可见性，即得截交线的投影。

1. 圆柱的截交线

当截平面与圆柱的轴线平行、垂直和倾斜时，所产生的截交线分别是矩形、圆和椭圆，见表 6-1。

表 6-1 平面与圆柱的截交线

截平面的位置	平行于轴线	垂直于轴线	倾斜于轴线
截交线的形状	矩形	圆	椭圆
轴测图			
投影图			

下面举例说明求圆柱截交线的三视图的方法和步骤。

【例 6.3】 如图 6.12(a)所示，求圆柱被正垂面截切后的三视图。

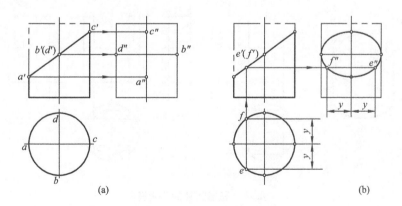

图 6.12 求圆柱的截交线
(a) 求特殊点；(b) 求一般点

【解】 分析：由已知条件知，截平面与圆柱轴线倾斜，截交线应为椭圆。截交线的正面投影积聚为直线。圆柱面的水平投影具有积聚性，故截交线的水平投影应与之重合，侧面投影可根据圆柱表面上取点的方法求出。

作图：

（1）求特殊点。先在正面投影上找出截交线上的特殊点 a'、c'、b'、d'，它们是截交线的最高、最低、最前、最后点的投影，也是椭圆长短轴的 4 个端点的投影。利用其所在位置的特殊性，直接作出其水平投影 a、c、b、d 和侧面投影 a''、c''、b''、d''，如图 6.12(a)所示。

（2）求一般点。为使作图准确，还须作出若干个一般点。如图 6.12(b)所示，在 H 面投影上任取对称于中心线的点 e、f，在 V 面积聚投影上求得 e'、f'，由 e、f 和 e'、f' 即可得侧面投影 e''、f''。用同样的方法还可作出其他若干点，这里不再赘述。

（3）将这些点的侧面投影依次光滑连接，即得截交线的侧面投影。

（4）擦掉多余图线，将可见轮廓线描深即完成圆柱截切后的三视图。

【例 6.4】 试画出图 6.13(a)所示立体的三视图。

【解】 分析：分析图 6.13(a)可知，直立空心圆柱（圆筒）被一个水平面 P 和两个侧平面 Q 切割，在圆筒的上部开出两个方槽，两个方槽前后、左右对称。水平面 P 和两个侧平面 Q 与圆筒内外表面都有交线，平面 P 与圆筒内外表面的交线都为圆弧，平面 Q 与圆筒内外表面的交线都为直线。

作图：

（1）作开有方槽的实心圆柱的三视图。根据分析，在画出完整圆柱体的三视图后，先画反映方槽形状特征的 V 面投影，再画方槽的 H 面投影，然后由 V 面投影和 H 面投影作出 W 面投影，如图 6.13(b)所示。这里要注意的是，圆柱面对 W 面的转向轮廓线，在方槽范围内的一段已被切去。

（2）作加上同心圆孔后完成方槽的投影。用同样的方法作圆柱孔内表面交线的三面投影，如图 6.13(c)所示。要将这一步和上一步仔细对比，明确实心圆柱和空心圆柱上方槽投影的异同。

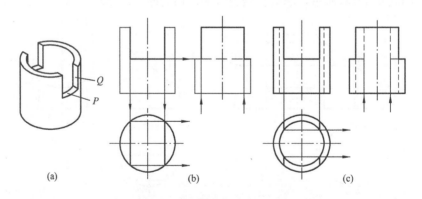

6.13 开槽圆柱的三视图

2. 圆锥的截交线

平面与圆锥相交所产生的截交线形状取决于平面与圆锥轴线的相对位置。表 6-2 列出了平面与圆锥轴线 5 种相对位置下所产生的截交线情况。

表6-2 平面与圆锥的截交线

截平面的位置	与轴线垂直	过锥顶	与轴线倾斜 θ>	与轴线倾斜 θ=	与轴线倾斜 θ<
截交线的形状	圆	三角形	椭圆	抛物线	双曲线
轴测图					
投影图					

截交线形状不同，其作图方法也不一样，截交线为直线时，只需求出直线上两点的投影，连线即可。截交线为圆时，应找出圆心和半径，画出圆的投影。截交线为椭圆、抛物线和双曲线时，需作出截交线上一系列点的投影并光滑连接。

【例6.5】 如图6.14所示，一直立圆锥被正垂面截切，求作截交线的水平投影和侧面投影。

【解】 分析：对照表6-2可知，此截交线为一椭圆。由于圆锥前后对称，所以此椭圆也一定前后对称。截交线的正面投影积聚成一直线，水平投影和侧面投影均为椭圆。

作图：

(1) 求特殊点。先在正面投影上找出椭圆的最低、最高点1′、2′，然后由1′、2′直接求得1″、2″和1、2；再找出最前、最后点5′、(6′)(在正面投影的轴线上)，根据5′、(6′)作出侧面投影5″、6″，再由5′、(6′)和5″、6″求得水平投影5、6(5、6点亦可用辅助圆法求得)，如图6.14所示。

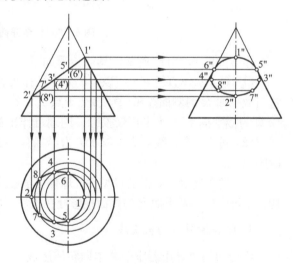

图6.14 求圆锥的截交线

(2) 求一般点。为了准确作图，需在特殊点之间作出适当数量的一般点。比如，在正面投影上定出3′、(4′)点和7′、(8′)点(都是截交线上任意点的正面投影)，根据圆锥表面取点的方法——辅助圆法，分别过3′、(4′)和7′、(8′)点作直线，依此在水平投影上画圆，在圆上求出3、4点和7、8点，然后由正面、水平两投影求出侧面投影3″、4″和7″、

8″,如图 6.14 所示。

（3）依次光滑连接各点同面投影即得截交线的侧面投影和水平投影，如图 6.14 所示。

3．球的截交线

圆球被截平面截切后所得的截交线都是圆。如果截平面是投影面平行面，截交线在该面上的投影为圆的实形，其他两投影积聚成直线，长度等于截交线圆的直径。如果截平面是投影面垂直面，则截交线在该投影面上的投影为一直线，其他两投影均为椭圆。

【例 6.6】 如图 6.15(a)所示，补全开槽半球的水平投影和侧面投影。

【解】 分析：球表面的开槽由两个侧平面 P、Q 和一个水平面 R 切割而成，截平面 P、Q 各截得一段平行于侧面的圆弧，其侧面投影重合；而截平面 R 则截得前后各一段水平圆弧；截平面之间的交线为正垂线。

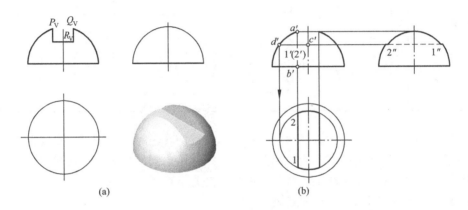

图 6.15　补全开槽半球的投影

作图如图 6.15(b)所示，具体步骤如下。

（1）过 P_V 作直线 $a'b'$，以 $a'b'$ 为半径作出截平面 P、Q 的截交线的侧面投影（圆弧），它与截平面 R 的侧面投影（直线）交于点 $1''$、$2''$。根据 $1'$、$2'$ 和 $1''$、$2''$ 即可求得 1、2，直线 12 即为截平面 P 的水平积聚投影。同理可作出截平面 Q 的水平投影。

（2）过 R_V 作直线 $c'd'$，以 $c'd'$ 为半径作出截平面 R 的截交线的水平投影——前后两段圆弧。

（3）整理轮廓线，判断可见性。球体侧面投影的转向轮廓线在截平面 R 以上的部分被截切，不再画出。截平面 R 的侧面投影处在 $1''$、$2''$ 之间的部分被左半球面所挡，故画虚线。

4．组合回转体的截交线

组合回转体是由若干个基本回转体组成的，作图时首先要分析各部分曲面的性质，然后按照它的几何特性和截平面位置确定其截交线的形状，再分别作出其投影。

图 6.16(a)所示为一连杆头，它由轴线重合的圆柱、圆锥和球组成，轴线为侧垂线，其前后被正平面截切，圆柱部分未切到，球面部分的截交线为圆，圆锥部分的截交线为双曲线，其水平投影、侧面投影积聚为直线，只有正面投影待求。作图时先要在图上确定球面与圆锥的分界线。从球心正面投影 o' 作圆锥正面转向轮廓线的垂线，得交点 a'、b'，连接 $a'b'$ 即为球面与圆锥面投影的分界线。然后以水平投影上的 $k3$ 为半径作正平圆，即为球面的截交线。该圆与直线 $a'b'$ 交于 $1'$、$2'$ 两点，这两点为截交线上圆与双曲线的接点。然后用

表面取点法求出双曲线上一系列点的投影,光滑连线即可。结合图 6.16(b),请读者自行分析。

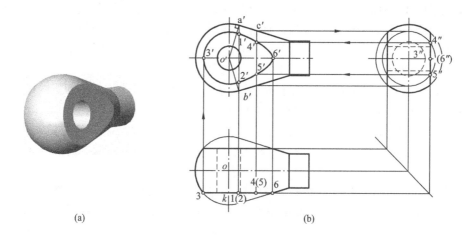

图 6.16 求组合回转体的截交线

6.5 两立体表面相交

两相交的立体称为相贯体,两相贯体相交时它们表面所产生的交线称为相贯线。其中立体的外表面与外表面相交称为实实相贯;立体的外表面与内表面相交称为实虚相贯;立体的内表面与内表面相交称为虚虚相贯,如图 6.17 所示。机件上常见的相贯线,大多数是回转体相交而成,因此,本节主要介绍两回转体表面相贯时相贯线的性质及其画法。

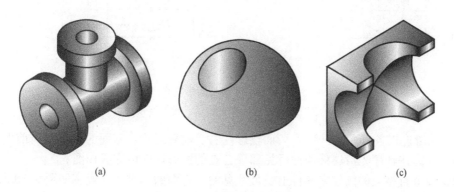

图 6.17 机件上常见的相贯线
(a) 实实相贯;(b) 实虚相贯;(c) 虚虚相贯

相贯线是相交两立体表面的共有线和两立体表面的分界线,也是两立体表面上一系列共有点的集合。因此,求相贯线的投影实质上就是求两立体表面共有点的投影。相贯线一般为一闭合的空间曲线,特殊情况下也可能是平面曲线或平面多边形。以下介绍两种求相贯线的方法。

6.5.1 表面取点法求相贯线

根据曲面立体表面上点的一个投影求其他投影的方法称为表面取点法。两回转体相交，如果其中至少有一个回转体是轴线垂直于投影面的圆柱，则相贯线在该投影面上的投影就重合在圆柱面的积聚投影上，成为已知投影。这样就可以在相贯线的已知投影上确定一些点，按回转体表面取点的方法作出相贯线的其他投影。

【例 6.8】 如图 6.18(a)所示，已知两相交圆柱的三面投影，求作它们的相贯线的投影。

【解】 分析：分析图 6.18(a)可知，本例为轴线垂直相交的两不等径圆柱相贯，相贯线为前后、左右对称的空间曲线。由于大圆柱的轴线垂直于 W 面，小圆柱的轴线垂直 H 面，所以相贯线的 W 面、H 面投影均有积聚性，只有 V 面投影待求。

作图：

(1) 求特殊点。相贯线的 H 面投影为一圆，在圆上定出最左、最右、最前、最后点Ⅰ、Ⅱ、Ⅲ、Ⅳ的投影 1、2、3、4 点，再在相贯线的 W 面投影（圆弧）上找到 $1''$、$2''$、$3''$、$4''$点，然后由 1、2、3、4 和 $1''$、$2''$、$3''$、$4''$求出正面投影 $1'$、$2'$、$3'$、$4'$，如图 6.18(a)所示。

(2) 求一般点。在已知相贯线的 W 面投影上任取一重影点 $5''(6'')$，求出 H 面投影 5、6，然后由 5、6 和 $5''(6'')$求出 V 面投影 $5'$、$6'$，如图 6.18(b)所示。

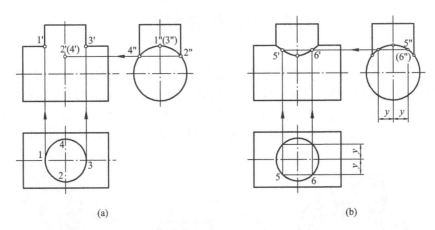

图 6.18 两圆柱的相贯线
(a) 求特殊点；(b) 作一般点，光滑连接各点

(3) 光滑连接各点。相贯线的 V 面投影左右、前后对称，后面的相贯线与前面的相贯线重影，只需按顺序光滑连接前面可见部分各点的投影，即可完成作图。

两轴线垂直相交的圆柱在零件上是最常见的，它们的相贯线一般有如图 6.19 所示的 3 种形式。这 3 种情况的相贯线的形状和作图方法相同。

两圆柱相交时，相贯线的形状和位置取决于它们直径的相对大小和轴线的相对位置，表 6-3 列出了垂直相交两圆柱直径变化时对相贯线的影响。这里特别指出，当相贯（也可不垂直）的两圆柱直径相等，即共切于一个球时，相贯线是互相垂直的两椭圆，且椭圆所在的平面垂直于两条轴线所确定的平面。表 6-4 列出了两圆柱轴线的相对位置变化时对相贯线的影响。

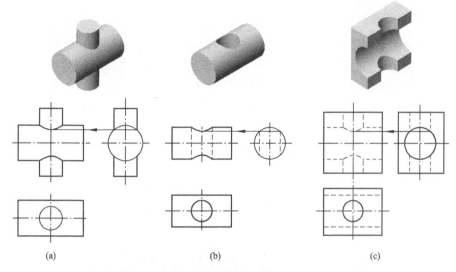

图 6.19　两圆柱相交的 3 种形式

（a）两外表面相交；（b）外表面与内表面相交；（c）两内表面相交

表 6-3　正交两圆柱直径相对变化对相贯线的影响

两圆柱直径关系	水平圆柱较大 $d_1 > d_2$	两圆柱直径相等 $d_1 = d_2$	水平圆柱较小 $d_1 < d_2$
相贯线的特点	上下两条空间曲线	两个相互垂直的椭圆	左右两条空间曲线
投影图			

表 6-4　相交两圆柱轴线相对位置变化对相贯线的影响

两轴线垂直相交	两轴线垂直交叉		两轴线平行
	全贯	互贯	

6.5.2 辅助平面法求相贯线

用辅助平面法求相贯线的投影的基本原理是：三面共点原理。在相贯体范围内，作一辅助平面，使辅助平面与两回转体都相交，求出辅助平面与两回转体的截交线，两截交线必定相交，交点即为两回转体表面的共有点。这些点既在截平面上，又在两回转体表面上，因此为三面共点。用若干个辅助平面即可求出相贯线上一系列的共有点，连接这些点即可得相贯线。

为了简化作图，辅助平面一般选择特殊位置平面，使其与两相交立体表面所产生的截交线为简单易画的圆或直线，且其投影反映实形。如图 6.20 所示，一辅助面为水平面且与圆台轴线垂直，此面与圆台和球的交线都为圆，且 H 面投影反映实形。另一辅助面为侧平面，且过圆台中心线，此面与圆台和球的交线分别为直线和圆，且 W 面投影反映实形。

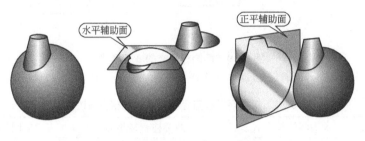

图 6.20　辅助平面与两立体表面相交

【**例 6.9**】　如图 6.21 所示，求圆柱与圆锥的相贯线的投影。

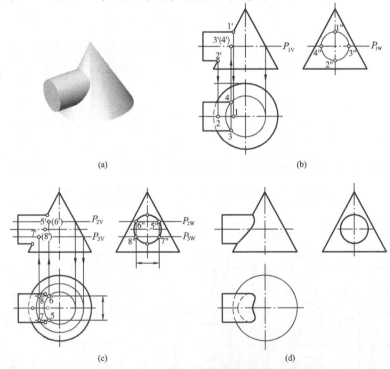

图 6.21　辅助平面法求圆柱与圆锥的相贯线
(a) 立体图；(b) 求特殊位置点；(c) 求一般位置点；(d) 连接完成全图

【解】 分析：由图 6.21(a)可知，圆柱与圆锥轴线垂直相交，圆柱完全穿进左半圆锥，相贯线为封闭的空间曲线。由于这两个立体前后对称，因此相贯线也前后对称。因圆柱的侧面投影积聚，相贯线的侧面投影也必然重和在这个圆上，成为已知投影。需要求的是相贯线的正面投影和水平投影。可选择水平面作辅助平面，它与圆锥面的截交线为圆，与圆柱面的截交线为两条平行的直线，圆与直线的交点即为相贯线上的点。

作图：

(1) 求特殊点。先在侧面投影圆上确定相贯线最高点Ⅰ和最低点Ⅱ的投影 1″、2″，其正面投影 1′、2′可直接求出，再由 1″、2″和 1′、2′求出水平投影 1、2。过圆柱轴线作水平面 P_1(用 P_{1V} 表示)，它与圆柱相交于最前、最后两条素线，与圆锥相交为一圆，它们的水平投影的交点即为相贯线上最前点Ⅲ和最后点Ⅳ的水平投影 3、4 点，侧面投影 3″、4″可直接求出，由 3、4 和 3″、4″可求出正面投影 3′、4′，这是一对重影点的投影，如图 6.21(b)所示。

(2) 求一般点。如图 6.21(c)所示，在任意位置作水平面 P_2 为辅助平面，它与圆柱相交为两条直线，与圆锥相交为一圆，它们的水平投影相交于 5、6 两点，由 5、6 按投影规律求得 5′、6′及 5″、6″。需要时还可以在适当的位置再作水平辅助面求出相贯线上的其他点，比如，作水平面 P_3，同理可求出Ⅶ、Ⅷ两点的投影。

(3) 顺次连接各点的同面投影。根据可见性判别原则，水平投影中 3、5、1、6、4 在上半圆柱面上，为可见，用实线相连；3、7、2、8、4 点在下半圆柱面上，为不可见，用虚线相连，如图 6.21(d)所示。

【例 6.10】 如图 6.22(a)所示，求圆台与半球相贯线的投影。

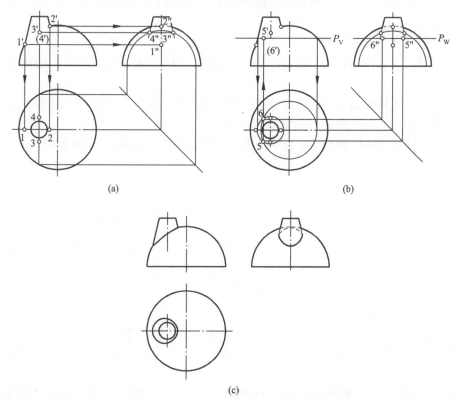

图 6.22 求作圆台与半球的相贯线

【解】 分析：由图6.22(a)可知，圆台的轴线不通过球心，但圆台和球有公共的前后对称面，圆台从球的左上方完全穿进球体，因此相贯线是一条前后对称的闭合空间曲线。由于两立体的三面投影均无积聚性，所以不能用表面取点法求作相贯线的投影，而应采用辅助平面法求得。

作图：

(1) 求特殊点。从投影图可以看出，圆台的 V 面转向轮廓线和球的 V 面转向线彼此相交，因此，交点 $1'$、$2'$ 即是相贯线上最低、最高点 Ⅰ、Ⅱ 的 V 面投影，由此直接求出其 H 面投影 1、2 和 W 面投影 $1''$、$2''$，如图 6.22(a)所示。另外，选择过圆锥轴线的侧平面为辅助平面，它与圆台表面相交于最前、最后两条素线，与球面相交于一侧平圆，作出它们侧面投影的交点 $3''$、$4''$，即为相贯线上点 Ⅲ、Ⅳ 的侧面投影。由 $3''$、$4''$ 可求出 $3'$、$4'$ 和 3、4，如图 6.22(a)所示。

(2) 求一般点。在特殊点之间的适当位置上作一水平面 P 为辅助面，它与圆台和球各交于一圆，作出两圆水平投影的交点 5、6，即为相贯线上两个一般点 Ⅴ 与 Ⅵ 的水平投影，根据投影规律，由 5、6 求出其 V 面投影 $5'$、$6'$ 和 W 面投影 $5''$、$6''$，如图 6.22(b)所示。

(3) 判断可见性依次连接各点的同面投影。当两回转体表面都可见时，其上的交线才可见。按此原则，相贯线的 V 面投影前后对称，后面的相贯线与前面的相贯线重合，只需按顺序光滑连接前面可见部分各点的投影即可。相贯线的 H 面投影全部可见，用实线光滑连接各点即可。相贯线的 W 面投影以两点 $3''$、$4''$ 为分界点，分界点以下的可见，用粗实线光滑连接；分界点以上不可见，用虚线光滑连接，如图 6.22(c)所示。

6.5.3 相贯线的特殊情况

在一般情况下，两回转体的相贯线是空间曲线，但在某些特殊情况下，也可能是平面曲线或直线。

(1) 两回转体轴线相交，且平行于同一投影面，若它们能公切于一个球面，则相贯线是两个垂直于该投影面的椭圆，如图 6.23 所示。

(2) 两个同轴回转体的相贯线是两个垂直于轴线的圆，如图 6.24 所示。

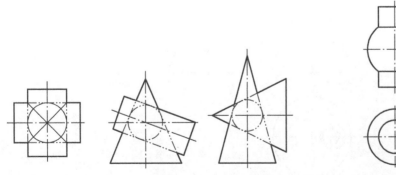

图 6.23 公切于一个球面的圆柱、圆锥的相贯线

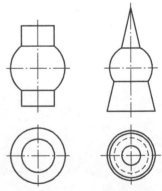

图 6.24 两个同轴回转体的相贯线

（3）轴线平行的两圆柱的相贯线是两条平行的素线，如图 6.25 所示。

6.5.4 相贯线的简化画法

在不致引起误解时，图形中的相贯线可以简化成圆弧或直线。

例如，轴线正交且平行于 V 面的两圆柱相贯，相贯线的 V 面投影可以用与大圆柱半径相等的圆弧来代替，圆弧的圆心在小圆柱的轴线上，圆弧凸向大圆柱的轴线，如图 6.26 所示。

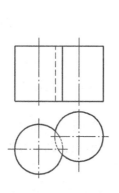

图6.25 轴线平行的两圆柱的相贯线

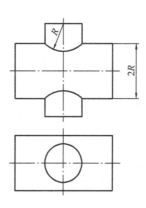

图 6.26 用圆弧代替非圆相贯线

复习思考题

1. 指出并改正下列三视图中的错误。

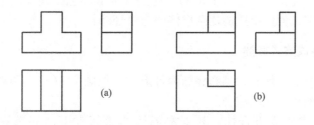

习题 1 图

2. 棱柱体、棱锥体、圆柱体、圆锥体和圆球体的投影有哪些特性？
3. 在棱柱体、棱锥体、圆柱体、圆锥体和圆球体的表面上取点和线有哪些方法？
4. 什么情况下，圆柱的截交线是圆、椭圆及两条平行线？
5. 什么情况下，圆锥的截交线是圆、椭圆、抛物线、双曲线及相交两直线？
6. 什么情况下，要利用辅助线求截交线？
7. 什么情况下，要利用辅助平面求相贯线？选择辅助面的原则是什么？

第 7 章 组 合 体

教学目标： 通过对形体分析法和线面分析法的学习，熟悉组合体的组成方式，了解组合体在视图表达过程中的规律，能熟练地运用本章知识，完成中等复杂程度的组合体的画图、读图和尺寸标注。

教学要求： 熟练掌握画组合体视图、标注组合体尺寸及读组合体视图的形体分析法，掌握线面分析法在画组合体视图和读组合体视图中的应用。

本章介绍组合体的组成方式、画组合体视图、标注组合体尺寸及读组合体视图的形体分析法和线面分析法。

有了点、线、面和基本形体的投影知识，就为讨论比较复杂的形体的画图和看图方法奠定了基础。本章侧重研究两个或两个以上基本形体的组合形式、画图和看图的方法以及尺寸标注的原则、方法等问题。

7.1 组合体的组成方式

7.1.1 组合体的概念

组合体是机器零件简化了工艺结构以后的几何模型，它们大多数可以看成是由一些基本几何体按照一定的连接关系组合而成的。这些基本形体包括棱柱、棱锥、圆柱、圆锥、球和圆环等。由基本几何体组成的复杂形体称为组合体。

7.1.2 组合体的组成方式概述

组合体的组成方式一般有切割和叠加两种形式，如图 7.1(a)、(b)所示。较为复杂的机器零件常常是这两种方式的综合。

无论以何种方式构成组合体，其基本形体的相邻表面之间都存在一定的连接关系，一般将其分为 3 种：平行、相切和相交。下面说明各种表面关系在视图上的表达规定。

(1) 平行。所谓平行是指两基本体表面同方向的一种关系。它又可以分为错位平行和共面平行两种情况。错位平行时，视图上两基本体之间必须画出它们的界线，如图 7.2(a)所示。共面平行时，视图上两基本体之间不画界线，如图 7.2(b)所示。

(2) 相切。相切是指基本形体之间平面与曲面或曲面与曲面光滑过渡的一种连接关系，在视图中两表面之间相切处不画线，如图 7.3 所示。

(3) 相交。当两基本形体的表面相交时，相交处会产生不同形式的交线，在视图中应画出这些交线的投影，如图 7.4 所示。

第 7 章 组合体

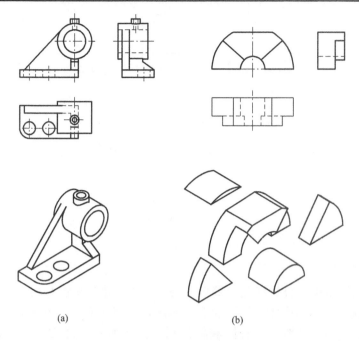

图 7.1 组合体的组成方式

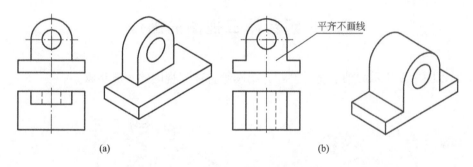

图 7.2 表面平行时的两种情况

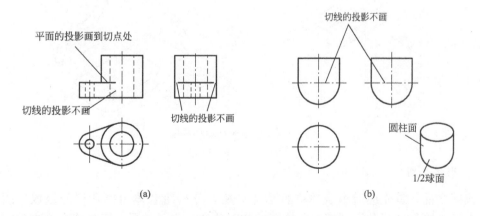

图 7.3 相切处不画线

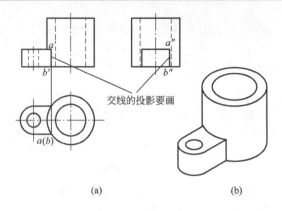

图 7.4 表面相交要画线

7.1.3 形体分析法

形体分析法是解决组合体问题的基本方法。所谓形体分析就是将组合体按其组成方式假想地分解成若干基本形体，弄清各部分的形状、相互位置和表面关系，以达到了解整体的目的。在组合体的画图、看图和标注尺寸的过程中，最常用的方法就是形体分析法。

7.2 组合体三视图的画法

下面以图 7.5 所示的轴承座为例，介绍画组合体三视图的一般步骤。

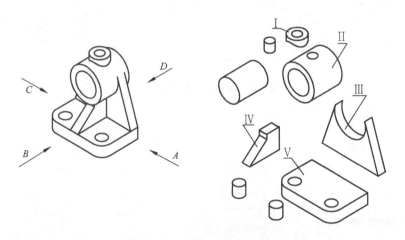

图 7.5 轴承座的形体分析

1. 形体分析

画图之前，首先应对组合体进行形体分析。分析组合体由哪几部分组成，组成方式，各基本形体的形状，各基本形体间的相对位置、表面关系，组合体在某方向上是否对称等。如图 7.5 所示，轴承座由凸台Ⅰ、轴承Ⅱ、支撑板Ⅲ、肋板Ⅳ、及底板Ⅴ共

5个部分组成。凸台与轴承两空心圆柱体垂直正交，其内外表面都有交线——相贯线。支撑板、肋板和底板分别是不同形状的平板。支撑板左、右侧面都与轴承的外圆柱面相切，画图时应注意相切处不画界线。肋板的左、右侧面与轴承的外圆柱面相交，交线为两条素线。底板、支撑板、肋板相互叠合，并且底板与支承板的后表面平齐。

2. 视图选择

在三视图中，主视图是最主要的视图，因此，主视图的选择最为重要。选择主视图时通常将物体放正，使组合体的主要表面(或轴线)平行或垂直于投影面，并以最能反映该组合体各部分形状和位置特征的方向作为主视图的方向。在图 7.5 中，分别按 A、B、C、D 这4个方向进行投射，将所得视图进行比较发现，B 向视图最清楚地反映了轴承座的形状特征及其各组成部分的相对位置，故选择 B 向作为主视图的投射方向，如图 7.6 所示。另外，在选择主视图时还应考虑如下两点。

(1) 使其他两个视图上的虚线尽量少。

(2) 尽量使画出的三视图长大于宽。选择 B 向视图为主视图，恰恰满足了上述要求。

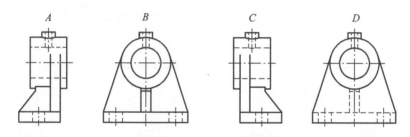

图 7.6 主视图的选择

主视图确定后，俯视图和左视图的投影方向则随之确定。

3. 画底稿

(1) 根据组合体的大小和复杂程度，选择适当的比例和图纸幅面。

(2) 为了在图纸上均匀布置视图的位置，根据缩放后组合体的总长、总宽、总高首先画出各视图的定位线，一般选择组合体的底面、重要端面、对称面或主要轴线的投影作定位线，如图 7.7(a)所示。

(3) 按形体分析的内容，从主要形体入手，根据各基本形体的相对位置逐个画出每一个形体的投影。一般顺序是先画主要结构与大形体，再画次要结构和小形体，先外后内，先实后虚。画各个形体的视图时，应从反映该形体形状特征的那个视图画起。例如图 7.7(b)中的圆柱，通常先画其主视图，再画俯、左视图。轴承座的画图过程如图 7.7 所示，读者按图学习。

4. 检查描深

完成底稿后，必须仔细检查，修改错误或不妥之处，擦去多余的图线，然后按规定线型描深。

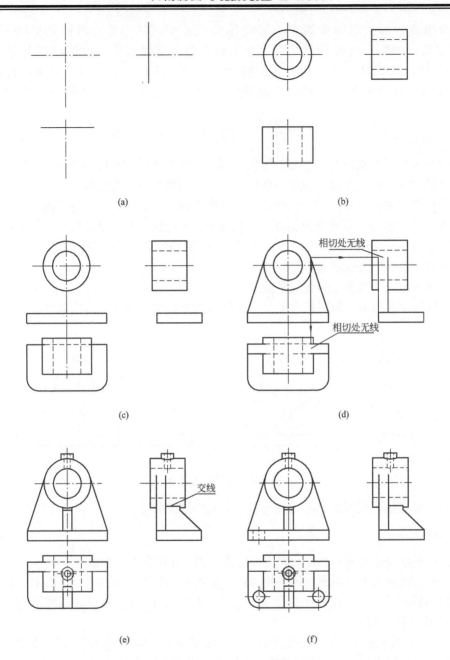

图 7.7 轴承座的画图步骤

(a) 画出轴承的轴线和后端面作定位线；(b) 画轴承的三视图；(c) 画底板的三视图；
(d) 画支承板的三视图；(e) 画凸台和肋板的三视图；(f) 画底板上的圆角和圆柱孔，校核并加深

7.3 组合体的尺寸标注

三视图只能表达组合体的形状，而组合体的大小则要由视图上标注的尺寸来确定。

组合体尺寸标注的基本要求如下。

(1) 尺寸标注要符合国家标准。

(2) 尺寸标注要完整，即所注尺寸不多余、不重复、不遗漏。

(3) 尺寸布置要整齐、清晰，标注在视图适当的位置，便于读图。

(4) 尺寸标注要合理(关于这一点将在后续章节中进一步学习)。

7.3.1 基本体的尺寸标注

常见基本几何体的尺寸注法如图 7.8 所示。一般平面立体要标注长、宽、高 3 个方向的尺寸；回转体要标注径向和轴向两个方向的尺寸，并加上尺寸符号(如 R、ϕ、$S\phi$ 等)。对圆柱、圆锥、圆环等回转体，一般将直径尺寸和轴向尺寸同时标注在非圆视图上，这样只要用一个视图就能确定它们的形状和大小，其余视图可省略不画，如图 7.8(e)、(f)所示。标注球体的尺寸时，需在直径"ϕ"或半径"R"符号前加"S"，如图 7.8(g)所示。

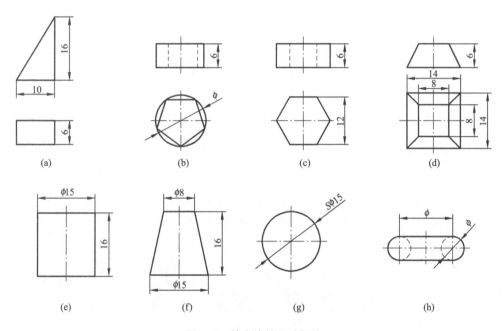

图 7.8 基本体的尺寸标注

7.3.2 切割体和相贯体的尺寸标注

基本几何体被切割后的尺寸注法如图 7.9 所示。对这类形体，除了需标注基本几何体的尺寸外，还要注出确定截平面位置的尺寸，而不能标注表示截交线形状大小的尺寸。

两基本体相贯时，应标注两立体的定形尺寸和表示其相对位置的定位尺寸，而不应标注相贯线的尺寸，如图 7.10 所示。

7.3.3 常见简单组合体的尺寸标注

常见的几种平板式组合体的尺寸标注如图 7.11 所示。这类形体在标注尺寸时应注意避免重复性尺寸。

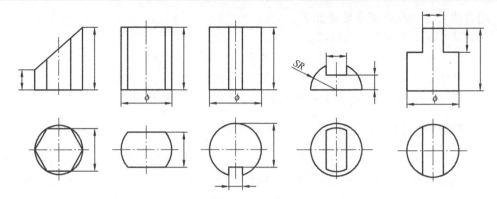

图 7.9　切割体的尺寸标注

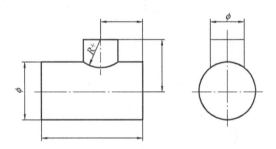

图 7.10　相贯体的尺寸标注

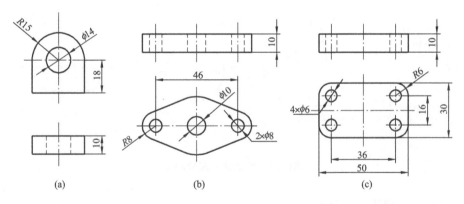

图 7.11　常见底板的尺寸标注

7.3.4　组合体的尺寸标注概述

为了将尺寸标注得完整，在组合体的视图上，一般需要标注定形尺寸、定位尺寸和总体尺寸。

要达到正确、完整地标注组合体的尺寸，应首先按形体分析法将组合体分解为若干基本体，再逐一标注表示各个基本体大小的尺寸和确定各基本体之间位置的尺寸。前者称为定形尺寸，后者称为定位尺寸。按照这样的分析方法去标注尺寸，就比较容易做到既不漏标尺寸，也不会重复标注尺寸。

1. 组合体尺寸标注的步骤和方法

下面以图 7.12 所示的支架为例说明。

（1）根据形体分析结果，标注定形尺寸。如图 7.13 所示，将支架分解成 6 个基本形体，并分析其形状特征，然后分别标注其定形尺寸。如图 7.14 所示，直立空心圆柱的定形尺寸为 $\phi72$、$\phi40$、80，底板的定形尺寸为 $R22$、$\phi22$、20，肋板的定形尺寸为 34、12，搭子的定形尺寸为 $R16$、$\phi16$、厚度 20，水平空心圆柱的定形尺寸为 $\phi44$、$\phi24$，底部凸台的定形尺寸为 $\phi60$、6。由于每个基本体的尺寸一般只有少数几个，因此比较容易考虑，至于这些尺寸标注在哪一个视图上，则要根据具体情况而定，请读者自行分析。

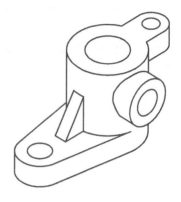

图 7.12　支架轴测图

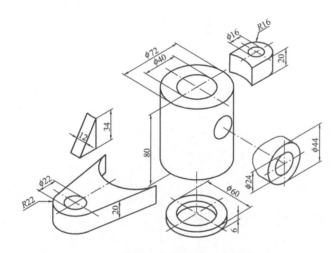

图 7.13　支架形体分析及各部分定形尺寸

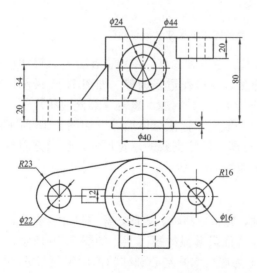
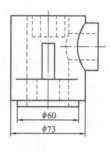

图 7.14　支架定形尺寸标注

(2) 选择尺寸基准，标注定位尺寸。组合体各组成部分之间的相对位置必须从长、宽、高3个方向来确定。因此长、宽、高3个方向至少要各有一个尺寸基准。通常选择组合体的对称面、底面、主要端面和回转体的轴线作为尺寸基准。如图7.15所示，支架长度方向的基准定为直立空心圆柱的轴线，宽度方向的基准为组合体的对称面，高度方向为直立空心圆柱的上表面。然后依此标注这些基本形体之间的5个定位尺寸，长度方向上，直立空心圆柱与底板、肋、搭子之间的定位尺寸80、56、52，宽度和高度方向上，水平空心圆柱与直立空心圆柱之间的定位尺寸48和28，如图7.15所示。

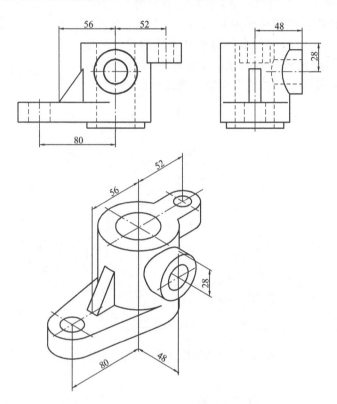

图7.15　支架的定位尺寸分析与标注

(3) 调整并标注总体尺寸——总长、总宽和总高。按照上述分析，尺寸虽然已标注完整，但考虑总体尺寸后，为了避免重复，还应作适当调整。如图7.15所示，支架的总高度尺寸为86，注上这个尺寸后会与该方向上的80加6重复，因此应将尺寸6去掉。当物体的端部为同轴线的圆柱和圆孔时，一般不再标注总体尺寸。如图7.15所示，标注了定位尺寸48及圆柱直径ϕ72后，就不再需要标注支架的总宽尺寸；长度方向与此相同，故也不再标注总长尺寸。调整后的结果如图7.16所示。

2. 标注尺寸的注意事项

组合体的尺寸标注必须做到正确、完整、清晰。为此，标注尺寸时应注意以下几点。

(1) 尺寸应尽量标注在反映形体特征最明显的视图上。如图7.16所示，肋的高度尺寸34，注在主视图上比注在左视图上为好；水平空心圆柱的高度定位尺寸28，注在左视图上为好；而底板的定形尺寸R23和ϕ22则应注在表示该部分形状最明显的俯视图上。

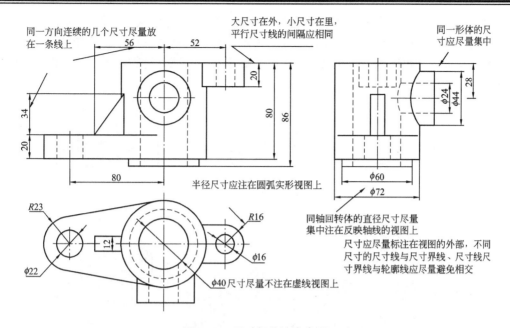

图 7.16 尺寸标注注意事项

（2）同一基本形体的定形尺寸以及相关联的定位尺寸应尽量集中标注。如图 7.16 中将水平空心圆柱的定形尺寸 $\phi24$、$\phi44$ 从原来的主视图上移到左视图上，这样便和它的定位尺寸 28、48 全部集中在一起，表达比较清晰，也便于查找尺寸。

（3）尺寸应尽量注在视图的外侧，排列要整齐，且应使小尺寸在里（靠近图形），大尺寸在外，以避免尺寸线和尺寸界线相交。如图 7.16 主视图中，左侧尺寸 20、34，上方尺寸 56、52，右侧尺寸 20、80、86 等。

（4）同轴回转体的直径尺寸应尽量注在非圆视图上；而圆弧的半径尺寸则必须注在投影为圆弧的视图上。如图 7.16 中直立空心圆柱的直径 $\phi60$、$\phi72$ 均注在左视图上，而底板及搭子上的圆弧半径 R22、R16 则必须注在俯视图上。

（5）为保持图形清晰，应尽量避免在虚线上标注尺寸。

（6）内形尺寸与外形尺寸最好分别注在视图的两侧。

7.4 读组合体视图的方法

画图和读图是工程技术人员的两项基本技能。画图是把空间物体用正投影法表示在图面上，是将三维形体向二维形体的转换。读图则是运用正投影法，由视图想象出空间物体结构形状的过程，是将二维形体向三维形体的转换。要正确、迅速地读懂视图，必须掌握读图的基本方法和规律，并不断培养和提高自身的空间想象能力。

7.4.1 读图的基本知识

1. 一个视图不能反映物体的确切形状

组合体的形状是通过几个视图来表达的，每个视图只能反映其一个方向的形状。因此，仅有一个视图或两个视图往往不能确切地表达组合体的形状。如图 7.17 所示的 5 组视图，它们的主视图都相同，但实际上是 5 种不同形状的物体。所以，读图时应从反映组合体形状特征的主视图入手，把几个视图联系起来看，才能弄清物体的形状结构。

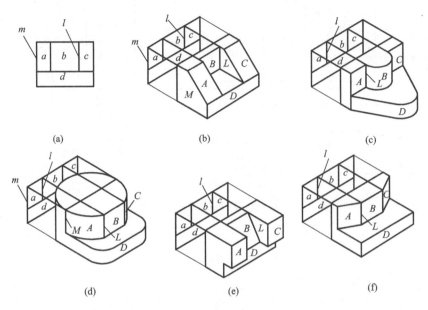

图 7.17 看图的注意点

2. 了解视图中的线框和图线的含义

弄清视图中线和线框的含义是看图的必要基础。视图中的每一封闭线框可以是形体上不同位置的平面或曲面的投影，也可以是孔的投影。如图 7.18 所示，线框 A、B 和 D 为平面的投影，线框 C 为曲面的投影。视图中的每一条线既可以是面的积聚投影，如图中直线 4；也可以是两表面的交线的投影，如图中直线 2(平面与平面的交线)、直线 3(平面与曲面的交线)；还可以是曲面的转向轮廓线的投影，如图中直线 1 是圆柱的转向轮廓线的投影。

任何相邻的两个封闭线框应是物体上相交的两个面的投影，或是同向错位的两个面的投影。如图中的 A 和 B、B 和 C 都是相交两表面的投影，B 和 D 则是前后平行两表面的投影。

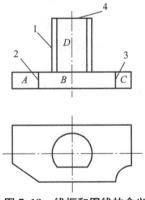

图 7.18 线框和图线的含义

7.4.2 读图的基本方法

和画图一样，读图常用的方法是形体分析法，有时也会应用到线面分析法，两者结合，相辅相成。

1. 形体分析法

画图是在三维空间对组合体进行形体分析，而读图则是在平面视图上进行形体分析。根据视图分析出该物体是由哪些基本形体、通过什么连接关系形成的，各基本形体的具体形状和它们的相对位置如何,最后综合想象出物体的整体形状。

下面以轴承座为例,说明用形体分析法读图的步骤。

(1) 看视图,分线框。从看主视图入手,将主视图分为1、2、3、3共4个线框,其中线框3为左右两个完全相同的三角形。每个线框各代表一个基本形体,如图7.19(a)所示。

(2) 对投影,识形体。根据视图三等规律看出,线框1的主、俯两视图是矩形,左视图是L型,可以想象出该形体是一个直角弯板,板上钻有两个圆孔,如图7.19(b)所示。

线框2的俯视图是一个中间带有两条直线的矩形,其左视图也是一个矩形,矩形的中间有一条虚线,可以想象出它的形状是在一个长方体的中部挖了一个半圆槽,如图7.19(c)所示。

线框3的俯、左两视图都是矩形,因此它们是两块三棱柱对称地分布在轴承座的左右两侧,如图7.19(d)所示。

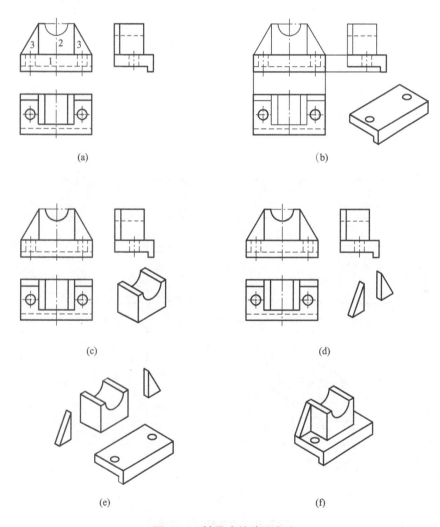

图 7.19 轴承座的读图方法

(a) 分线框,对投影;(b) 想形体Ⅰ;(c) 想形体Ⅱ;(d) 想形体Ⅲ;
(e) 想各部分形状及相对位置;(f) 想象整体形状

(3) 定位置,想整体。根据三视图综合分析,直角弯板在下,四棱柱在上、居中靠后,两三棱柱对称分布于两侧。其整体形状如图7.19(e)、(f)所示。

2. 线面分析法

对于形体清晰的组合体,用形体分析法读图即可,但有些比较复杂的形体,尤其是切割或穿孔后形成的形体,往往在形体分析法的基础上,还需要运用线面分析法来帮助想象和读懂其形状。线面分析法就是根据视图中的线条和线框的含义,分析物体的表面形状、面与面的相对位置以及面与面交线的特征,从而确定空间物体形状结构的过程。

下面以图7.20所示的压块为例,说明线面分析法的读图步骤。

(1) 初步确定物体的外形特征。

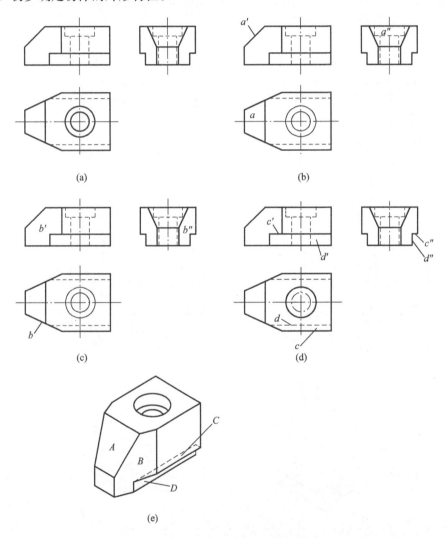

图 7.20 线面分析法读图
(a) 压块的三视图;(b) 看 A 线框;(c) 看 B 线框;
(d) 看 C、D 线框;(e) 想象整体形状分析图 7.20(a)可知,压块三视图的外形均是有缺口的矩形,可以初步认定该物体是由长方体切割而成,其中间带有一个阶梯圆柱通孔。

(2) 确定切割面的形状和位置。由图 7.20(b)可知,在俯视图中有梯形线框 a,而在主视图中可找出与它对应的斜线 a',由此可见 A 面是垂直于 V 面的梯形平面。长方体的左上角是由 A 面切割而成的,平面 A 对 W 面和 H 面都处于倾斜位置,所以它们的侧面投影 a'' 和水平投影 a 是类似图形,不反映 A 面的真实形状。

由图 7.20(c)可知,在主视图上有七边形线框 b',而在俯视图中可找到与它对应的斜线 b,由此可见 B 面是铅垂面。长方体的左端就是由这样的两个平面切割而成的。平面 B 对 V 面和 W 面都处于倾斜位置,因而侧面投影 b'' 也是类似的七边形线框。

由图 7.20(d)可知,从主视图上的长方形线框 d' 入手,可找到 D 面的另两个投影 d、d''。由俯视图的四边形线框 c 入手,可找到 C 面的其他投影 c'、c''。从投影中可知 D 面为正平面,C 面为水平面。长方体的前后两边就是由这样两个平面切割而成的。

(3) 综合想象其整体形状。搞清楚各截切面的空间位置和形状后,根据基本形体形状、各截切面与基本形体的相对位置,并进一步分析视图中线、线框的含义,可以综合想象出整体形状,如图 7.20(e)所示。

7.5 用 AutoCAD 绘制组合体三视图

本节通过绘制如图 7.21 所示组合体的三视图,介绍用 AutoCAD 绘制组合体三视图的一般方法。

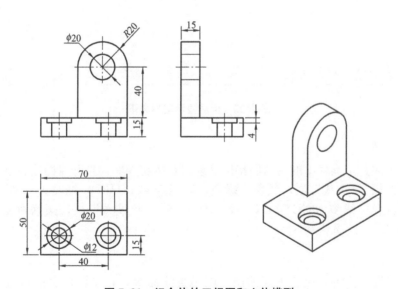

图 7.21 组合体的三视图和立体模型

1. 设置绘图环境

(1) 创建新图形。单击【标准】工具栏中的【新建】按钮,在弹出的【选择文件】对话框中选择 acadiso(默认基于公制系统和 acadiso.dwg 样板创建新图形。默认图形边界为

420mm×297mm），单击【打开】按钮，创建一张新图形。

（2）设置绘图单位。根据所画图形进行设置。选择菜单【格式】|【单位】命令，在弹出的【图形单位】对话框中设置长度类型为"小数"，精度为"0"，插入比例为"毫米"。

（3）设置图形界限。根据本例物体的大小，选用"A4"图幅。单击菜单【格式】|【图形界限】命令，在命令行提示下，默认左下角点为"(0，0)"，输入右上角点为"(210，297)"。

（4）全屏显示图形界限。单击【标准】工具栏的【全部缩放】按钮，打开栅格显示，使整个图形界限区域充满全屏，如图7.22所示。

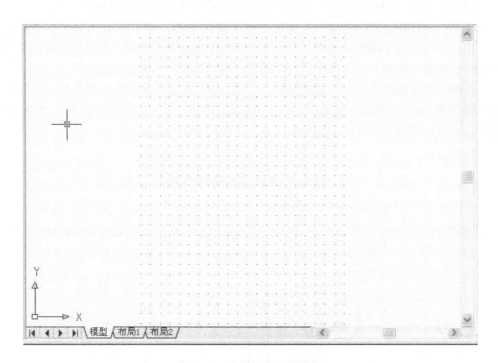

图7.22　全屏显示图形界限

2. 创建图层

单击【图层】工具栏中的【图层特性管理器】按钮，打开【图层特性管理器】对话框，新建图层："虚线"层，颜色为绿色，线型为DASHED，线宽为0.25；"中心线"层，颜色为红色，线型为CENTER，线宽为0.25；"粗实线"层，颜色为黑色，线型为CONTINUOUS，线宽为0.5。

3. 绘图步骤

（1）绘制直线。将0层置为当前层，调用直线命令，在绘图区合适位置单击确定起点，输入"@170，0"为终点，绘出第一条直线。

（2）偏移复制水平线。调用偏移命令，输入偏移距离"35"，选择第一条直线为偏移对象，在上方复制第二条直线，如图7.23(a)所示。重复偏移命令，复制其他水平线，其偏移距离分别为15、43、15、40与20，如图7.23(b)所示。

（3）画铅垂线。单击状态栏【对象捕捉】按钮，捕捉最上和最下两直线的左端点，画铅垂线，如图7.24所示。

图 7.23　偏移复制水平线

（4）偏移复制铅垂线。用偏移命令，分别设置偏移距离为"30"、"40"、"43"、"15"和"35"，向右偏移复制直线，结果如图7.25所示

（5）编辑图形。调用修剪和删除命令，采用窗选方式选中所有对象，参照图7.21所示的图形修剪图形，删除不需要的对象，结果如图7.26所示。

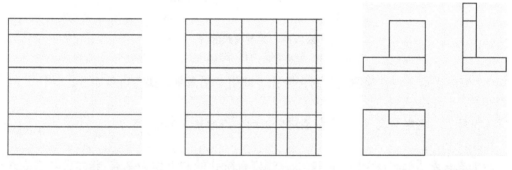

图 7.24　绘制铅垂线　　　　图 7.25　偏移复制铅垂线　　　　图 7.26　编辑图形

（6）绘制圆。调用圆命令，捕捉主视图最上水平的中点为圆心，输入半径"20"，重复圆命令，绘制半径为10的圆；绘制俯视图上的圆：调用圆命令，根据命令行提示操作如下。

命令：_ circle 指定圆的圆心或[三点(3P)/两点(2P)/相切、相切、半径(T)]：(调出【对象捕捉】工具栏，单击【捕捉自】按钮) _ from

基点：<偏移>：@15，15(输入相对于捕捉基点的圆心坐标)

指定圆的半径或[直径(D)]：6(输入圆半径)

命令：circle

指定圆的圆心或[三点(3P)/两点(2P)/相切、相切、半径(T)]：(重复圆命令，捕捉半径为6的圆的圆心)

指定圆的半径或[直径(D)]<6>：10(输入圆半径)

命令：_ copy(调用复制命令)

选择对象：找到2个(选择刚画好的两个圆)

选择对象：↙

指定基点或[位移(D)]<位移>：指定第二个点或<使用第一个点作为位移>：<正交开>40(打开正交模式,以鼠标为导向,输入距离)

指定第二个点或[退出(E)/放弃(U)]<退出>：✓

结果如图 7.27 所示。

(7) 绘制虚线部分。将虚线层置为当前层,利用偏移命令绘制直线 K,利用捕捉象限点、垂足绘制若干直线,如图 7.28(a)所示；利用修剪、删除命令修改图形,如图 7.28(b)所示。

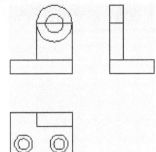

图 7.27　画圆

图 7.28　绘制虚线部分
(a) 绘制虚线； (b) 修改图形

(8) 复制图形。在左视图上复制台阶孔。调用复制命令,执行过程如下。

命令：_copy

选择对象：指定对角点：(选择主视图上的一个台阶孔)找到 5 个

选择对象：✓

指定基点或[位移(D)]<位移>：(制定台阶孔的右上角为基点)指定第二个点或<使用第一个点作为位移>：_tt(单击【捕捉】工具栏的【临时追踪点】按钮,使用临时捕捉点追踪)

指定临时对象追踪点：(捕捉左视图上的点 A)

指定第二个点或<使用第一个点作为位移>：5(启用自动捕捉追踪,鼠标向左出现追踪线后输入距离 5,如图 7.29(a)所示)

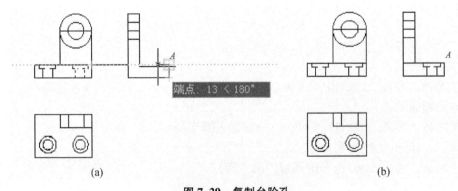

图 7.29　复制台阶孔
(a) 使用临时追踪点追踪； (b) 复制结果

指定第二个点或[退出(E)/放弃(U)]<退出>：↙
复制结果如图 7.29(b)所示。

（9）绘制中心线。将中心线层置为当前，用直线命令，采用捕捉中点、圆心和对象自动捕捉追踪等方式，绘制中心线 J、L、M、N，如图 7.30 所示。

（10）编辑中心线。调用打断命令打断直线 J、L、M、N，选择直线 J、L、M、N；单击【图层】工具栏【图层控制】下拉列表中的"中心线"将直线 P、Q 转化为中心线；利用夹点编辑命令拉伸中心线端点至适当位置，如图 7.31 所示。

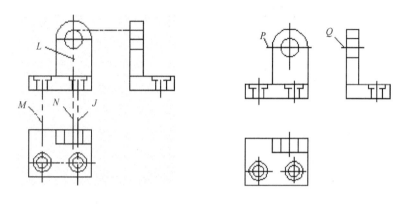

图 7.30 绘制中心线　　　　图 7.31 编辑中心线

（11）修改线型。

① 修改线型比例。单击【标准】工具栏中的【对象特性】按钮，打开【特性】选项板。选择所有中心线，在【线型比例】文本框中输入修改值"0.4"，如图 7.32 所示，按 Esc 键完成中心线修改；选择所有虚线，在【特性】选项板【线型比例】文本框中输入"0.5"，按 Esc 键完成虚线修改。

② 转换图层选择所有实线，单击【图层】工具栏的【图层控制】下拉列表中的"粗实线"，将图形的轮廓线转换为粗实线。打开线宽显示，结果如图 7.33 所示。

完成组合体的三视图绘制。

 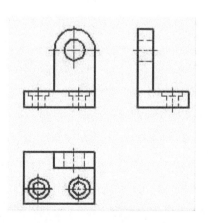

图 7.32 修改线型比例　　　　图 7.33 完成三视图绘制

复习思考题

1. 什么是组合体？组合体有哪几种组成方式？
2. 什么是形体分析法和线面分析法？这两种方法在画组合体视图、读组合体视图时有什么作用？
3. 标注尺寸时为什么要先选定基准？什么是定形尺寸、定位尺寸和总体尺寸？
4. 标注尺寸时应注意哪些问题？
5. AutoCAD中怎样修改非连续线型的线型比例？怎样修改已绘制对象的图层特性？

第 8 章 轴 测 图

教学目标：了解轴测投影的基本原理，掌握轴测图的画法和尺寸标注方法。

教学要求：了解正等轴测图、斜二轴测图的投影特点，掌握平面立体、回转体的正等轴测图和斜二轴测图的画法，掌握轴测图尺寸标注和添加文本的方法。

本章介绍轴测图的形成原理、投影特性、图形画法及其尺寸标注等。

8.1 轴测图的基本知识

8.1.1 基本概念

1. 轴测图

如图 8.1(a)所示，物体在 H、V 面上的投影仅分别反映了其顶面和前面的形状；而物体在 P 面上的投影则是把物体和确定其空间位置的直角坐标系一同投影到 P 面上所得到的。其中 P 面称为投影面，S 表示投射方向。

这种将物体连同其直角坐标系，沿不平行于任一坐标平面的方向，用平行投影法将其投射在单一投影面上所得到的图形，称为轴测图（或轴测投影）。由于轴测图同时反映物体的长、宽、高 3 个方向的形状特征，因而投影直观，富有立体感，如图 8.1(b)所示。

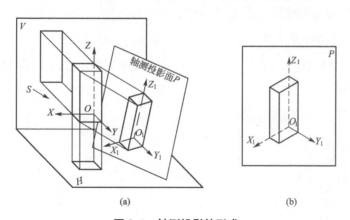

图 8.1 轴测投影的形成

2. 轴测投影的基本概念

（1）轴测轴。空间直角坐标系中的 3 根坐标轴 OX、OY 和 OZ 在轴测投影面上的投影 O_1X_1、O_1Y_1 和 O_1Z_1 称为轴测轴。

（2）轴间角。轴测投影中，任意两根直角坐标轴在轴测投影面上的投影之间的夹角称为轴间角。

(3) 轴向伸缩系数。轴向伸缩系数是指直角坐标轴的轴测投影的单位长度与相应直角坐标轴上的单位长度的比值。OX、OY、OZ 轴上轴向伸缩系数分别用 p_1、q_1、r_1 表示。为了便于画图,常把轴向伸缩系数简化,分别用 p、q、r 表示。

3. 轴测投影的种类

轴测投影分为正轴测投影和斜轴测投影两大类:用正投影法得到的轴测投影称为正轴测投影;用斜投影法得到的轴测投影称为斜轴测投影。常用的有正等轴测投影(正等轴测图)和斜二等轴测投影(斜二轴测图)两种。

8.1.2 轴测投影的特性

(1) 平行性。物体上相互平行的线段,其轴测投影也相互平行;与坐标轴平行的线段,其轴测投影必平行于相应的轴测轴。

(2) 定比性。物体上的轴向线段(平行于坐标轴的线段),其轴测投影与相应的轴测轴有着相同的轴向伸缩系数。

8.2 正等轴测图

8.2.1 正等轴测图的形成及投影特点

1. 形成

如图 8.2 所示,将立方体的 3 个坐标轴对轴测投影面处于倾角都相等的位置,也就是将立方体的对角线 AO 放成垂直于轴测投影面的位置,并以 AO 的方向作为投射方向,所得到的轴测图就是正等轴测图,简称正等测。

2. 轴间角和轴向伸缩系数

正等轴测图的轴间角为 $120°$,一般将 O_1Z_1 轴画成垂直位置,O_1X_1 和 O_1Y_1 轴与水平线夹角为 $30°$,如图 8.3 所示。

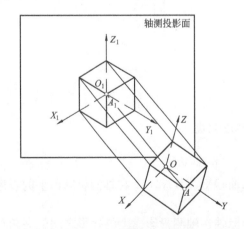

图 8.2 正等轴测图的形成

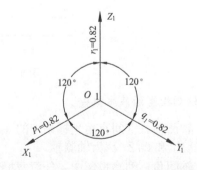

图 8.3 正等轴测图的轴间角、轴向伸缩系数

由于物体上 3 个坐标轴与轴测投影面的倾角相同，因此，其轴向伸缩系数也相等，即 $p_1=q_1=r_1=0.82$。为了作图方便，常把轴向伸缩系数简化为 1，即所有与坐标轴平行的线段，作图时都按实际长度量取。这样画出的图形，其轴向尺寸均为原来的 $1.22(\approx 1/0.82)$ 倍，但形状不变，如图 8.4 所示。

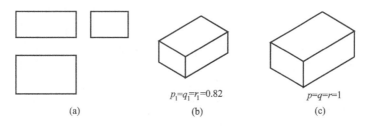

图 8.4 不同伸缩系数的正等轴测图的比较

8.2.2 平面立体的正等轴测图的画法

画轴测图常用的方法有坐标法、切割法、堆积法和综合法。其中坐标法是最基本的方法。

【例 8.1】 作图 8.5 所示的正六棱柱的正等测。

【解】（1）形体分析，确定坐标轴。由于图 8.5 所示的正六棱柱的顶面和底面都是处于水平位置的正六边形，于是取顶面的中心 O 为原点，并确定如图中所附加的坐标轴，用坐标法作轴测图。

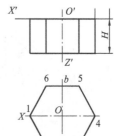

图 8.5 正六棱柱的两视图

（2）作图：

① 作轴测轴，并在其上量得 1_1、4_1 和 a_1、b_1，如图 8.6(a)所示。

② 过 a_1、b_1 作 O_1、X_1 轴的平行线，量得 2_1、3_1 和 5_1、6_1，连成顶面，如图 8.6(b)所示。

③ 由点 6_1、1_1、2_1、3_1 沿 O_1、Z_1 轴量 H，得 7_1、8_1、9_1、10_1，如图 8.6(c)所示。

④ 连接 7_1、8_1、9_1、10_1，擦去作图线，加深，即得正六棱柱的正等测，如图 8.6(d)所示。

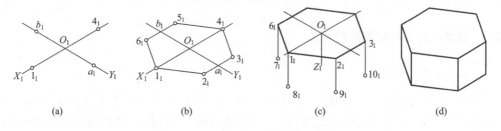

图 8.6 正六棱柱的正等测的作图方法

【例 8.2】 作图 8.7 所示的垫块的正等测。

【解】（1）形体分析，确定坐标轴。图 8.7 所示的垫块是由长方体被一个正垂面和一个铅垂面切割而成,所以可先画出长方体的正等测,然后用切割法,把长方体上需要切割的部分逐个切去,即可完成垫块的正等测。

为了方便作图,确定如图中所附加的坐标轴。

(2) 作图:

① 作轴测轴。按尺寸 a、b、h 画出长方体的正等测,如图 8.8(a)所示。

② 根据三视图中尺寸 c 和 d 画出长方体左上角被正垂面切割掉一个三棱柱后的正等测,如图 8.8(b)所示。

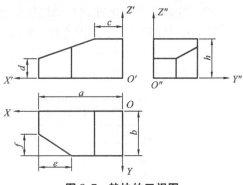

图 8.7　垫块的三视图

③ 在长方体被正垂面切割后,再根据三视图中尺寸 e 和 f 画出左前角被一个铅垂面切割掉三棱柱后的垫块的正等测,如图 8.8(c)所示。

④ 擦去作图线,加深,作图结果如图 8.8(d)所示。

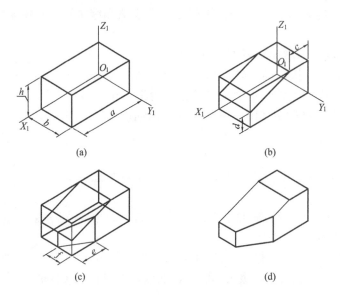

图 8.8　垫块的正等测的作图方法

8.2.3　回转体的正等轴测图的画法

1. 圆的正等轴测图

平行于坐标面的圆的正等轴测图为椭圆。图 8.9 所示为平行于 3 个不同坐标面的圆的正等轴测图。它们的形状和大小完全相同,但方向不同。椭圆的长轴与菱形的长对角线重合,短轴与菱形的短对角线重合。

正等轴测图中的椭圆通常采用近似画法作图。现以平行于 H 面的圆为例,介绍平行于坐标面的圆的正等测的画法。

如图 8.10 所示,作图步骤如下。

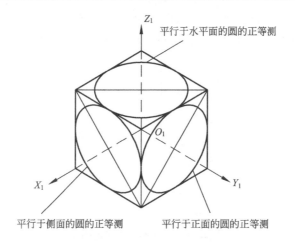

图 8.9　平行于坐标面的圆的正等测

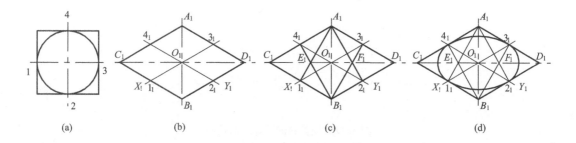

图 8.10　圆的正等测的画法

(1) 作圆的外切正方形，得切点 1、2、3、4，如图 8.10(a)所示。

(2) 作轴测轴和切点 1_1、2_1、3_1、4_1，通过这些点作外切正方形的轴测图，得菱形 $A_1B_1C_1D_1$，并作对角线，如图 8.10(b)所示。

(3) 连接 A_1、1_1 和 B_1、4_1 得 E_1 点，连接 A_1、2_1 和 B_1、3_1 得 F_1 点，如图 8.10(c)所示。

(4) 以 A_1、B_1 为圆心，以 $A_1 1_1$ 为半径，作弧 $1_1 2_1$、弧 $3_1 4_1$；以 E_1、F_1 为圆心，以 $E_1 1_1$ 为半径，作弧 $1_1 4_1$、弧 $2_1 3_1$，连成近似圆，如图 8.10(d)所示。

2. 圆柱的正等轴测图

因圆柱的上下两圆平行，其正等测均为椭圆。因此将顶面和底面的椭圆画好，再作椭圆两侧公切线即为圆柱的正等测。作图步骤如图 8.11 所示。

3. 圆锥台的正等轴测图

横放的圆锥台，其顶面和底面的投影为两侧立的同心椭圆，圆锥台曲面轮廓为两椭圆的外公切线。作图步骤如图 8.12 所示。

4. 圆角的正等轴测图

如图 8.13(a)所示，圆角可看成是圆的 1/4，因此，其正等测是椭圆的 1/4。画圆角的正等测通常采用简化画法。在作圆角的边上量取圆角半径 R，如图 8.13(a)、(b)所示，从量得的点(即切点)作边线的垂线,以两垂线的交点为圆心,以圆心到切点的距离为半径画弧,所画圆弧即为轴测图上的圆角。再用移心法完成全图,如图 8.13(c)所示。

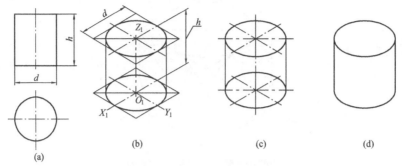

图 8.11　圆柱的正等测的画法

(a) 视图;(b) 画轴测轴,定上下底圆中心,画上下底椭圆;(c) 作出两边轮廓线;(d) 描深并完成全图

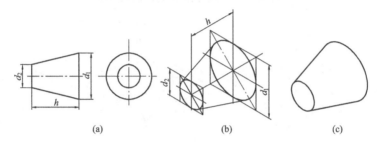

图 8.12　圆锥台的正等测的画法

(a) 视图;(b) 画出左右两端椭圆;(c) 描深

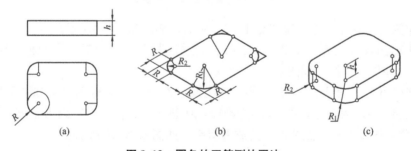

图 8.13　圆角的正等测的画法

(a) 视图;(b) 画顶面的 4 个圆角;(c) 用移心法画底圆圆角

8.3　斜二轴测图

8.3.1　斜二轴测图的形成及投影特点

1. 形成

如图 8.14 所示,当物体上的两个坐标轴 OX 和 OZ 与轴测投影面平行,而投影方向与

轴测投影面倾斜时，所得到的轴测图为斜二轴测图，简称斜二测。

2. 轴间角和轴向伸缩系数

斜二轴测图的轴向伸缩系数为：$p_1=r_1=1$，$q_1=0.5$。轴间角为 $\angle X_1O_1Z_1=90°$，$\angle X_1O_1Y_1=\angle Y_1O_1Z_1=135°$，如图 8.15 所示。

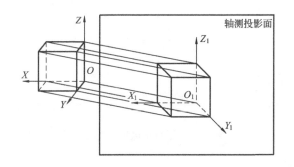

图 8.14　斜二轴测图的形成　　　　图 8.15　斜二轴测图的轴间角和轴向伸缩系数

凡是平行于 XOZ 坐标面的平面图形，在斜二测中其投影均反映实形。因此当物体正面形状较复杂，且具有较多的圆和圆弧，其他方向图形较简单时，采用斜二测作图比较简便。

8.3.2　斜二轴测图的画法

1. 平面体的斜二测画法

【例 8.3】　作图 8.16(a)所示的正四棱台的斜二测。

【解】　(1) 在视图上选好坐标轴，如图 8.16(a)所示。

(2) 画轴测轴，作底面的轴测图，如图 8.15(b)所示。

(3) 在底面上量取锥台高度 h，作顶面轴测图，如图 8.16(c)所示。

(4) 连线描深。

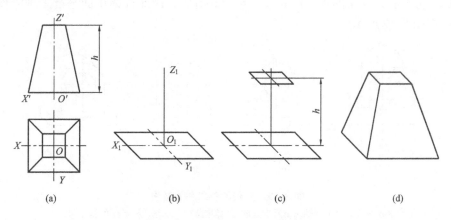

图 8.16　正四棱台斜二测的画法

2. 回转体的斜二测的画法

(1) 平行于坐标面的圆的斜二测的画法。平行于正面的圆的斜二测仍是圆。而平行于水平面和侧面的圆的斜二测均为椭圆,如图 8.17 所示。水平面上的椭圆长轴对 O_1X_1 轴偏转 $7°$;测平面上的椭圆长轴对 O_1Z_1 轴偏转 $7°$。椭圆的长轴 $\approx 1.06d$,短轴 $\approx 0.33d$。

由于测平面和顶面上的椭圆画法较麻烦,所以当物体的 3 个或两个坐标面上有圆时,应尽量不选用斜二轴测图,而当物体只有一个坐标面上有圆时,采用斜二测较简便。

(2) 回转体的斜二测画法以图例说明。

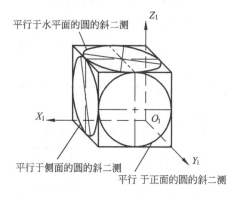

图 8.17 平行于坐标面的圆的斜二测

【例 8.4】 作图 8.18(a)所示的圆台的斜二测。

【解】 分析:在图 8.18(a)中,圆台的两个端面都平行于侧面,其斜二测均为椭圆。为了方便画图,可将 OX 轴当作 OY 轴。这样绘制的图形,只是方向不同,形状并不改变,但大大简化了作图过程。

作图步骤如图 8.18(b)、(c)所示。

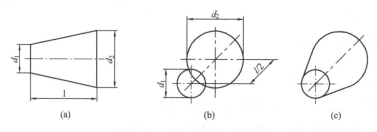

图 8.18 圆锥台的斜二测的画法
(a) 视图;(b) 画轴测轴及前后端面圆圆心并画圆;(c) 作两圆公切线、描深、完成全图

【例 8.5】 作图 8.19(a)所示支架的斜二测。

【解】 分析:该支架的正面形状较复杂,且有圆,因此选择正面平行于轴测投影面,作图步骤如图 8.19 所示。

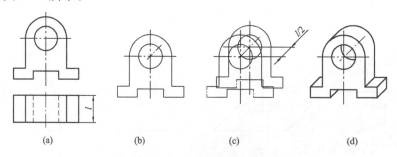

图 8.19 支架的斜二测的画法
(a) 视图;(b) 画轴测轴及支架前面的斜二测;(c) 画支架后面的斜二测;
(d) 作两圆弧的公切线及前后顶点的连线,描深,完成全图

8.4 轴测剖视图简介

为了表达物体的内部形状和结构,可假想用剖切平面沿坐标面方向将物体剖开,画成轴测剖视图。

为了清楚地表达物体的内外形状,通常采用两个平行于坐标面的垂直相交平面剖切物体的 1/4,如图 8.20 所示,一般不采用单一剖切平面全剖。

剖切物体时,断面上应画上剖面线。剖面线画成等距、平行的细实线,其方向垂直于相应的轴测轴,如图 8.21 所示。

画轴测剖视图的方法一般是先画外形,后画剖面和内形,作图过程如图 8.22 所示。

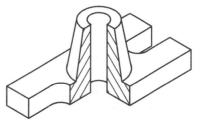

图 8.20 轴测剖视图

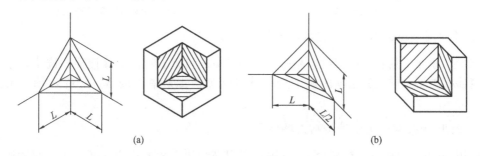

图 8.21 轴测图中剖面线的画法

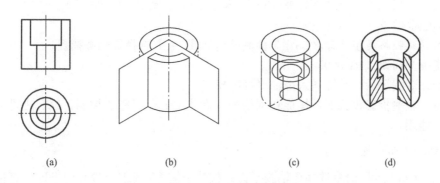

图 8.22 轴测剖视图的画法

8.5 用 AutoCAD 绘制轴测图

AutoCAD 系统提供了二维交互绘制正等轴测图的绘图辅助模式,由系统自动建立轴测轴及轴测平面,在此模式下可以准确、方便地绘出物体的轴测图。

8.5.1 激活等轴测投影模式

在等轴测绘图模式下，由于要在一个投影面上绘制空间物体的 3 个面，因此 AutoCAD 定义了 3 个轴测面，即左平面、右平面和顶平面，如图 8.23 所示。十字光标由原来的正交形状变成与轴测轴平行的互成 60°的形状，如图 8.24 所示，捕捉和栅格的方向随之发生变化。

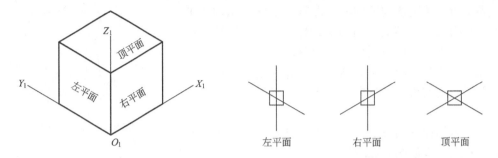

图 8.23　等轴测平面　　　　　图 8.24　等轴测平面光标形状

1. 使用【草图设置】对话框激活等轴测投影模式

选择菜单【工具】|【草图设置】命令，在【草图设置】对话框【捕捉和栅格】选项卡中的【捕捉类型和样式】选项区域中选中【等轴测捕捉】单选按钮，即进入轴测图投影模式。

2. 使用 snap 命令激活等轴测投影模式

使用 snap 命令中的"样式(S)"选项，可以在轴测投影模式和标准模式之间切换。输入"snap"命令后，命令行将出现如下提示信息。

指定捕捉间距或［开(ON)/关(OFF)/旋转(R)/样式(S)/类型(T)］＜10.0000＞：S（输入样式选项）

输入捕捉栅格类型［标准(S)/等轴测(I)］＜I＞：I(选择等轴测捕捉)

指定垂直间距＜10.000＞：

返回命令提示后，系统进入等轴测投影模式。

注意：轴测投影模式下，捕捉和网格的间距由 OY 轴间距值控制，OX 轴间距值变为灰色而不能用。

3. 轴测平面设置

输入"isoplane"命令选择等轴测平面；按快捷键 F5 或组合键 Ctrl＋E 可直接切换当前轴测平面。

8.5.2 轴测图的绘制

等轴测模式不改变坐标系统，只改变光标捕捉模式，画出的轴测图是具有三维立体效果的二维图形，不同于三维绘图模式下绘出的三维图。

1. 画直线

在等轴测绘图模式下绘直线的最简单方法是使用正交模式、目标捕捉功能及相对坐标。如果画平行于3条轴测轴的直线,可用正交模式或极轴追踪功能,这时应将极轴角设置为30°。如果画不平行于轴测轴的直线,则使用目标捕捉功能。

2. 画圆和圆弧

在轴测投影模式下,圆的投影不再是圆,而是椭圆。因此,在绘制轴测图时,应输入画椭圆的命令,过程如下。

输入"ellipse"命令,在系统提示下选择"等轴测圆",然后按命令行提示输入圆心、半径或直径,则在当前轴测面内生成一椭圆。

圆弧在轴测投影中以椭圆弧的形式出现,画法是先画椭圆,然后修剪掉多余部分。

【例8.6】 绘制如图8.25所示的轴测图。该图右平面是边长为30的正方形,厚度(O_1Y_1轴方向)为5,圆直径为16。

【解】 (1) 设置轴测绘图模式和右平面绘图状态。

菜单:【工具】|【草图设置】|【等轴测捕捉】

命令:isopland

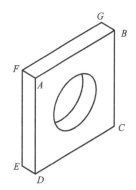

图8.25 正等轴测圆的画法

当前等轴测平面:左

输入等轴测平面[左(L)/上(T)/右(R)]<上>:R(选择右平面状态)

(2) 画正方形。

打开正交模式。

命令:line

指定第一点:(鼠标指定起点A)

指定下一点[放弃(U)]:30(鼠标导向,输入30确定点B)

指定下一点[放弃(U)]:30(鼠标导向,输入30确定点C)

指定下一点[闭合(C)/放弃(U)]:30(鼠标导向,输入30确定点D)

指定下一点[闭合(C)/放弃(U)]:C(闭合正方形)

(3) 画辅助线AC。

命令:line

指定第一点:(捕捉A点)

指定下一点[放弃(U)]:(捕捉C点)

(4) 画椭圆。

命令:ellipse

指定椭圆轴的端点或[圆弧(A)/中心点(C)/等轴测圆(I)]:I(选择画等轴测圆)

指定等轴测圆的圆心:(捕捉AC中点为圆心)

指定等轴测圆的半径或[直径(D)]:8(输入半径值)

(5) 复制。选择正方形和圆,沿O_1Y_1轴方向尺寸5复制图形;连接AF、DE、BG。删除和修剪多余图线,完成图形绘制。

用AutoCAD绘制正等轴测图与手工绘图的方法相同,只是计算机绘图更加方便快捷。

【例8.7】 绘制图8.26所示的轴测图。

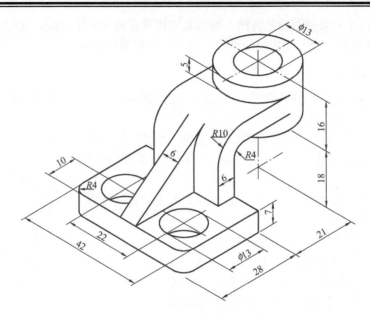

图 8.26 机件轴测图

【解】（1）设置绘图环境新建一张图，设置图形界限：150×150，绘图单位：mm，从【草图设置】对话框【捕捉和栅格】选项卡中的【捕捉类型和样式选项区域中】选中【等轴测捕捉】单选按钮。

（2）绘图作图步骤见表 8-1。

表 8-1 机件轴测图的作图步骤

图例		
说明	1. 画底板上的平行四边形。将光标切换至顶平面状态，打开正交模式，用鼠标导向输入距离法作图	2. 画轴测圆及圆角。作辅助线确定圆心，输入画椭圆命令，选择画等轴测圆方式作图
图例		
说明	3. 修剪多余线条，擦除辅助线	4. 沿铅垂方向复制，画公切线 A、B，修剪多余线条。公切线 A 用捕捉象限点方法作图

续表

图例			
说明	5. 画弯扳。切换至右平面作图状态，调用直线命令作图		6. 画椭圆 C、D，切换光标至顶平面状态，画椭圆 E、F
图例			
说明	7. 将椭圆 C、E 复制到所需位置，椭圆 F 移动到所需位置，用捕捉象限点方法画公切线 G、H		8. 修剪多余线条
图例			
说明	9. 画肋板。将直线 J、圆弧 K 复制到所需位置，画公切线 M、平行线 N 和直线 Q		10. 修剪多余线条，将线宽修改为 0.5

8.5.3 添加文本

在轴测图中添加如图 8.27 所示的文本，必须使文本倾斜角与基线成 30°或−30°，且文本旋转角与基线成 30°或−30°。倾斜角和旋转角的组合为（30，30）、（30，−30）、（−30，30）及（−30，−30）。即如使文本在右平面中看起来是直立的，应用（30，30）；使文本在左平面看起来是直立的，应用（−30，−30）；使文本看起来在顶平面并平行于 O_1Y_1 轴，应用（30，−30）；使文本看起来在顶平面并平行于 O_1X_1 轴，应用（−30，30）。

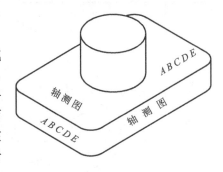

图 8.27 轴测图上的文本标注

8.5.4 标注尺寸

在轴测图中标注尺寸时，为了使尺寸标注与轴测面相协调，需要将尺寸线、尺寸界线倾斜一定角度，使其与相对应的轴测轴平行。同样，标注文字也需要与轴测面相匹配。

将标注文字的倾斜角度设置成 30°，则可标注右平面中尺寸线平行于 O_1X_1 轴的尺寸、左平面中尺寸线平行于 O_1Z_1 轴的尺寸和顶平面中尺寸线平行于 O_1Y_1 轴的尺寸；将标注文字的倾斜角度设置成−30°，则可标注右平面中尺寸线平行于 O_1Z_1 轴的尺寸、左平面中尺寸线平行于 O_1Y_1 轴的尺寸和顶平面中尺寸线平行于 O_1X_1 轴的尺寸。

标注轴测图的一般步骤如下。

（1）创建两种标注样式：其文字倾角分别为 30°和−30°。

（2）调用对齐或线性标注命令进行最初的标注。若尺寸线平行于 O_1X_1 或 O_1Y_1 轴，则使用对齐标注，若尺寸线平行于 O_1Z_1 轴，则既可使用对齐标注，也可使用线性标注。

（3）使用编辑标注命令 dimedit 中的"倾斜（O）"选项，修改尺寸标注角度。根据尺寸所标注的平面位置不同，可修改尺寸界限倾斜为 30°、−30°、90°、150°、210°等。

如标注图 8.28 所示轴测图的尺寸。标注时设置两种标注样式，如样式 A 和样式 B，其中样式 A 的文字倾斜角为 30°，样式 B 的文字倾斜角为−30°。

标注尺寸 40：将标注样式 A 置为当前标注样式，单击【标注】工具栏的【对齐】按钮，捕捉点 A、点 B，结果如图 8.29 所示的尺寸 40；单击【标注】工具栏中的【编辑标注】按钮，输入"O"，选择刚标注的尺寸 40，输入倾斜角度"90"，结果如图 8.28 所示。

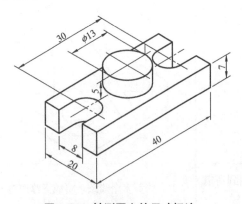

图 8.28 轴测图上的尺寸标注

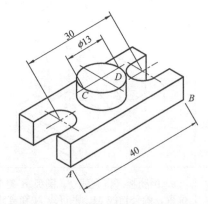

图 8.29 轴测图上尺寸标注的方法

标注尺寸 $\phi13$ 和 30；将标注样式 B 置为当前，使用对齐标注，捕捉点 C、点 D，在命令行输入"T"，输入"$\phi13$"，然后标注尺寸 30，如图 8.29 所示；使用编辑标注命令，编辑此两个尺寸倾斜角度为 150°，结果如图 8.28 所示。

依次类推，标注其他尺寸。

复习思考题

1. 轴测投影分为哪两类？与多面正投影相比较，有哪些特点？
2. 正等轴测图属于哪一类轴测投影？它轴间角、各轴向伸缩系数分别为何值？它们的简化伸缩系数为何值？
3. 试述平行于坐标面的圆的正等轴测图近似椭圆的画法。这类椭圆的长、短轴的位置有什么特点？
4. 斜二轴测图属于哪一类轴测投影？它的轴间角和各轴向伸缩系数分别为何值？
5. 平行于哪一个坐标面的圆，在斜二轴测投影中仍为圆，且大小相等？
6. 当物体上具有平行于两个或三个坐标面的圆时，选用哪一种轴测图比较合适？
7. 当物体上具有较多的平行于坐标面 XOZ 的圆或曲线时，选用哪一种轴测图作图比较方便？

第 9 章　机件常用的表达方法

教学目标：通过本章的学习，掌握各种视图、剖视图、断面图的画法，以及常用的简化画法和其他规定画法，做到视图选择恰当，表达合理完整。

教学要求：掌握基本视图、向视图、局部视图、斜视图的画法和标注；常用剖视图的画法和标注；断面图的画法和标注；一些简化画法和规定画法。

在生产实际中，物体的形状和结构是比较复杂的，为了正确、完整、清晰、规范地将物体的内外形状表达出来，国家标准《技术制图》、《机械制图》中规定了各种画法。本章介绍机件常用的各种表达方法，如基本视图、局部视图、斜视图的画法，剖视图的画法，断面图的画法，局部放大图以及简化画法、规定画法。

9.1　视　　图

9.1.1　基本视图

在原来 3 个投影面的基础上，再增加 3 个投影面，构成一个正六面体。这 6 个面称为基本投影面。机件向基本投影面投影所得到的视图称为基本视图，如图 9.1 所示。除主视图、俯视图、左视图外，新增加的 3 个视图为：

右视图——自右向左投射。
仰视图——自下向上投射。
后视图——自后向前投射。

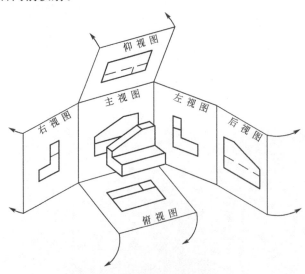

图 9.1　基本投影面及其展开

各投影面按图 9.1 所示展开后，6 个基本视图的配置关系如图 9.2 所示。

在同一张图样内，按上述关系配置的基本视图不需标注视图名称。实际画图时，一般不必画 6 个基本视图，而是根据机件形状的特点和复杂程度，按实际需要选择其中几个基本视图，从而完整、清晰、简明地表达出该机件的结构形状。6 个基本视图之间仍符合长对正、高平齐、宽相等的投影规律。从视图中还可以看出机件前后、左右、上下的方位关系。

9.1.2 向视图

向视图是可自由配置的视图。为了合理利用图纸，如不能按图 9.2 所示配置视图时，可自由配置，如图 9.3 所示。

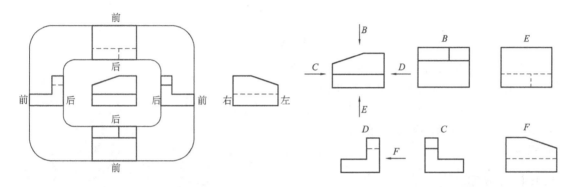

图 9.2　基本视图的配置　　　　　　　　图 9.3　向视图

在实际应用时，应注意以下几点。

(1) 绘图时应在向视图上方标注"×"（"×"为大写拉丁字母），在相应视图的附近用箭头指明投射方向，并标注相同的字母。

(2) 向视图的视图名称"×"为大写拉丁字母，无论是箭头旁的字母，还是视图上方的字母，均应与正常的读图方向一致。

(3) 由于向视图是基本视图的另一种配置形式，所以表示投射方向的箭头应尽可能配置在主视图上。在绘制以向视图方式配置的后视图时，最好将表示投射方向的箭头配置在左视图或右视图上，以便所获视图与基本视图一致。

9.1.3 局部视图

当机件的某一部分形状未表达清楚，又没有必要画出整个基本视图时，可以只将机件的该部分向基本投影面投射，这种将物体的某一部分向基本投影面投射所得到的视图称为局部视图。

如图 9.4 所示，机件左侧凸台在主、俯视图中均不反映实形，但没有必要画出完整的左视图，可用局部视图表示凸台形状。局部视图的断裂边界用波浪线或双折线表示。当局部视图表示的局部结构完整，且外轮廓线又成封闭的独立结构形状时，波浪线可省略不画，如图中的局部视图 B。

用波浪线作为断裂分界线时，波浪线不应超过机件的轮廓线，应画在机件的实体上，不可画在机件的中空处,如图 9.5 所示。

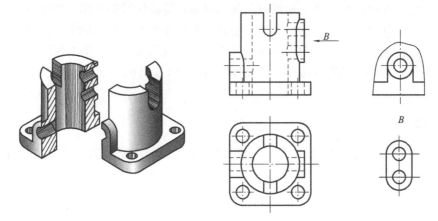

图 9.4 局部视图

通常在局部视图上方标出视图名称"×",在相应的视图附近用箭头指明投射方向,并注上相同的字母。当局部视图按基本视图配置,中间又无其他视图隔开时,可不必标注。

9.1.4 斜视图

斜视图是机件向不平行于基本投影面的平面投射所得到的视图。

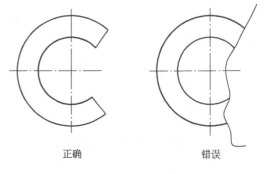

图 9.5 波浪线的正误画法

当机件上有不平行于基本投影面的倾斜部分时,基本视图就不能反映该部分的实形。为了表示倾斜部分的实形,可用辅助投影(变换投影面)的方法,增加一个平行于该倾斜表面,且垂直某一基本投影面的辅助投影面,然后将倾斜部分向该辅助投影面投射,即可得到反映其实形的斜视图。

图 9.6 所示为一弯板的立体图,弯板右上部的倾斜部分在主、俯视图中均不能表示清楚。

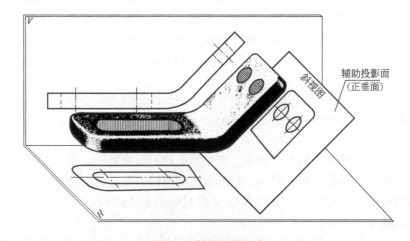

图 9.6 斜视图的形成

为了表示出该部分实形，可将弯板向平行于"斜板"且垂直于正面的辅助投影图投射，画出"斜板"的辅助投影图，再将其展开到与正面重合，即得到"斜板"的斜视图，如图 9.7(a)中的 A 向视图。

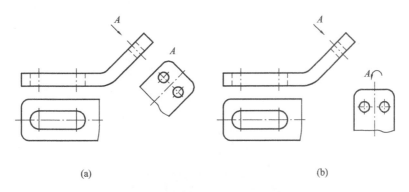

图 9.7 斜视图

斜视图主要用来反映机件上倾斜部分的实形，而原来平行于基本投影面的一些结构通常省略不画。斜视图一般按向视图的配置形式配置并标注，必要时还可将图形旋转，使图形的主要轮廓线（或中心线）成水平或铅垂位置，如图 9.7(b)中的 A 向视图。

斜视图旋转配置时，应加注旋转符号，旋转符号是以字高为半径的半圆弧，箭头方向与实际视图旋转方向一致，表示斜视图名称的大写拉丁字母应靠近旋转符号的箭头端，如"⌒A"或"A⌒"。必要时，也允许将旋转角度注在字母之后。斜视图的旋转角度可根据具体情况确定，通常以不大于 90°为宜。

9.2 剖 视 图

9.2.1 剖视图的概念

视图主要是表达机件外部的结构形状，而机件内部的结构形状在前述视图中是用虚线表示的。当机件内部结构比较复杂时，视图中就会出现较多的虚线，它既影响图形的清晰，又不利于看图和标注尺寸。画剖视图的目的主要是表达物体内部的空与实的关系，更明显地反映结构形状。

1. 剖视图的基本概念

假想用一个剖切面把机件剖开，将处于观察者和剖切面之间的部分移去，余下的部分向投影面投射所得的图形称为剖视图，简称剖视，如图 9.8 所示。

2. 画剖视图时应注意的几个问题

（1）画剖视图时，在剖切平面后的可见轮廓线应用粗实线绘出，如图 9.9 所示的空腔中线、面的投影。

（2）剖切面一般应通过所需表达的机件内部结构的对称平面或轴线，且使其平行或垂直于某一投影面，如图 9.9 中的剖切面是通过机件的对称平面。

(3) 因为剖切是假想的,虽然机件的某个视图画成剖视图,而机件仍是完整的。所以其他图形的表达方案仍应按完整的机件考虑,如图9.10所示。

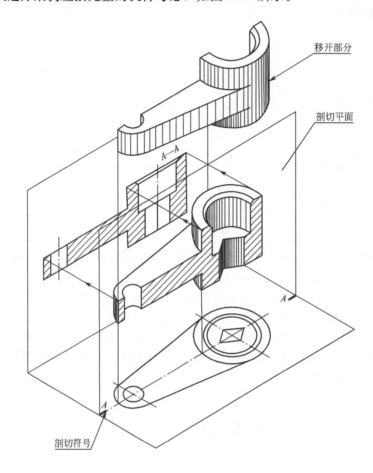

图 9.8 剖视图的概念

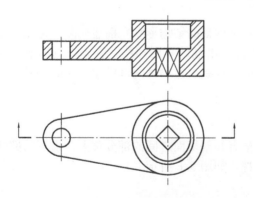

图 9.9 剖视图的画法

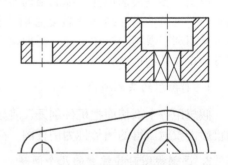

图 9.10 剖视图的常见错误

(4) 在剖视图中,对于已表达清楚的结构,虚线一般省略不画;在没有剖开的其他视图上,表达内外结构的虚线也按同样原则处理。对尚未表达清楚的结构,也可用虚线表达,如图9.11所示。

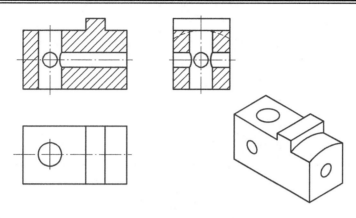

图 9.11　剖视图中的虚线

（5）未剖开的孔的轴线应在剖视图中画出，如图 9.12 中的主视图。

（6）基本视图配置的规定同样适合于剖视图，即剖视图既可按投影关系配置在基本视图的位置，必要时也允许配置在与剖切符号相对应的其他适当位置，如图 9.13 中的"B—B"剖视图。

3. 剖面符号

剖视图在剖切面与机件相交的实体剖面区域应画出剖面符号。因机件材料的不同，剖面符号也不同。常见材料的剖面符号见表 9-1。

表 9-1　剖面符号

材料名称	剖面符号	材料名称	剖面符号
金属材料（已有规定剖面符号者除外）		木制胶合板	
线圈绕组元件		基础周围的泥土	
转子、电枢、变压器和电抗器等的叠钢片		混凝土	
非金属材料（已有规定剖面符号者除外）		钢筋混凝土	
型砂、填砂、粉末冶金、砂轮、陶瓷刀片、硬质合金刀片等		砖	
玻璃及供观察用的其他透明材料		格网	

续表

材料名称	剖面符号	材料名称	剖面符号
木材纵剖面		液体	
木材横剖面			

对金属材料制成的机件的剖面符号，一般应画成与主要轮廓线或剖面区域的对称线成45°的一组平行且间隔相等的细实线；在同一张图纸中，同一机件的各个剖面区域其剖面线画法应一致。当图形主要轮廓线或剖面区域的对称线与水平线夹角成45°或接近45°时，该图形的剖面线可画成与主要轮廓线或剖面区域的对称线成30°或60°的平行线，其倾斜方向仍与其他图形的剖面线方向一致，如图9.12所示。

4. 剖视图的标注

在必要时，应同时标注剖切位置、投射方向和剖视图名称，如图9.13所示。

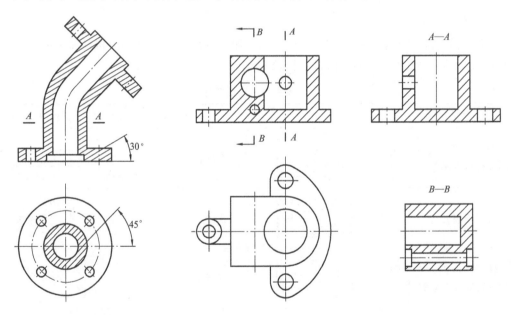

图9.12 特殊角度剖面线的画法　　图9.13 剖视图的标注

(1) 剖视图名称。在剖视图的上方用大写拉丁字母"×"注出剖视图的名称"×—×"。

(2) 剖切位置。用剖切符号来表示剖切平面位置。剖切符号是画在剖切平面迹线的两端和转折处，且不与机件轮廓线相交的两段粗实线(线宽1~1.5d，长5~10mm)。在剖切符号的起、止和转折处应注写与剖视图名称相同的字母"×"。此处，剖切平面迹线简称剖切线，它指明了剖切平面的位置，用细点画线表示，也可省略不画。

(3) 投射方向在剖切符号两端画上箭头指明投射方向。

剖视图在下列情况下可以简化或省略标注。

(1) 当剖视图按投影关系配置，中间又没有其他图形隔开时，可省略箭头。

（2）当剖切平面通过机件的对称面或基本对称面，且剖视图按投影关系配置，中间又没有其他图形隔开时，可以省略标注。图 9.13 中的主视图符合省略标注条件。

9.2.2 剖切平面的种类

根据机件结构形状的特点，用来假想剖切机件的剖切面可有下列几种。

1. 单一剖切面

画剖视图时可以用一个剖切面剖切机件，如上述剖视图，都是用单一剖切平面剖开机件所得到的剖视图。图 9.14 中所用的单一剖切平面 $B—B$ 与基本投影面不平行，但与基本投影面是垂直关系。

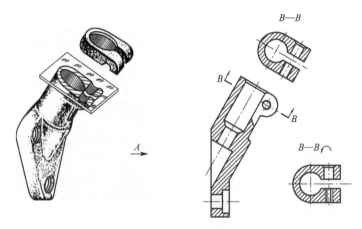

图 9.14　用单一剖切平面剖切

2. 几个相交的剖切面

画剖视图时也可以用几个相交的剖切面(交线垂直于某一投影面)剖开机件。

当机件内部结构形状用单一剖切平面剖切不能完全表达，而这个机件在整体上又具有垂直于某一基本投影面的回转轴线时，可采用几个相交的剖切平面剖切，如图 9.15 所示。

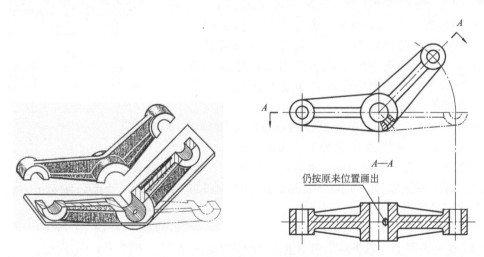

图 9.15　用两相交的剖切平面剖切

采用几个相交的剖切平面获得的剖视图必须标出剖切位置(在它的起讫和转折处,用粗短线标出),投射方向和剖视图名称。画图时应注意以下几点。

(1) 两相交的剖切平面的交线应与机件上垂直于某一基本投影面的回转轴线重合。

(2) 先假想按剖切位置剖开机件,然后将被剖切平面剖开的结构及其有关部分旋转到与选定的投影面平行后,再投射画出,以反映被剖切结构的实形,但在剖切平面以后的其他结构一般仍按原来位置投射画出。

(3) 当两相交的剖切平面剖到机件上的结构产生不完整要素时,应将此部分结构按不剖绘制,如图 9.16 所示。

图 9.17 是用 4 个相交的剖切平面画出了挂轮架的剖视图。此时,若遇到机件的某些内部结构投影重叠而表达不清楚,可将其展开画出,在剖视图上方应标注"×—×展开"。

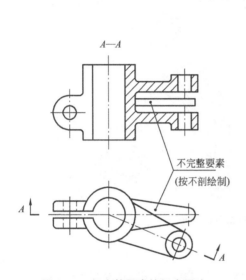

图 9.16 不完整要素的规定画法

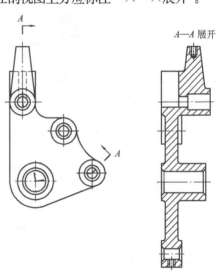

图 9.17 几个相交的剖切平面

3. 几个平行的剖切平面

画剖视图时还可以用两个或者多个平行的剖切平面剖开机件后画剖视图。有些机件的内形层次较多,用一个剖切平面不能全部表示出来,在这种情况下,可用几个互相平行的剖切平面依次地把它们切开,如图 9.18 所示。

采用几个平行的剖切平面获得的剖视图必须标注剖切位置,在两个剖切面的分界处,剖切符号应对齐;当转折处地方有限又不致引起误解时,允许省略字母;剖视图按基本视图配置,中间又无其他视图隔开时可省略剖视图名称和投射方向。

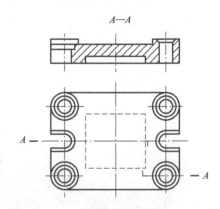

图 9.18 用两平行的剖切平面剖切

画图时应注意以下几个问题。

(1) 在剖视图上,不要画出两个剖切平面转折处的投影,如图 9.19(a)所示。

(2) 剖视图上,不应出现不完整要素,如图 9.19(b)所示。只有当两个要素在图形上具有公共对称中心时才允许各画一半,此时,应以中心线或轴线为界,如图 9.20 所示。

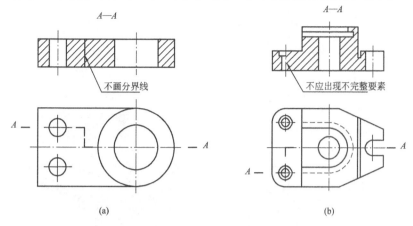

图 9.19　几个平行的剖切平面剖切时的常见错误

(3) 剖切符号的转折处不应与图上的轮廓线重合。

上述 3 类剖切面既可单独应用,也可结合起来使用。

9.2.3　剖视图的种类

1. 按剖切的范围分,剖视图可分为全剖视图、半剖视图和局部剖视图 3 类。

(1) 全剖视图。用剖切平面把机件全部剖开所得的剖视图称为全剖视图,如前述图例所出现的剖视图多数都属于全剖视图。

全剖视图主要应用于内部结构复杂的不对称的机件或外形简单的回转体等。

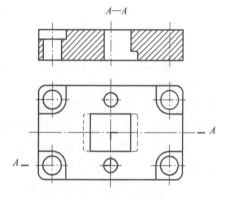

图 9.20　模板的剖视图

(2) 半剖视图。当机件具有对称平面时,在垂直于对称平面的投影面上的投影,以对称中心线为界,一半画成剖视,另一半画成视图,这种图形叫做半剖视图,如图 9.21、图 9.22 所示。

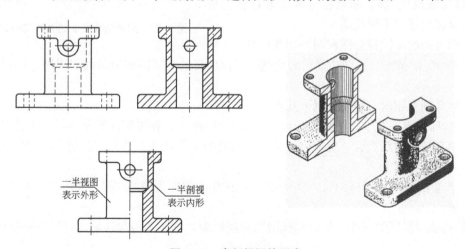

图 9.21　半剖视图的形成

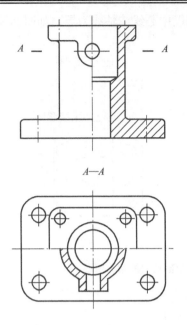
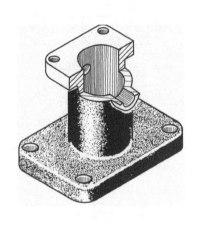

图 9.22 半剖视图

半剖视图可在一个图形上同时反映机件的内、外部结构形状。所以,当机件的内、外结构都需要表达,同时该机件对称或接近于对称,而其不对称部分已在其他视图中表达清楚时,可以采用半剖视图。如图 9.23 所示的机件属基本对称机件。

在半剖视图中,由于机件的内部结构已在剖视图中表达清楚,所以,在视图的那一半中,表示内部结构的虚线省略不画;剖视图和视图必须以细点画线作为分界线,在分界线处不能出现轮廓线(粗实线或虚线),如果在分界线处存在轮廓线,则应避免使用半剖视图。

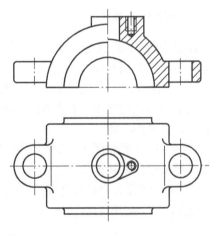

图 9.23 用半剖视图表达基本对称机件

半剖视图的标注符合剖视图的标注规则。

(3) 局部剖视图。用剖切面局部地剖开机件所得的剖视图称为局部剖视图,如图 9.24 所示。

画局部剖视图时,应注意以下几点。

① 在局部剖视图中,用波浪线或双折线作为剖开和未剖部分的分界线。波浪线不要与图形中其他的图线重合,也不要画在其他图线的延长线上,遇孔、槽等空洞结构时,波浪线应断开,如图 9.25 所示。

② 当被剖结构为回转体时,允许将该结构的中心线作为局部剖视与视图的分界线,如图 9.26 所示。

③ 局部剖视图的标注,符合剖视图的标注原则,在不致引起误解时,可省略标注。

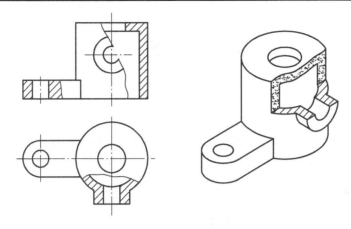

图 9.24 局部剖视图

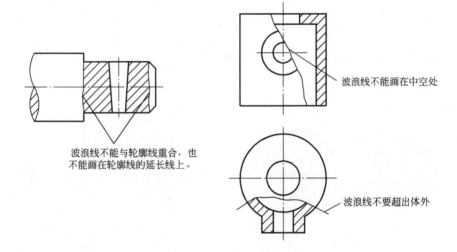

图 9.25 波浪线的错误画法

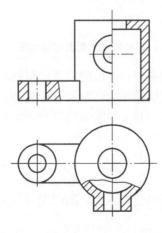

图 9.26 中心线可作为局部剖视和视图的分界线

9.3 断 面 图

9.3.1 断面图的概念

假想用一个剖切平面将机件某处切断,仅画出该剖切面与机件接触部分的图形,称为断面图,简称断面,如图 9.27(b)所示。

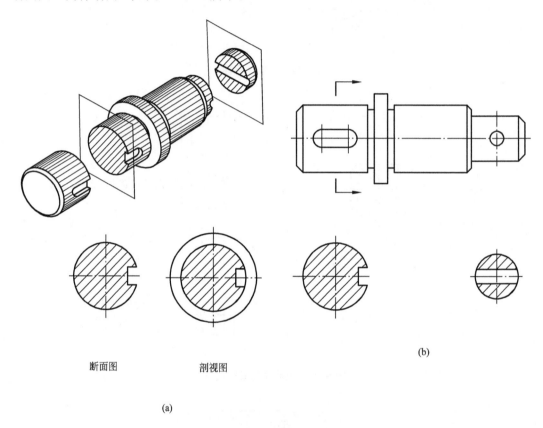

图 9.27 断面图与剖视图

断面图与剖视图的主要区别在于:断面图只画出机件的断面形状,而剖视图除了画出断面形状以外,还要画出机件剖切断面之后的所有可见部分的投影,如图 9.27(a)所示。

断面图主要用于表达机件某一部位的断面的形状,如机件上的肋板、轮辐、键槽及型材的断面等。

9.3.2 断面图的种类

根据断面图在绘制时所配置的位置不同,断面图可分为移出断面图和重合断面图。

1. 移出断面图

画在视图之外的断面图称为移出断面图。

(1) 移出断面图的画法如下。

① 移出断面图的轮廓线用粗实线绘制，并在断面上画上剖面符号，如图 9.27(b)所示。

② 移出断面图一般配置在剖切线的延长线上，如图 9.27(b)所示。必要时也可画在其他适当位置，如图 9.28 中的 A—A 断面。当移出断面对称时，也可画在视图的中断处，如图 9.28(e)所示。

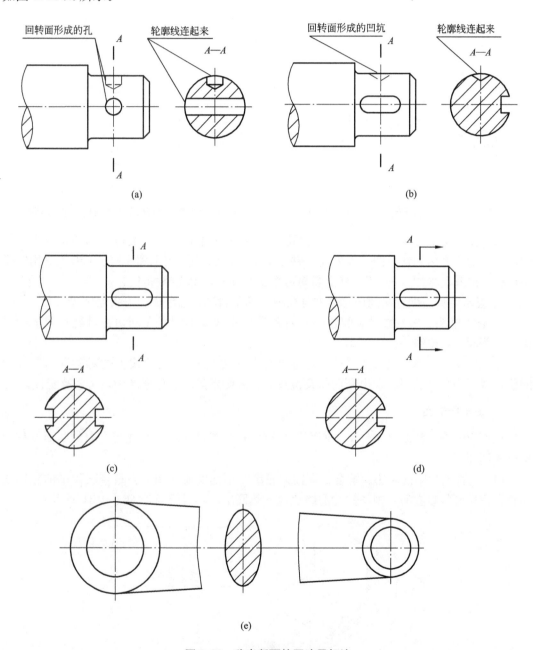

图 9.28　移出断面的画法及标注

③ 当剖切平面通过由回转面形成的孔或凹坑的轴线时，这些结构的断面图应按剖视

图的规则绘制,如图 9.28(a)、(b)中的 A—A 断面。当剖切平面通过非回转面,使断面图变成完全分离的两个图形时,则该结构亦按剖视图绘制,如图 9.29 所示。必须指出,这里的"按剖视图绘制"是指被剖切到的结构,并不包括剖切平面后的其他结构。

④ 剖切平面应与被剖切部位的主要轮廓线垂直。若用两个或多个相交的剖切平面分别垂直于机件轮廓线剖切,其断面图形的中间应用波浪线断开,如图 9.30 所示。

图 9.29　按剖视图绘制的非圆孔断面图　　图 9.30　用两个相交的剖切平面剖切出的断面图

(2) 移出断面的标注。移出断面的标注与剖视图基本相同,一般也用剖切符号表示剖切位置,箭头表示剖切后的投射方向,并注上字母,在相应的断面图上方正中位置用同样字母标注出其名称"×—×"。移出断面可根据其配置情况省略标注。

① 省略字母。配置在剖切符号的延长线上的不对称移出断面,可省略字母。

② 省略箭头。按投影关系配置的不对称移出断面及不配置在剖切符号延长线上的对称移出断面可省略箭头。

③ 省略标注。配置在剖切符号(此时也可由剖切线画出)延长线上的对称移出断面和配置在视图中断处的对称移出断面以及按投影关系配置的对称移出断面,可省略标注。

2. 重合断面图

在不影响图形清晰的条件下,断面图也可画在视图里面。画在视图之内的断面图称为重合断面图。

(1) 重合断面图的画法。重合断面图的轮廓线用细实线绘制。当重合断面图的轮廓线与视图中轮廓线重叠时,视图的轮廓线仍应连续画出,不可间断,如图 9.31 所示。

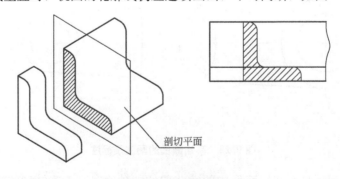

图 9.31　重合断面图

(2) 重合断面的标注。重合断面直接画在视图内的剖切位置上,因此,标注时可省略字母。不对称的重合断面,仍要画出剖切符号和投射方向,若不致引起误解,也可省略标注,如图 9.31 所示。对称的重合断面,可不必标注,如图 9.32 所示。

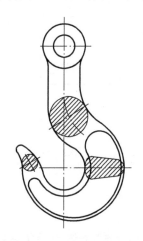

图 9.32 吊钩的重合断面图

9.4 常用的简化画法及其他规定画法

画图时,在不影响对零件表达完整和清晰的前提下,应力求简便。国家标准规定了一些简化画法和其他规定画法,现介绍一些常见画法。

9.4.1 局部放大图

为了清楚地表示机件上的某些细小结构,或为了方便标注尺寸,将机件的部分结构用大于原图形的比例画出,这种图称为局部放大图,如图 9.33 所示。

局部放大图的画法如下。

(1) 局部放大图可以画成视图、剖视图和断面图,与被放大部位原来的画法无关。

(2) 局部放大图应尽量配置在被放大部位的附近;局部放大图的投射方向应与被放大部位的投射方向一致;与整体联系的部分用波浪线画出。

(3) 画局部放大图时,应用细实线圆(或长圆形)圈出被放大的部分。

(4) 当机件上有几个被放大部位时,需用罗马数字和指引线(用细实线表示)依次标明被放大部位的顺序,并在局部放大图上方正中位置注出相应的罗马数字和采用的放大比例。仅有一处放大图时,只需标注比例。

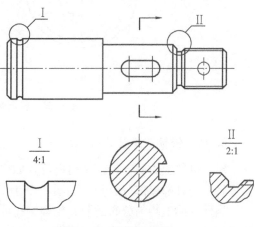

图 9.33 局部放大图

(5) 当图形相同或对称时，同一机件上不同部位的局部放大图只需画一个，必要时可用几个图形表达同一被放大部分结构，如图 9.34 所示。

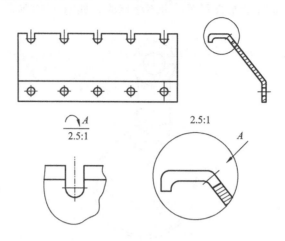

图 9.34　用几个图形表达同一被放大部分的结构

9.4.2　简化画法和其他规定画法

1. 相同结构的简化画法

若干相同且成规律分布的孔（圆孔、螺纹孔、沉孔等）可以只画出一个或几个，其余用细点画线表示其中心位置，在零件图中注明孔的总数，如图 9.35(b) 所示。

对于若干相同且成规律分布的齿、槽等结构，只需画出几个完整结构，其余用细点画线连接，在零件图中注明该结构的总数，如图 9.35(a) 所示。

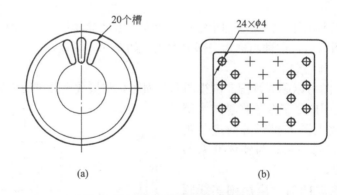

图 9.35　相同结构要素的简化画法

2. 肋、轮辐及薄壁的简化画法

对于机件上的肋、轮辐及薄壁等，如按纵向剖切，这些结构都不画剖面符号，而用粗实线将它与其邻接部分分开，如图 9.36 所示。

当回转体上均匀分布的肋、轮辐、孔等结构不处于剖切平面上时，可将这些结构旋转到剖切平面上画出，如图 9.37、图 9.38 所示。

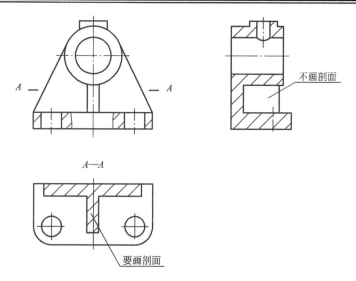

图 9.36 肋的规定画法

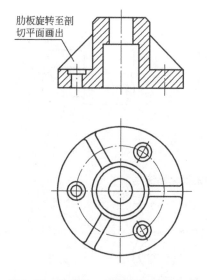

图 9.37 均布孔、肋的简化画法(一)

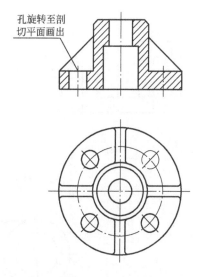

图 9.38 均布孔、肋的简化画法(二)

3. 较小结构、较小斜度的简化画法

(1) 机件上的较小结构如在一个图形中已表示清楚,其他图形可简化或省略不画,如图 9.39 中主视图中相贯线的简化和俯视图中圆的省略。

(2) 与投影面倾斜角度小于或等于 30°的圆或圆弧,其投影可用圆或圆弧代替,如图 9.40 所示。

(3) 在不致引起误解时,零件图中的小圆角、锐边的小圆角或 45°小倒角允许省略不画,但必须标注尺寸或在技术要求中加以说明,如图 9.41 所示。

4. 长机件的简化画法

较长的机件(如轴、杆、型材、连杆等)沿长度方向形状一致或按一定规律变化时,可断开后缩短画出,但要按实际长度标注尺寸,如图 9.42 所示。

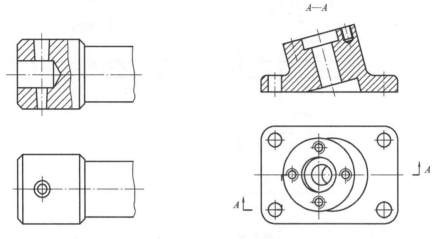

图 9.39　较小结构的省略画法　　　图 9.40　较小倾斜角度圆的简化画法

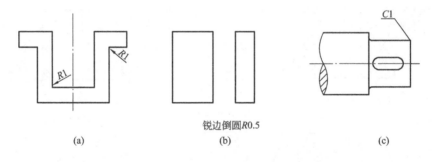

图 9.41　小圆角、倒角的简化画法

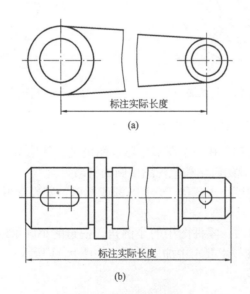

图 9.42　断开画法

5. 对称机件的视图可只画 1/2 或 4/1，并在对称中心线的两端画出两条与其垂直的细实线，如图 9.43 所示。

6. 其他简化画法

(1) 在不致引起误解时，移出断面图上可省略剖面符号，但必须遵照移出断面图标注的有关规定，如图 9.44 所示。

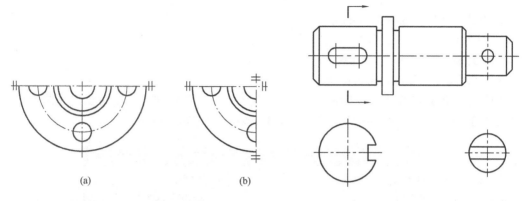

图 9.43 对称图形的画法　　图 9.44 移出断面中省略剖面符号

(2) 当图形不能充分表达平面时，可用平面符号（相交两细实线）表示，如图 9.45 所示。

(3) 零件上对称结构的局部视图，可按图 9.46 所示方法绘制。

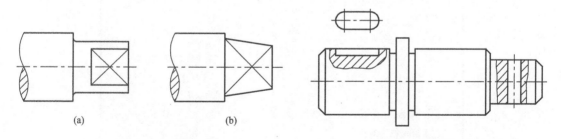

图 9.45 用符号表示平面　　图 9.46 对称结构局部视图的简化画法

(4) 圆柱形法兰和类似零件上均匀分布的孔可按图 9.47 所示方法绘制。

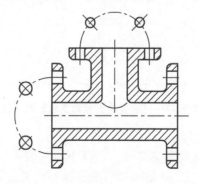

图 9.47 法兰盘均布孔的简化画法

9.5 用 AutoCAD 绘制剖面符号

AutoCAD 系统提供的图案填充功能可用于绘制图形中的剖面符号。

1. 使用【图案填充和渐变色】对话框

此方式调用图案填充命令的方法如下。

(1)【绘图】工具栏：【图案填充】按钮 。

(2) 菜单：【绘图】｜【图案填充】。

(3) 命令行：bhatch(或简化命令 bh) ✓。

用任意一种方式激活命令后，AutoCAD 2006 系统弹出如图 9.48 所示的【图案填充和渐变色】对话框。该对话框中【图案填充】选项卡的主要选项含义如下。

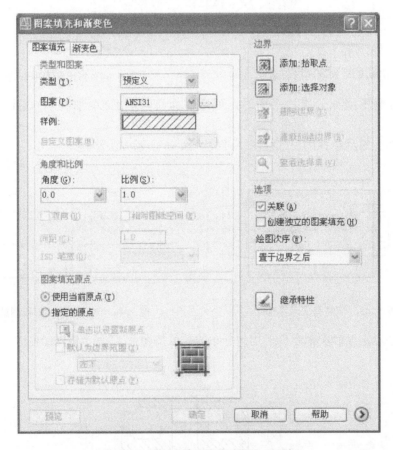

图 9.48 【图案填充和渐变色】对话框

(1)【类型和图案】选项区域。

①【类型】下拉列表：设置图案类型。在其下拉列表中"预定义"选项为 AutoCAD 系统提供的已定义的图案，包括 ANSI、ISO 和其他预定义图案；"用户定义"选项用于基于图形的当前线型创建直线图案，可以指定角度和比例，创建自己的填充图案；"自定义"

选项表示选用 ACAD.PAT 图案文件或其他图案中的图案文件。

②【图案】下拉列表：确定填充图案的样式。单击下拉箭头，出现填充图案样式名的下拉列表选项；单击其右侧按钮，可打开如图 9.49 所示的【填充图案选项板】对话框，显示系统提供的填充图案。在其中选中图案名或者图案图标后，单击【确定】按钮，该图案即设置为系统的默认值。机械制图中常用的剖面线图案为"ANSI31"。

③【样例】显示框：显示当前选中的填充图案样例。单击样例的填充图案，将同样打开【填充图案选项板】对话框。

图 9.49 【填充图案选项板】对话框

(2)【角度和比例】选项区域。

①【角度】下拉列表：设置图案的旋转角。系统默认值为 0，机械制图规定剖面线倾角为 45°或 135°，特殊情况下可以使用 30°和 60°。若选用图案 ANSI31，剖面线倾角为 45°时，设置该值为"0°"；倾角为 135°时，设置该值为"90°"。

②【比例】下拉列表：设置图案中线条的间距，以保证剖面线有适当的疏密程度。系统默认值为 1。只有将类型设置为"预定义"或"自定义"时，此选项才可使用。

(3)【边界】选项区域。

①【添加：拾取点】按钮：用于指定填充边界内的任意一点。注意：该边界必须封闭。

②【添加：选择对象】按钮：选择构成填充边界的对象，以使图案填充到该边界内。

③【查看选择集】按钮：单击此按钮后，暂时关闭对话框，显示已选定的边界，若没有选定边界，则该选项无效。

(4)【选项】选项区域。

①【关联】复选框：选中此选项，在修改边界时，图案填充自动随边界作出关联的改

变，使图案填充自动填充新的边界。不关联时，图案填充不随边界的改变而改变，仍保持原来的形状。

②【创建独立的图案填充】复选框：选中此选项，一次创建的多个填充对象互为独立，可单独进行编辑或删除。

③【继承特性】按钮：用于选择一个已使用的填充样式及其特性来填充指定的边界，相当于复制填充样式。

④【预览】按钮 预览 ：预览图案填充效果。

⑤【确定】按钮 确定 ：结束填充命令操作，并按用户所指定的方式进行图案填充。

2. 使用工具选项板

利用 AutoCAD 2006 的工具选项板可以将常用的填充图案放置在工具选项板上，当需要填充时，单击【工具选项板窗口】左侧的【图案填充】选项卡，工具选项板窗口的显示如图 9.50 所示，只需将所需填充图案从工具选项板拖至图形中即可。使用工具选项板，使图案填充操作更加快捷方便。调用工具选项板的方法如下。

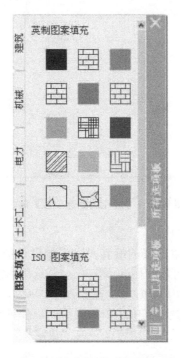

图 9.50　【工具选项板】的【图案填充】选项卡

(1)【标准】工具栏：【工具选项板窗口】按钮。

(2) 菜单：【工具】|【工具选项板窗口】。

(3) 命令行：toolpalettes↙。

用上述 3 种方式之一打开【工具选项板窗口】。当【工具选项板窗口】处于打开状态时，通过拖动图形中的填充图案，可以将图案拖到工具选项板中。右击图案工具，从快捷菜单中选择【特性】命令，系统弹出【工具特性】对话框，如图 9.51 所示，在此对话框中可以直接修改选定的填充图案的参数。

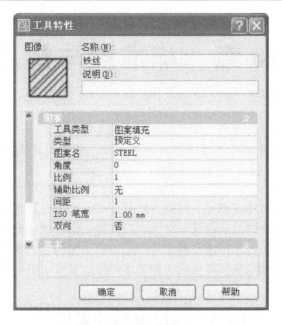

图 9.51 【工具特性】对话框

3. 图案填充编辑

当绘制的图案填充需要更改时,可以通过图案编辑命令进行修改。调用图案编辑的方法如下。

(1)【修改Ⅱ】工具栏:【编辑图案填充】按钮 ☒ 。
(2)菜单:【修改】｜【对象】｜【图案填充】。
(3)命令行:hatchedit↙。
(4)双击要编辑的对象。

用上述 4 种方式打开【图案填充编辑】对话框,从中修改现有图案的相关参数。

复习思考题

1. 6 个基本视图如何配置?其标注有哪些规定?
2. 视图分为哪几种?每种视图有何特点,它的作用是什么?如何绘制、标注?
3. 什么是剖视图?画剖视图时应注意哪些问题?
4. 剖切方法有哪几种?分别适用于哪些情况?
5. 剖视图分哪几种?分别适用于哪些情况?
6. 剖视图一般应如何标注?在什么情况下可以简化或省略标注?
7. 断面图分哪几种?分别适用于哪些情况?
8. 剖视图、断面图的区别是什么?
9. 如何绘制、标注移出断面图和重合断面图?
10. 什么是局部放大图?画局部放大图时如何标注?
11. 什么是简化画法?为何要采用简化画法?

第 10 章　标准件与常用件

教学目标: 通过本章的学习,掌握标准件和常用件的基本知识、画法和标记方法。

教学要求: 掌握各种螺纹连接件的画法及标注;单个齿轮和两齿轮啮合的画法;键(花键)及销连接画法;轴承的代号及画法。

标准件就是国家标准将其型式、结构、材料、尺寸、精度及画法等均予以标准化的零件,如螺栓、双头螺柱、螺钉、螺母、垫圈,以及键、销、轴承等。常用件是国家标准对其部分结构及尺寸参数进行了标准化的零件,如齿轮、弹簧等。本章主要介绍螺纹、螺纹紧固件、键、销、滚动轴承等标准件和齿轮等常用件的基本知识、画法和标记方法。

10.1　螺纹及螺纹紧固件

10.1.1　螺纹

1. 螺纹的形成

在圆柱(或圆锥)表面上,沿着螺旋线所形成的具有规定牙型的连续凸起和沟槽称为螺纹。螺纹的凸起部分称为牙顶,沟槽部分称为牙底。制在零件外表面上的螺纹称为外螺纹,制在内表面上的螺纹称为内螺纹。

2. 螺纹的基本要素

(1)牙型。在通过螺纹轴线的断面上,螺纹的轮廓形状称为螺纹牙型。相邻两牙侧间的夹角为牙型角。常见的螺纹牙型有三角形、梯形、锯齿形和矩形等多种。如图 10.1 所示为普通螺纹的牙型。

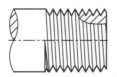 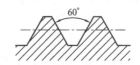

图 10.1　普通螺纹的牙型

(2)直径。螺纹的直径有大径、小径和中径之分,如图 10.2 所示。与外螺纹牙顶或内螺纹牙底相切的假想圆柱或圆锥直径称为大径,用 d(外螺纹)或 D(内螺纹)表示;与外螺纹牙底或内螺纹牙顶相切的假想圆柱或圆锥直径称为小径,用 d_1(外螺纹)或 D_1(内螺纹)表示。代表螺纹规格尺寸的直径称为公称直径,一般指螺纹大径的基本尺寸。在大径与小径之间有一假想圆柱或圆锥,在其母线上牙型的沟槽和凸起宽度相等,此假想圆柱或圆锥的直径称为中径,用 d_2(外螺纹)或 D_2(内螺纹)表示。

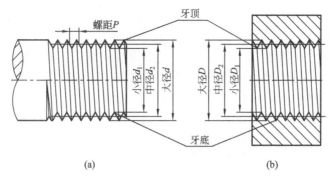

图 10.2 螺纹各部分名称

(3) 线数。形成螺纹的螺旋线条数称为线数。螺纹有单线和多线之分。沿一条螺旋线形成的螺纹称为单线螺纹；沿两条或两条以上在轴向等距分布的螺旋线所形成的螺纹称为多线螺纹，如图 10.3 所示。线数用 n 表示。

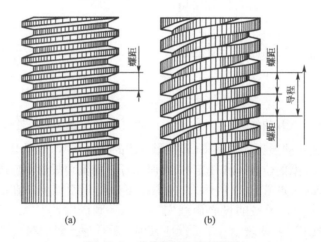

图 10.3 单线螺纹和双线螺纹

(4) 螺距和导程。螺纹相邻两牙在中径线上对应两点间的轴向距离称为螺距，用 P 表示。同一条螺旋线上的相邻两牙在中径线上对应两点间的轴向距离称为导程，用 P_n 表示，如图 10.3 所示。对于单线螺纹，导程与螺距相等，即 $P_n=P$；对于多线螺纹 $P_n=nP$。

(5) 旋向。螺纹的旋向有左旋和右旋之分。沿轴线方向看，顺时针旋转时旋入的螺纹是右旋螺纹；逆时针旋转时旋入的螺纹是左旋螺纹，如图 10.4 所示。工程上常用右旋螺纹。

内、外螺纹连接时，以上要素须全部相同，才可旋合在一起。

3. 螺纹的分类

国家标准对上述 5 项要素中的牙型、公称直径和螺距做了规定。三要素均符合规定的螺纹称为标准螺纹，只有牙型符合标准的螺纹称为特殊螺纹，其他的称为非标准螺纹（如方牙螺纹）。

螺纹按用途不同又可分为连接螺纹和传动螺纹两类，普通螺纹为常用的连接螺纹，梯形螺纹为常见的传动螺纹。

4. 螺纹的规定画法

(1) 外螺纹的规定画法（如图 10.5 所示）。外螺纹不论其牙型如何，螺纹牙顶的投影用粗实线表示；牙底的投影用细实线表示，牙底的细实线应画入螺杆的倒角或倒圆。画图时小径尺寸可近似地取 $d_1 \approx 0.85d$。螺尾部分一般不必画出，当需要表示时，该部分用与轴线成 30°的细实线画出，如图 10.5(b)所示。有效螺纹的终止界线(简称螺纹终止线)在视图中用粗实线表示；在剖视图中则按图 10.5(c)的画法画出(即终止线只画螺纹牙型高度的一小段)，剖面线必须画到表示牙顶投影的粗实线为止。

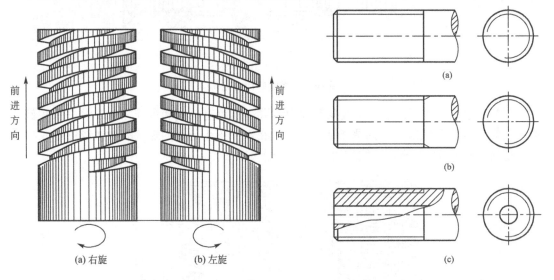

图 10.4　螺纹的旋向　　　　　　　　图 10.5　外螺纹的规定画法

在垂直于螺纹轴线的投影面的视图(即投影为圆的视图)中，表示牙底圆的细实线只画约 3/4 圈(空出约 1/4 圈的位置不作规定)，此时螺杆上的倒角投影不应画出。

(2) 内螺纹的画法(如图 10.6 所示)。内螺纹不论其牙型如何，在剖视图中，螺纹牙顶的投影用粗实线表示，牙底的投影用细实线表示；画图时小径尺寸可近似地取 $D_1 \approx 0.85D$；螺纹终止线用粗实线表示；剖面线应画到表示牙顶投影的粗实线为止。

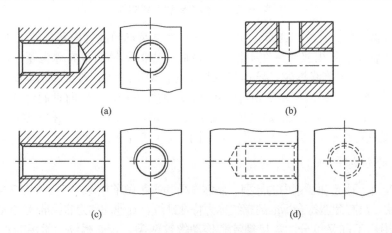

图 10.6　内螺纹的规定画法

在投影为圆的视图中，表示牙底圆的细实线只画约 3/4 圈，此时螺孔上的倒角投影不应画出。

绘制不通的螺孔时，一般应将钻孔深度与螺纹部分的深度分别画出。

螺孔与螺孔、螺孔与光孔相交时，只在牙顶圆投影处画一条相贯线。

当螺纹为不可见时，其所有的图线用虚线绘制。

（3）内、外螺纹连接的画法。内、外螺纹连接一般用剖视图表示。此时，它们的旋合部分应按外螺纹的画法绘制，其余部分仍按各自的画法表示，如图 10.7 所示。

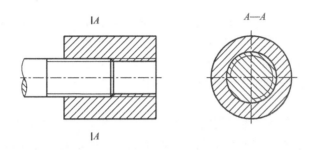

图 10.7　内、外螺纹连接的规定画法

画图时必须注意，表示外螺纹牙顶投影的粗实线、牙底投影的细实线必须分别与表示内螺纹牙底投影的细实线、牙顶投影的粗实线对齐，这与倒角大小无关，它表明内、外螺纹具有相同的大径和相同的小径。按规定，当实心螺杆通过轴线剖切时按不剖处理，如图 10.7 中的主视图。

5. 螺纹牙型表示法

螺纹牙型一般在图形中不表示，当需要表示时，可按图 10.8 所示的形式绘制，既可在剖视图中表示几个牙型，也可用局部放大图表示。

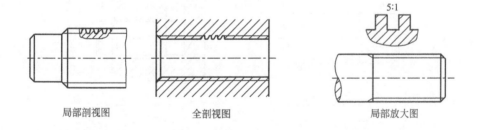

局部剖视图　　　　　　　　全剖视图　　　　　　　　局部放大图

图 10.8　螺纹牙型表示法

6. 螺纹的标注

标准的螺纹应注出相应标准所规定的螺纹标记。完整的标记由螺纹代号、螺纹公差带代号和螺纹旋合长度代号 3 部分组成，三者之间用短横"－"隔开，即

螺纹代号 － 公差带代号 － 旋合长度代号

（1）普通螺纹标记。

① 螺纹代号。粗牙普通螺纹用特征代号"M"和"公称直径"表示。细牙普通螺纹用特征代号"M"和"公称直径×螺距"表示。

若为左旋螺纹，则在螺纹代号尾部加注字母"LH"。

② 螺纹公差带代号。螺纹公差带代号包括中径公差带代号和顶径公差带代号，如果中径和顶径的公差带代号相同，则只注一个（大写字母表示内螺纹、小写字母表示外螺纹）。内外螺纹旋合在一起时，标注内外螺纹的公差带代号用斜线分开。

③ 螺纹旋合长度代号。螺纹旋合长度代号分为短、中、长3种，代号分别用S、N、L表示；中等旋合长度应用较广泛，所以标注时省略不注；特殊需要时，也可注出旋合长度的具体数值。

如"M10×1.5-5g6g-S"表示的是：外螺纹，公称直径为10mm，螺距为1.5mm，中径公差带代号为5g，顶径公差带代号为6g，短旋合长度。"M10-6H"表示的是：公称直径为10mm的粗牙普通螺纹，中径和顶径公差带代号均为6H。

关于螺纹公差带的详细情况请查阅有关手册。

(2) 梯形螺纹标记。

① 螺纹代号。梯形螺纹代号用特征代号"Tr"和"公称直径×导程（螺距）"表示。因为标准规定的同一公称直径对应有几个螺距供选用，所以必须标注螺距。

对于多线螺纹，则应同时标注导程和螺距，如螺纹代号"Tr16×4(P2)"，表示该螺纹导程为4mm，螺距为2mm，导程是螺距的2倍，所以该螺纹是双线螺纹。

若为左旋螺纹，则在螺纹代号尾部加注字母"LH"。

② 公差带代号和旋合长度代号。梯形螺纹常用于传动，其公差带代号只表示中径的螺纹公差等级和基本偏差代号；为确保传动的平稳性，旋合长度不宜太短；和普通螺纹一样，中等旋合长度可省略不注。

(3) 标注。普通螺纹和梯形螺纹标记标注在大径的尺寸线上，按尺寸标注的形式进行标注，如图10.9所示。

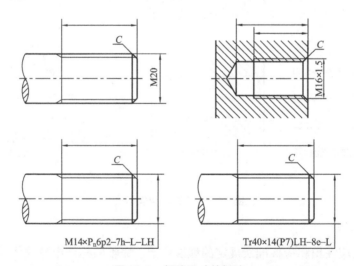

图10.9 螺纹尺寸的标注

10.1.2 螺纹连接件

在可拆卸连接中，螺纹连接是工程上应用得最广泛的连接方式。螺纹连接的形式通常有螺栓连接、螺柱连接和螺钉连接3类。螺纹连接件的种类很多，其中最常见的如图10.10所示。这类零件一般都是标准件，即它们的结构尺寸和标记均可从相应的标准中查出（见附录）。

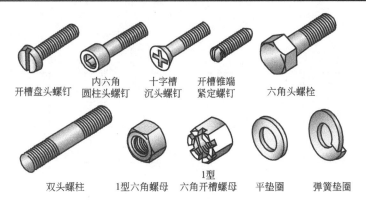

图 10.10　常见的螺纹连接件

1. 螺栓连接

螺栓连接常用于当被连接的两零件厚度不大，容易钻出通孔的情况。螺栓连接的紧固件有螺栓、螺母和垫圈。紧固件的画法一般采用比例画法绘制，即以螺栓上螺纹的公称直径（大径 d）为基准，其余各部分的结构尺寸均按与公称直径成一定比例关系绘制。螺栓、螺母和垫圈的比例画法如图 10.11 所示。螺栓连接的画图步骤如图 10.12 所示，其中螺栓的长度 L 可按下式估算：

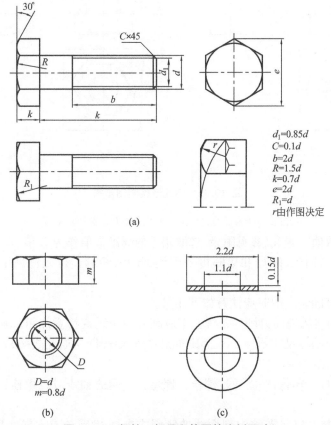

图 10.11　螺栓、螺母和垫圈的比例画法

(a) 六角头螺栓的比例画法；(b) 六角螺母的比例画法；(c) 垫圈的比例画法

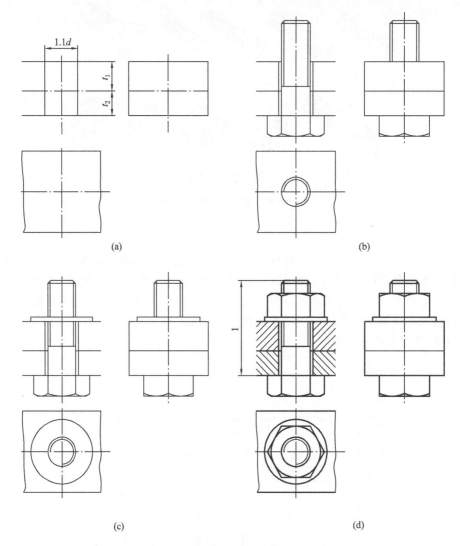

图 10.12　螺栓连接画图步骤

$$L \geqslant t_1 + t_2 + 0.15d + 0.8d + (0.2 \sim 0.3)d$$

根据估算的数值,查表(参见附录)选取相近的标准数值作为 L 值。

在装配图中,螺栓、螺母和垫圈可采用比例画法绘制,也允许采用简化画法,如图 10.13 所示。

在画螺栓连接的装配图时应注意如下几点。

(1) 两零件的接触表面只画一条线,不应画成两条线或特意加粗。凡不接触的相邻表面,或两相邻表面基本尺寸不同,不论其间隙大小(如螺杆与通孔之间),需画两条轮廓线(间隙过小可夸大化出)。

(2) 装配图中,当剖切平面通过螺栓、螺母、垫圈的轴线时,螺栓、螺母、垫圈一般均按未剖切绘制。

(3) 剖视图中,相邻零件的剖面线的倾斜方向应相反,或方向一致而间隔不等。

2. 螺柱连接

双头螺柱的两端均加工有螺纹，一端和被连接零件旋合，另一端和螺母旋合，常用于被连接件之一厚度较大，不便钻成通孔，或由于其他原因不便使用螺栓连接的场合。双头螺柱连接的比例画法和螺栓连接基本相同，如图 10.14 所示。双头螺柱旋入端长度 b_m 要根据被连接件的材料而定。为保证连接牢固，双头螺柱旋入端的长度 b_m 随旋入零件材料的不同有 4 种不同的计算方法：

对于钢和青铜　　$b_m=d$
对于铸铁　　　　$b_m=1.25d$ 或 $1.5d$
对于铝　　　　　$b_m=2d$

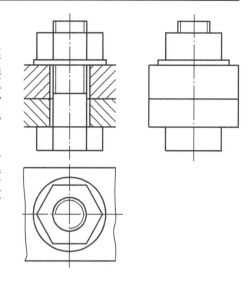

图 10.13　螺栓连接的简化画法

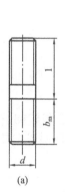
(a)

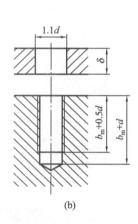
(b)

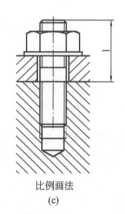
比例画法
(c)

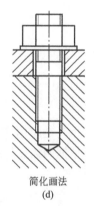
简化画法
(d)

图 10.14　双头螺柱连接的比例画法

旋入端应全部拧入机件的螺孔内，所以螺纹终止线与机件端面平齐。

双头螺柱的公称长度 L 应按下式估算：

$$L \geqslant \delta + 0.15d + 0.8d + (0.2 \sim 0.3)d$$

然后根据估算出的数值查表（参见附录）中双头螺柱的有效长度 L 的系列值，选取一个相近的标准数值。

3. 螺钉连接

螺钉连接的比例画法中，其旋入端与螺柱连接相似，穿过通孔端与螺栓连接相似。螺钉头部的一字槽，在主视图中放正画在中间位置；俯视图中规定画成与水平线成 45°角。

常见螺钉连接的比例画法如图 10.15 所示。

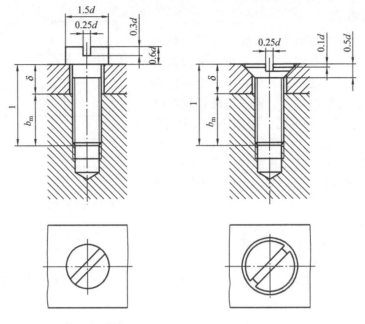

图 10.15 螺钉连接的比例画法

10.2 齿 轮

齿轮是应用非常广泛的传动件,用以传递动力和运动,并具有改变转速和转向的作用。依据两齿轮轴线在空间的相对位置不同,常见的齿轮传动可分为下列 3 种形式,如图 10.16 所示。

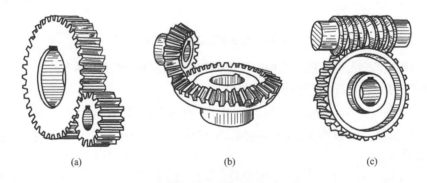

图 10.16 齿轮传动

(a) 圆柱齿轮;(b) 圆锥齿轮;(c) 蜗杆与蜗轮

(1) 圆柱齿轮:用于两平行轴之间的传动。
(2) 圆锥齿轮:用于两相交轴之间的传动。
(3) 蜗轮、蜗杆:用于两垂直交叉轴之间的传动。

本节主要介绍具有渐开线齿形的标准齿轮的有关知识与规定画法。

10.2.1 直齿圆柱齿轮

1. 直齿圆柱齿轮各部分的名称和参数（如图 10.17 所示）

齿数 z——齿轮上轮齿的个数。
齿顶圆直径 d_a——轮齿顶部的圆周直径。
齿根圆直径 d_f——轮齿根部的圆周直径 d_f。
分度圆直径 d——标准齿轮的齿槽宽 e 和齿厚 s 相等处的圆周直径。
齿高 h——齿顶圆和齿根圆之间的径向距离。
齿顶高 h_a——齿顶圆和分度圆之间的径向距离。
齿根高 h_f——齿根圆和分度圆之间的径向距离。
齿距 p——分度圆上相邻两齿廓对应点之间的弧长。
齿厚 s——分度圆上轮齿的弧长。

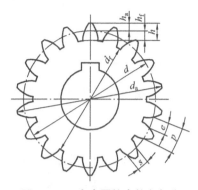

图 10.17 直齿圆柱齿轮各部分的名称及代号

模数 m——由于分度圆周长 $pz=\pi d$，所以，$d=(p/\pi)z$，定义 (p/π) 为模数，模数的单位是 mm，根据 $d=mz$ 可知，当齿数一定时，模数越大，分度圆直径越大，承载能力越大。模数的值已经标准化，见表 10-1。

表 10-1 渐开线圆柱齿轮模数（GB/T 1357—1987）　　　　（单位：mm）

第一系列	1　1.25　1.5　2　2.5　3　4　5　6　8　10　12　16　20　25　32　40　50
第二系列	1.75　2.25　2.75　(3.25)　3.5　(3.75)　4.5　5.5　(6.5)　7　9　(11)　14　18　22　28　36　45

注：优先选用第一系列，其次选用第二系列，括号内的数值尽可能不用。

压力角 α——一对齿轮啮合时，在分度圆上，啮合点的法线方向与该点的瞬时速度方向所夹的锐角，称为压力角。标准齿轮的压力角为 20°。

中心距 a——两齿轮轴线之间的距离。

2. 直齿圆柱齿轮的参数计算

已知模数 m 和齿数 z，标准齿轮的其他参数可按表 10-2 中所列公式计算。

表 10-2 标准直齿圆柱齿轮的参数计算公式

序号	名称	符号	计算公式
1	齿距	P	$P=\pi m$
2	齿顶高	h_a	$h_a=m$
3	齿根高	h_f	$h_f=1.25m$
4	齿高	h	$h=2.25m$
5	分度圆直径	d	$d=mz$

续表

序号	名称	符号	计算公式
6	齿顶圆直径	d_a	$d_a=(z+2)m$
7	齿根圆直径	d_f	$d_f=(z-2.5)m$
8	中心距	a	$a=m(z_1+z_2)/2$

3. 直齿圆柱齿轮的规定画法

(1) 单个圆柱齿轮的画法(如图10.18所示)。齿轮的轮齿部分按下列规定绘制。

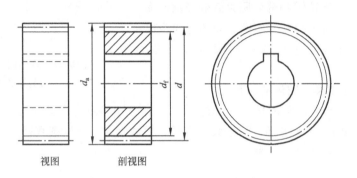

图 10.18　单个圆柱齿轮的画法

① 齿顶圆和齿顶线用粗实线表示。

② 分度圆和分度线用细点画线表示。

③ 齿根圆和齿根线用细实线表示，也可省略不画。

④ 在剖视图中，当剖切平面通过齿轮的轴线时，轮齿一律按不剖处理。这时，齿根线用粗实线绘制。

在齿轮零件图上不仅要表示出齿轮的形状、尺寸和技术要求，而且要列出制造齿轮所需要的参数和公差值，如图10.19所示。

(2) 直齿圆柱齿轮啮合的画法。两标准齿轮相互啮合时，它们的分度圆处于相切位置，此时分度圆又称节圆。啮合部分的规定画法如下。

① 在投影为圆的视图上，两齿轮的节圆应该相切。啮合区内的齿顶圆仍用粗实线画出，如图10.20(a)所示；也可省略不画，如图10.20(b)所示。

② 在不反映圆的视图上，啮合区内的齿顶线不需画出，节线用粗实线绘制，齿根线均不画出，如图10.20(b)所示。在剖视图中的啮合区内，将一个齿轮的轮齿用粗实线绘制，另一个齿轮的轮齿被遮挡的部分用虚线绘制，齿顶线与另一轮的齿根线之间均应有0.25m的间隙，如图10.21所示。

10.2.2　斜齿圆柱齿轮的规定画法

对于斜齿轮，可在非圆的外形视图上用3条与轮齿倾斜方向相同的平行的细实线表示轮齿的方向，如图10.22所示。

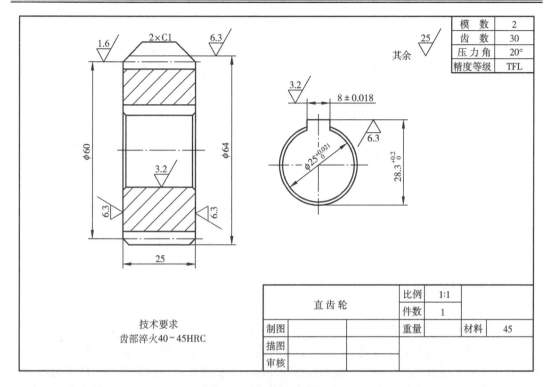

图 10.19 直齿圆柱齿轮的零件图

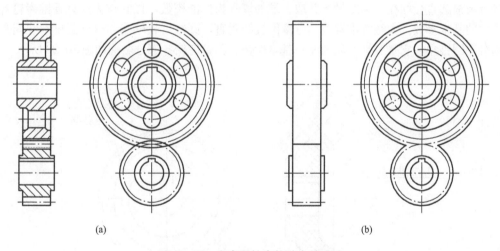

图 10.20 直齿圆柱齿轮啮合的画法

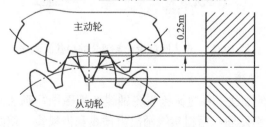

图 10.21 两齿轮啮合的间隙

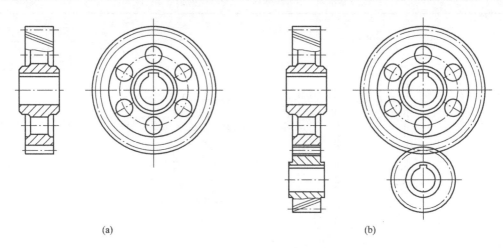

图 10.22　斜齿圆柱齿轮及啮合的画法

10.2.3　直齿圆锥齿轮

1. 直齿圆锥齿轮各部分的参数

直齿圆锥齿轮通常用于交角 90°的两轴之间的传动。由于轮齿分布在圆锥面上，因而其齿形从大端到小端是逐渐收缩的，齿厚和齿高均沿着圆锥素线方向逐渐变化，故模数和直径也随之变化。为便于设计和制造，规定以大端为准，齿顶高、齿根高、分度圆直径，齿顶圆直径及齿根圆直径均在大端度量，并取大端的模数为标准模数，以它作为计算圆锥齿轮各部分尺寸的基本参数。大端背锥素线与分度圆素线垂直。圆锥齿轮轴线与分度圆锥素线间夹角称为分度圆锥角，它是圆锥齿轮的又一基本参数。圆锥齿轮各部分名称如图 10.23 所示。

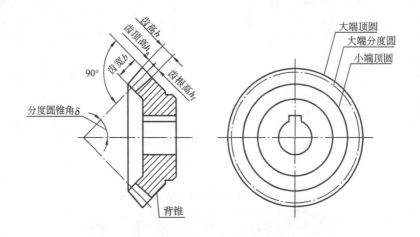

图 10.23　直齿圆锥齿轮各部分的参数及画法

2. 直齿圆锥齿轮的画法

（1）单个圆锥齿轮的画法。在过圆锥齿轮轴线的视图中，画法与圆柱齿轮类似，即常采用剖视，其轮齿按不剖处理，用粗实线画出齿顶线和齿根线，用细点画线画出分度线。

在投影为圆的视图中，轮齿部分只需用粗实线画出大端和小端的齿顶圆；用细点画线画出大端的分度圆;齿根圆不画。投影为圆的视图一般也可用仅表达键槽轴孔的局部视图取代。单个圆锥齿轮的画法如图 10.23 所示。

(2) 圆锥齿轮啮合的画法。一对安装准确的标准圆锥齿轮啮合时,它们的分度圆锥应相切(分度圆锥与节圆锥重合,分度圆与节圆重合),其啮合区的画法与圆柱齿轮类似。啮合的画法如图 10.24 所示。

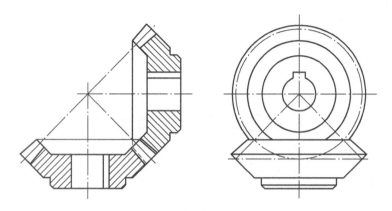

图 10.24 直齿圆锥齿轮啮合的画法

10.3 键连接与销连接

10.3.1 键连接

键主要用于轴和轴上零件(如齿轮、带轮)间的连接,以传递扭矩,如图 10.25 所示。在被连接的轴上和轮毂孔中制出键槽,先将键嵌入轴上的键槽内,再将带键的轴装入轮毂孔中,这种连接称键连接。

1. 键的形式及标记

键是标准件。常用的键有普通平键,半圆键和钩头楔键。普通平键又有 A 型(圆头)、B 型(方头)和 C 型(单圆头)3 种。各种键的标准号、形式及标记示例见附表。其中,普通平键最常用。

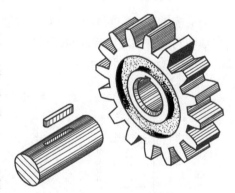

图 10.25 键连接

2. 普通平键连接的画法

键槽的形式和尺寸也随键的标准化而有相应的标准。设计或测绘中,键槽的宽度、深度和键的宽度、高度尺寸可根据被连接的轴径在标准中查得。键长和轴上的键槽长应根据轮宽,在键的长度标准系列中选用。键槽的尺寸如图 10.26(a)、(b)所示。

普通平键的两侧面为工作面,因此连接时,平键的两侧面与轴和轮毂键槽侧面之间相互接触,没有间隙,只画一条线。而键与轮毂的键槽顶面之间是非工作面,不接触,应留有间隙,画两条线,如图 10.26(c)所示。

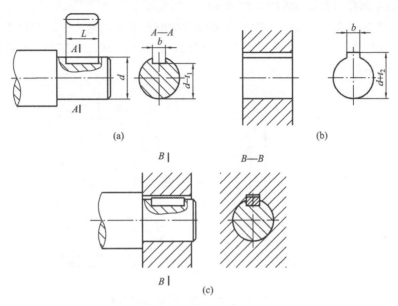

图 10.26 普通平键连接

3. 半圆键连接的画法

半圆键一般用在载荷不大的传动轴上,它的连接情况与普通平键相似,如图 10.27 所示。

4. 钩头楔键连接的画法

钩头楔键的上底面有 1∶100 的斜度。装配时,将键沿轴向嵌入键槽内,靠上、下底面在轴和轮毂键槽之间接触挤压的摩擦力进行连接,故键的上、下底面是工作面。其装配图的画法如图 10.28 所示。

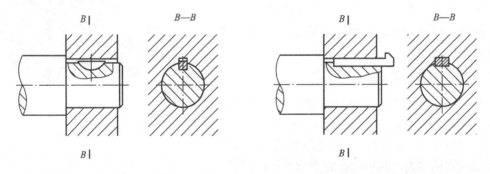

图 10.27 半圆键连接　　　　　　图 10.28 钩头楔键连接

10.3.2 花键连接

花键连接是将花键轴装在花键孔内,其特点是键和键槽的数量较多,轴和键制成一体,所以,它可以传递较大的扭矩,且连接可靠。如图 10.29 所示是应用较广泛的矩形花键。

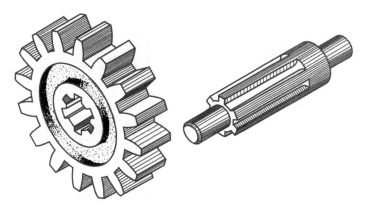

图 10.29 矩形花键

1. 外花键的画法及标记

在平行于花键轴线的投影面的视图中,大径用粗实线绘制,小径用细实线绘制,并要画入倒角内;花键工作长度终止线和尾部长度的末端均用细实线绘制,尾部画成与轴线成 30°的斜线;在剖视图中,小径也画成粗实线。在垂直于轴线的视图或剖面图中,可画出部分或全部齿形,也可只画出表示大径的粗实线圆和表示小径的细实线圆,倒角可省略不画。矩形外花键的画法及其标记的标注如图 10.30 所示。

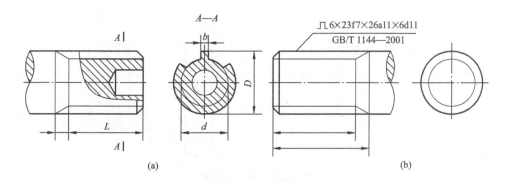

图 10.30 外花键的画法及标注

花键的标注可采用一般尺寸注法和标记标注两种。一般尺寸注法应注出大径 D、小径 d、键宽或键槽宽 b 及齿数 N。用标记标注时,指引线从大径引出,完整的标记为:

| 类型符号 | 齿数 | × | 小径 | 小径公差带代号 | × | 大径 | 大径公差带代号 | × | 齿宽 | 齿宽公差带代号 |

2. 内花键的画法及标记

在平行于花键轴线的剖视图中,大径及小径均用粗实线绘制。在垂直于轴线的视图中,可画出部分或全部齿形,如图 10.31 所示。

3. 内、外花键连接的画法

花键连接画法和螺纹连接画法相似,即重合部分按外花键绘制,不重合部分按各自的规定画法绘制,如图 10.32 所示。

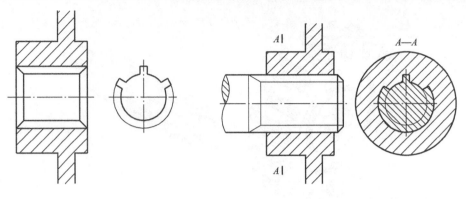

图 10.31　内花键的画法及标注　　　　图 10.32　花键连接的画法及标注

10.3.3　销连接

1. 销及其标记

销是标准件,主要用于零件间的连接、定位或防松等。常用的销有圆柱销、圆锥销和开口销等,它们的形式、标准、画法及标记示例见附录。

2. 销连接的画法

圆柱销和圆锥销的连接画法如图 10.33、图 10.34 所示。

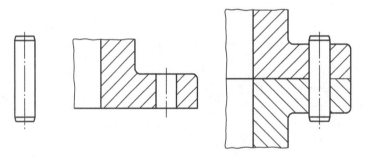

图 10.33　圆柱销连接

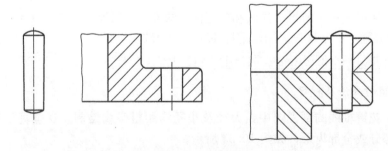

图 10.34　圆锥销连接

注意:用销连接(或定位)的两零件上的孔一般是在被连接零件装配后同时加工的。因此,在零件图上标注销孔尺寸时,应注明"配作"字样。

10.4 滚动轴承

滚动轴承是一种标准部件,其作用是支承旋转轴及轴上的机件,它具有结构紧凑、摩擦力小等特点,在机械中被广泛应用。

滚动轴承的规格、型式很多,可根据使用要求,查阅有关标准选用。

10.4.1 滚动轴承的结构和分类

滚动轴承按承受力的方向主要分为3类。
(1) 向心轴承。它主要承受径向力,如深沟球轴承。
(2) 推力轴承。它只承受轴向力。
(3) 向心推力轴承。它既可承受径向力,又可承受轴向力。

滚动轴承的结构一般由外圈、内圈、滚动体和保持架4部分组成,如图10.35所示。

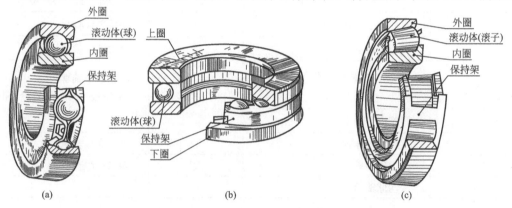

图 10.35 3类滚动轴承的结构
(a) 深沟球轴承; (b) 推力球轴承; (c) 圆锥滚子轴承

10.4.2 滚动轴承的代号及标记

滚动轴承的类型和尺寸很多,为了便于设计、生产和选用,我国在 GB/T 292—1993 中规定,一般用途的滚动轴承代号由基本代号、前置代号和后置代号构成,其排列顺序为:

前置代号	基本代号			后置代号
□ 成套轴承分布件代号	× (□) 类型代号	× × 尺寸系列代号		× × 内径代号	□或者× 内部结构改变、公差等级及其他
		宽(高)度系列代号	直径系列代号		

注:□表示字母;×表示数字

1. 基本代号

基本代号表示轴承的基本类型、结构和尺寸,是轴承代号的基础。除滚针轴承外,基本代号由轴承类型代号、尺寸系列代号及内径代号构成,如:

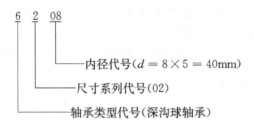

(1) 类型代号。滚动轴承的类型代号用数字或大写拉丁字母表示,见表 10-3。

表 10-3 滚动轴承的类型代号

代 号	轴 承 类 型	代 号	轴 承 类 型
0	双列角接触球轴承	7	角接触球轴承
1	调心球轴承	8	推力圆柱滚子轴承
2	调心滚子轴承和推力调心滚子轴承	N	圆柱滚子轴承 双列或多列用字母 NN 表示
3	圆锥滚子轴承		
4	双列深沟球轴承	U	外球面球轴承
5	推力球轴承	QJ	四点接触球轴承
6	深沟球轴承		

(2) 尺寸系列代号。轴承的尺寸系列代号由轴承宽(高)度系列代号和直径系列代号组合而成。组合排列时,宽度系列在前,直径系列在后,它的主要作用是区别内径相同而宽度和外径不同的轴承,具体代号需查阅相关标准。

(3) 内径代号。内径代号表示轴承公称内径的大小,常见的轴承内径见表 10-4。

表 10-4 滚动轴承内径代号

轴承公称内径/mm	内径代号	示例
0.6 到 10(非整数)	用公称内径直接表示(与尺寸系列代号之间用/分开)	深沟球轴承 618/2.5 $d=2.5$mm
1 到 9(整数)	用公称内径毫米数直接表示,对深沟球轴承及角接触球轴承 7、8、9 直径系列,内径与尺寸系列代号之间用/分开	深沟球轴承 625 618/5 $d=5$mm

续表

轴承公称内径/mm		内径代号	示例
10 到 17	10	00	深沟球轴承 6200
	12	01	$d=10\text{mm}$
	15	02	
	17	03	
20 到 480 (22，28，32 除外)		公称内径除以 5 的商数，商数为个位数时，需在商数左边加"0"	调心滚子轴承 23208 $d=40\text{mm}$
大于和等于 500 以及 22，28，32		用公称内径毫米数直接表示，内径与尺寸系列代号之间用/分开	调心滚子轴承 230/500 $d=500\text{mm}$ 深沟球轴承 62/22 $d=22\text{mm}$

2. 前置、后置代号

前置、后置代号是轴承在结构形状、尺寸、公差、技术要求等有改变时，在其基本代号左右添加的补充代号，具体内容可查阅有关的国家标准。

10.4.3 滚动轴承的画法

滚动轴承是标准件，由专业工厂生产，需要时可根据轴承的型号选配。当需要表示滚动轴承时，可按不同场合分别采用通用画法、特征画法（均属简化画法）及规定画法。

1. 通用画法

当不需要确切地表示滚动轴承的外形轮廓、载荷特征、结构特征时，可用矩形线框及位于线框中央正立的十字形符号表示滚动轴承。各种符号、矩形线框和轮廓线均用粗实线绘制，如图 10.36 所示。

2. 特征画法

如需较形象地表示滚动轴承的结构特征和载荷特性，可采用特征画法。此时可在矩形线框内画出其结构和载荷特性要素的符号，见表 10-5 中特征画法一栏。图中框内长的粗实线符号表示不可调心轴承的滚动体的滚动轴线（调心轴承则用粗圆弧线），短的粗实线表示滚动体的列数和位置（单列画一根粗实线，双列画两根），长粗实线和短粗实线相交成 90°。矩形线框和轮廓线均用粗实线绘制。

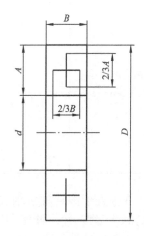

图 10.36 滚动轴承的通用画法

表 10-5 滚动轴承的特征画法及规定画法

轴承类型	特征画法	规定画法
深沟球轴承 GB/T 276—1994		
圆锥滚子轴承 GB/T 297—1994		
推力球轴承 GB/T 301—1995		

在垂直于滚动轴承轴线的投影面的视图上，无论滚动体的形状（球、柱、针等）及尺寸如何，均可按图 10.37 所示的方法绘制。

3. 规定画法

在滚动轴承的产品图样、样本、标准、用户手册和使用说明书中，必要时可采用表 10-5 右侧所列的规定画法。图中滚动体不画剖面线。其各套圈等可画成方向和间隔相同的剖面线。在不致引起误解时允许省略不画。图形的另一侧按通用画法绘制。作图步骤如图 10.38 所示。

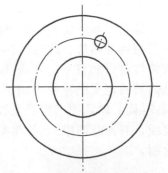

图 10.37 滚动轴承轴线垂直于投影面的特征画法

在装配图中，滚动轴承的画法示例如图 10.39 所示。

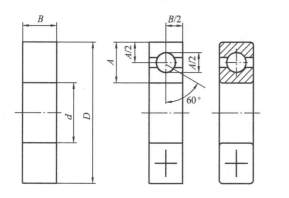
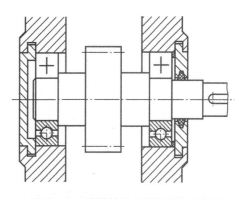

图 10.38　深沟球轴承规定画法的作图步骤　　　　图 10.39　滚动轴承在装配图中的画法

10.5　AutoCAD 图块及设计中心操作

10.5.1　AutoCAD 中块的创建和插入

对于螺钉、螺母、轴承等标准零部件，经常需要在图形中大量重复使用，如果每次都从头开始设计和绘制，不仅麻烦费时，而且也没有必要。用 AutoCAD 绘图的最大优点就是 AutoCAD 具有图库的功能，利用 AutoCAD 提供的块、写入块和插入块等操作就可以把用 AutoCAD 绘制的图形作为一种资源保存起来，在一个图形文件或者不同的图形文件中重复使用，大大提高绘图效率。

AutoCAD 中的块分为内部块和外部块两种，用户可以通过【块定义】对话框精确设置创建块时的图形基点和对象取舍。

1. 创建内部块

所谓的内部块即数据保存在当前文件中，只能被当前图形所访问的块。调用创建内部块命令的方法如下。

(1)【绘图】工具栏：【创建块】按钮 。

(2) 菜单：【绘图】|【块】|【创建】。

(3) 命令行：block(或简化命令 b)↙。

执行命令后，AutoCAD 系统弹出【块定义】对话框，如图 10.40 所示。

该对话框中各选项的含义如下。

(1)【名称】下拉列表：定义创建块的名称。

(2)【基点】选项区域：设置块的插入基点。可以在 X、Y、Z 的文本框中直接输入 X、Y、Z 的坐标值；也可以单击【拾取点】按钮，用十字光标直接在作图屏幕上取点。

(3)【对象】选项区域：选取要定义块的实体。

【选择对象】按钮 提示在图形屏幕中选取组成块的对象，选择完毕，在对话框中显示选中对象的总和。在该设置区中有 3 个单按钮，其含义如下。

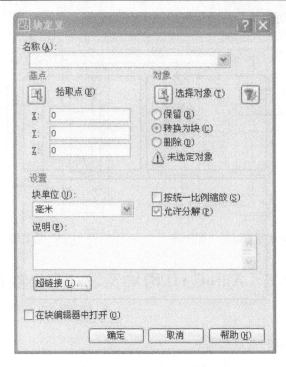

图 10.40 【块定义】对话框

①【保留】单选按钮：创建块后，保留图形中构成块的对象。
②【转换为块】单选按钮：创建块后，同时将图形中被选择的对象转化为块。
③【删除】单选按钮：删除所选取的实体图形。
(4)【设置】选项区域。
①【块单位】下拉列表：插入块的单位。单击下拉箭头，可从下拉列表中选取所插入块的单位。
②【按统一比例缩放】复选框：设置是否阻止块参照不按同一比例缩放。
③【允许分解】复选框：设置块参照是否可以被分解。
④【说明】文本框：可以在文本框中输入详细描述所定义图块的资料。

2．创建外部块

使用 block 命令创建的块只能在块定义的图形文件中使用。为了能在其他文件中再次引用该块，必须使用写块命令来定义块，使该块作为独立的图形文件保存。

调用写块命令时可在命令行输入：wblock(或简化命令 w)↙。

执行命令后，AutoCAD 弹出如图 10.41 所示的【写块】对话框。
该对话框中各选项的含义如下。
(1)【源】选项区域：在该设置区中可以通过以下选项设置块的来源。
①【块】选项：来源于块。
②【整个图形】选项：来源于当前正在绘制的整张图形。
③【对象】选项：来源于所选的实体。
(2)【基点】选项区域：设置插入的基点。

图 10.41　【写块】对话框

(3)【对象】选项区域：选取对象。

(4)【目标】选项区域：设置该块的存储位置和使用单位。

在【写块】对话框中设置的以上信息将作为下次调用该块时的描述信息。

3．插入块

在当前图形中可以插入外部块和当前图形中已经定义的内部块，并可以根据需要调整其比例和转角。调用命令的方法如下。

(1)【绘图】工具栏：【插入块】按钮。

(2) 菜单：【插入】|【块】。

(3) 命令行：Insert(或简化命令 i)↙。

执行命令后，AutoCAD 弹出【插入】对话框，如图 10.42 所示。

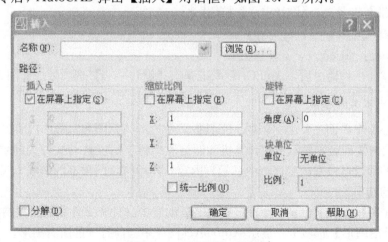

图 10.42　【插入】对话框

利用该对话框就可以插入图形文件。具体操作如下。

如果要插入内部块，可从【名称】下拉列表中选择已定义的块。如要插入外部块，可单击【浏览】按钮选择某一个块名。

在【插入点】、【缩放比例】、【旋转】3个选项区域中，插入点默认坐标为(0,0,0)，X、Y、Z比例因子默认值为 1，旋转角度默认值为 0。选中【在屏幕上指定】复选框可以在图形屏幕插入块时分别设置插入点、比例、旋转角度参数，也可以在该对话框内直接设置以上参数。【统一比例】复选框为 X、Y、和 Z 坐标指定单一的比例值，即为 X 指定的值也反映在 Y 和 Z 的值中。

【分解】复选框决定是否将插入的块分解为独立的实体，默认为不分解。

插入块时，块中的所有实体保持块定义时的层、颜色和线型特性，在当前图形中增加相应层、颜色、线型信息。如果构成块的实体位于 0 层，其颜色和线型为 Bylayer，块插入时，这些实体继承当前层的颜色和线型。

完成以上各项设置后，单击【确定】按钮，则该块将插入到当前文件中。

10.5.2 AutoCAD 设计中心

AutoCAD 设计中心的功能是共享 AutoCAD 图形中的设计资源，方便相互调用。它不但可以共享块，还可以共享尺寸标注形式、文字样式、图层、线型、图案填充等；不仅可以调用本机上的图形，还可以调用局域网上其他计算机上的图形，可以说，设计中心是一个共享资源库。AutoCAD 设计中心的主要功能如下。

(1) 浏览本地及网络中的图形文件，查看图形文件中的命名对象(命名对象包括块、外部参照、布局、图层、文字样式、标注样式、表格样式、填充图案等)，将这些对象插入、复制和粘贴到当前图形中。

(2) 在本地和网络驱动器上查找图形。例如，可以按照特定的图层名或上次保存图形的日期来搜索图形。

(3) 打开图形文件，或者将图形文件以块的方式插入到当前图形中。

1. 启动 AutoCAD 设计中心

启动 AutoCAD 设计中心的方法如下。

(1)【标准】工具栏：【设计中心】按钮 。

(2) 菜单：【工具】|【设计中心】。

(3) 命令行：adcenter✓。

执行上述任一种命令后，AutoCAD 系统弹出【设计中心】选项板，如图 10.43 所示。

2. 设计中心工作界面

设计中心工作界面主要由标题栏、工具栏、左边的树状图和右边的内容区域组成。

(1) 树状文件列表：显示本地计算机和网络驱动器上的文件与文件夹的层次结构。选择树状图中的项目可以在内容区域中显示其内容。使用树状图顶部的选项卡可以切换访问树状文件夹的选项。

①【文件夹】选项卡：显示计算机或网络驱动器中文件和文件夹的层次结构。

②【打开的图形】选项卡：显示 AutoCAD 任务中当前打开的所有图形。

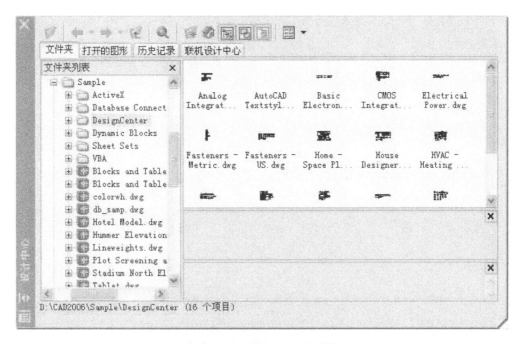

图 10.43 【设计中心】对话框

③【历史纪录】选项卡：显示最近在设计中心打开的文件列表。

④【联机设计中心】选项卡：访问联机设计中心网页。

（2）内容区域：显示树状列表中当前选定的内容。根据选定内容的不同，可显示文件夹、文件、图形、图形中包含的命名对象。

（3）工具栏：提供了【加载】、【后退】等常用工具及【树状图切换】、【预览】、【说明】工具，其中【预览】和【说明】两个按钮用于打开内容区域的【预览】和【说明】两个窗口。

3. 使用设计中心查找内容

单击【设计中心】对话框的【搜索】按扭，或在内容区域单击右键，在弹出的快捷菜单中选择【搜索】命令，即可打开【搜索】对话框，如图 10.44 所示。在该对话框中设置条件，缩小搜索范围，或者搜索块定义说明中的文字和其他任何【图形属性】对话框中指定的字段。如果不记得将块保存在图形中还是保存为单独的图形，则可以搜索图形和块。

4. 用设计中心打开文件

利用设计中心打开图形文件时，应先切换到【文件夹】选项卡，使左窗格中列出本地和网络驱动器上的文件夹，使右窗格中显示文件图标，用右键单击图形文件图标，在弹出的快捷菜单中选择【在应用程序窗口中打开】命令，如图 10.45 所示，可将所选图形文件打开并设置为当前图形。

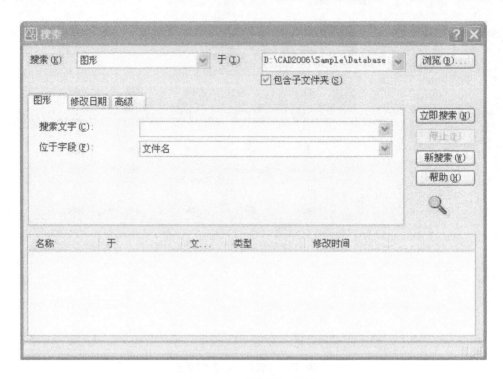

图 10.44 【搜索】对话框

图 10.45 用快捷菜单打开图形

5．用设计中心向图形添加内容

设计中心最大的作用就是可以使用拖动的方法向图形中添加内容，具体方法如下。

在设计中心的内容显示框中，单击需要添加的图形文件、块、图层、线型、文字样式、标注样式、表格样式等，按住鼠标左键将其拖动到当前图形中的相应位置，打开对象捕捉，精确地定位插入点，如图 10.46 所示。

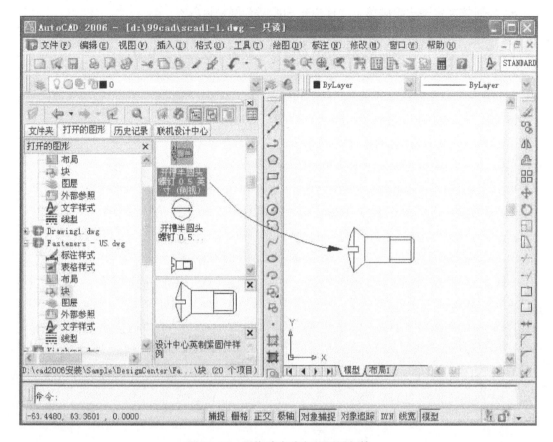

图 10.46 用拖动方式向图形添加块

6. 用设计中心复制

在设计中心的内容显示框中，选择要复制的内容（如块、图层、线型、文字样式、标注样式、表格样式等），再用鼠标右击所选内容，弹出快捷菜单，在快捷菜单中选择【复制】命令，然后单击主窗口工具栏中【粘贴】按钮，所选内容就被复制到当前图中。

可以使用设计中心浏览的方式查看添加或复制是否成功，或者使用文件标注样式管理器、文字样式、表格样式、图层管理器等工具进行验证。

复习思考题

1. 螺纹的基本要素有哪些？内外螺纹连接时，它们的要素应该符合什么要求？
2. 试查出 M16 的普通螺纹的小径和螺距分别是多少。
3. 试分别说明 M16×16H‑L、Tr20×4‑7H 等代号的含义。
4. 常用螺纹紧固件有哪些？其规定标记包括哪些内容？
5. 用比例画法画螺栓连接图时，如何确定各部分的尺寸？画图时应注意哪些问题？

6. 什么是齿轮的模数？它和齿轮各部分的尺寸有何关系？
7. 键和销各有什么用途？其连接画法有何特点？
8. 如何按规定画法绘制单个圆柱齿轮和两啮合圆柱齿轮？
9. 试说明滚动轴承 6310 的含义。
10. AutoCAD 设计中心的主要功能有哪些？如何用设计中心复制内容？

第 11 章 零 件 图

教学目标：通过本章的学习，应能绘制和阅读较复杂的零件图，并应做到：视图选择正确、合理，表达完整、清晰，尺寸标注符合国家标准要求，技术要求简明、准确。

教学要求：熟悉零件图的内容，掌握零件图的画图方法和步骤、零件图上的尺寸标注的原则和要求、技术要求的内容和注写要求，熟练阅读零件图，了解零件测绘的方法步骤。

任何机器或部件都是由一些零件按照一定的装配关系和技术要求装配而成的。如图 11.1 所示就是球阀阀盖的零件图。本章主要介绍零件图的作用和内容、零件图的视图选择方法与表达方案的确定、零件铸造与加工的典型工艺结构、零件图上尺寸标注的方法、零件图上技术要求的注写、零件测绘及读零件图的方法。

11.1 零件图的作用和内容

表示零件结构形状、尺寸大小及技术要求的图样称为零件图。

零件图是设计部门提交给生产部门的重要技术文件，它不仅反映了设计者的设计意图，而且表达了零件的各种技术要求，如尺寸精度、表面粗糙度等；工艺部门还要根据零件图制造毛坯、制订工艺规程、设计工艺装备等。所以，零件图是制造和检验零件的重要依据。如图 11.1 所示的零件图包含了以下内容。

(1) 一组视图：用一组视图来表达零件的形状和结构。应根据零件的结构特点，选择适当的剖视、断面、局部放大图等表达方法，用简明的方案将零件的形状、结构表达清楚。

(2) 完整的尺寸：正确、完整、清晰、合理地标注出零件制造、检验时所需的全部尺寸。

(3) 技术要求：标注或说明零件制造、检验或装配过程中应达到的各项要求，包括表面粗糙度、尺寸精度、形位公差、表面处理、热处理、检验等要求。

(4) 标题栏：填写零件的名称、图号、材料、数量、比例，以及单位名称、制图、描图、审核人员的姓名、日期等内容。

11.2 零件结构的工艺性分析

零件上因设计或工艺的要求，常有一些特定的结构，如倒角、凸台、退刀槽等，下面简要介绍零件上常用结构的作用、画法和尺寸标注。

11.2.1 零件上的机械加工工艺结构

1. 倒角和圆角

为了去掉切削零件时产生的毛刺、锐边，使操作安全，便于装配，常在轴或孔的端部

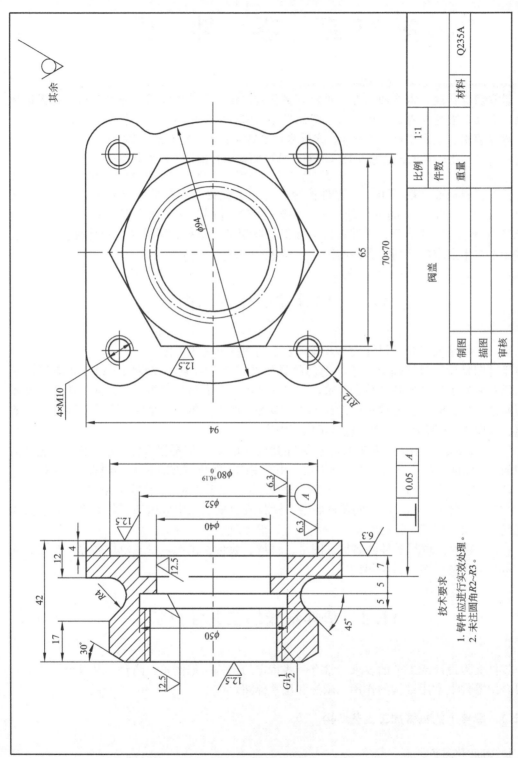

图 11.1 阀盖零件图

等处加工成倒角。倒角多为 45°，也可制成 30°或 60°，倒角宽度 C 可根据轴径或孔径查阅有关标准确定，如图 11.2 所示。

为避免在零件的台肩等转折处由于应力集中而产生裂纹，常加工出圆角，如图 11.2 所示，圆角半径 r 数值可根据轴径或孔径查阅有关标准确定。

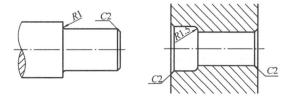

图 11.2 倒角及圆角

若零件上的倒角、圆角在图中并未画出，或零件上的倒角、圆角尺寸全部相同，则可在技术要求中注明，如"未注倒角 C2"、"全部倒角 C3"、"未注圆角 R2"等。当零件倒角尺寸无一定要求时，则可在技术要求中注明"锐边倒钝"。

2. 钻孔处结构

零件上钻孔处的合理结构如图 11.3 所示。用钻头钻孔时，被加工零件的结构设计应考虑到加工方便，以保证钻孔的主要位置准确性和避免钻头折断；同时还要保证钻削工具有最方便的工作条件。为此，钻头的轴线应尽量垂直于被钻孔的端面，如果钻孔处表面是斜面或曲面，应预先设置与钻孔方向垂直的平面凸台或凹坑，并且设置的位置应避免钻头单边受力产生偏斜或折断。

用钻头钻盲孔时，由于钻头顶部有约 120°的圆锥面，所以盲孔总有一个 120°的圆锥面，扩孔时也有一个锥角为 120°的圆台面。

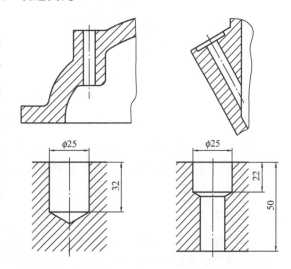

图 11.3 钻孔工艺结构

3. 退刀槽和越程槽

为了在切削零件时容易退出刀具，保证加工质量及便于装配时与相关零件靠紧，常在零件加工表面的台肩处预先加工出退刀槽或越程槽。常见的有螺纹退刀槽、砂轮越程槽、刨削越程槽等。退刀槽和越程槽的结构及尺寸标注如图 11.4 所示。图中的数据可从有关标

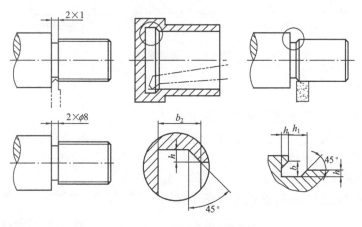

图 11.4 退刀槽和越程槽

准中查取。一般的退刀槽(或越程槽)的尺寸可按"槽宽×直径"或"槽宽×槽深"进行标注,如图 11.4 所示。

11.2.2 铸件工艺结构

1. 铸造圆角

为便于铸件造型,避免从砂型中起模时砂型转角处落砂及浇注时将转角处冲毁,防止铸件转角处产生裂纹、组织疏松和缩孔等铸造缺陷,铸件上相邻表面的相交处应做成圆角,如图 11.5 所示。对于压铸件,其圆角能保证原料充满压模,并便于将零件从压模中取出。

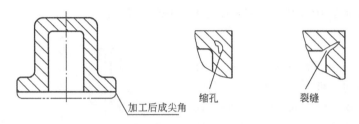

图 11.5 铸造圆角

铸造圆角半径一般取壁厚的 0.2～0.4 倍,可从有关标准中查出。同一铸件的圆角半径大小应尽量相同或接近。铸件经机械加工的表面,其毛坯上的圆角被切削掉,转角处呈尖角或加工出倒角。

2. 铸件壁厚

铸件各部分的壁厚应尽量均匀,在不同壁厚处应使厚壁和薄壁逐渐过渡,以避免在铸造冷却过程中形成热节,产生缩孔,如图 11.6 所示。为避免由于厚度减薄而对强度造成影响,可用加强肋来补偿。

图 11.6 铸造壁厚

3. 起模斜度

造型时,为了便于将木模从砂型中取出,在铸件的内外壁上沿起模方向常设计出一定的斜度,称为起模斜度(或叫铸造斜度),如图 11.7 所示。起模斜度的大小通常为 1∶10～1∶20。起模斜度在图中可不画出,但应在技术要求中加以注明。

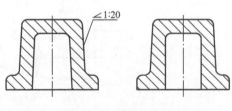

图 11.7 起模斜度

4. 过渡线

由于铸件表面相交处有铸造圆角存在，使两表面的交线变得不明显，为使看图时能区分不同表面，图中交线仍要画出，这种交线通常称为过渡线。当过渡线的投影和面的投影重合时，按面的投影绘制；当过渡线的投影和面的投影不重合时，过渡线按其理论交线绘制，但线的两端要与其他轮廓线断开。过渡线用细实线绘制。

曲面相交的过渡线不应与圆角轮廓线接触，要画到理论交点处为止，如图 11.8 所示。

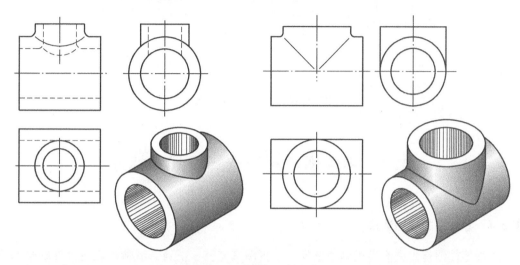

图 11.8　曲面相交的过渡线

平面与平面或平面与曲面相交的过渡线应在转角处断开，并加画小圆弧，其弯向应与铸造圆角的弯向一致，如图 11.9 所示。

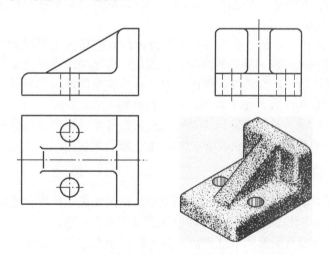

图 11.9　平面与平面或平面与曲面相交的过渡线

5. 工艺凸台和凹坑

为了保证装配时零件间接触良好，减少零件上机械加工的面积，常在铸件接触面处设置凸台或凹坑（或凹槽、凹腔），如图 11.10 所示。

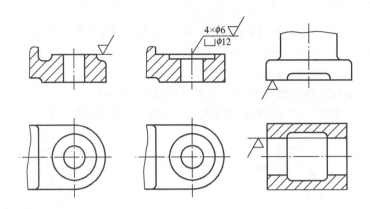

图 11.10 工艺凸台和凹坑

11.3 零件图的视图选择及尺寸标注

11.3.1 零件图的视图选择

绘制零件图首先应恰当正确地选择一组视图来完整、正确、清晰地表达零件的全部结构形状,并力求画图、看图简便。

1. 主视图的选择

主视图是零件图的核心,应选择表示零件信息量最多的那个视图作为主视图。主视图的选择要考虑以下原则。

(1) 形状特征原则:以最能反映零件形体特征的方向作为主视图的投射方向,在主视图上尽可能多地展现零件的内外结构形状及各组成形体之间的相对位置关系。

(2) 加工位置原则:是指零件在机床上加工时的装夹位置,主视图方位与零件主要加工工序中的加工位置相一致,便于看图、加工和检测尺寸。

(3) 工作位置原则:工作位置是指零件装配在机器或部件中工作时的位置,按工作位置选取主视图容易想象零件在机器中的作用,便于指导安装。

2. 其他视图的选择

主视图确定后,其他视图要配合主视图完整、清晰地表达出零件的结构形状,并尽可能减少视图的数量,所以配置其他视图时应注意以下几个问题。

(1) 每个视图都要有明确的表达重点,各个视图相互配合、相互补充,表达内容不应重复。

(2) 根据零件的内部结构选择恰当的剖视图和断面图,选择剖视图和断面图时,一定要明确剖视图和断面图的意义,使其发挥最大的作用。

(3) 对尚未表达清楚的局部形状和细小结构,补充必要的局部视图和局部放大图。

(4) 尽量采用省略、简化等规定画法。

11.3.2 典型零件的表达方法

1. 轴套类零件

轴套类零件各组成部分多是同轴线的回转体，主要在车床或磨床上加工，所以主视图的轴线应水平放置。这类零件一般采用主视图附加断面、局部剖视、局部放大图等图样画法来表示槽、孔等结构，如图 11.11 所示。

2. 轮盘类零件

轮、盘、盖类零件主要在车床上加工，所以轴线亦应水平放置，一般选择非圆方向为主视图，根据其形状特点再配合画出局部视图或左视图，如图 11.1 所示。

3. 叉架类零件

叉架类零件的形状结构一般比较复杂，加工方法和加工位置不止一个，所以主视图一般以工作位置摆放，需要的视图也较多，一般需 2~3 个视图，再根据需要配置一些局部视图、斜视图或断面图。如图 11.12 所示的支架零件，主视图按工作位置绘制，采用了局部剖视图，左视图采用了局部剖视图，此外采用了 A 向局部视图表示上部凸台的形状，采用移出断面图表示倾斜肋板的断面形状。

4. 箱体类零件

箱体类零件的结构一般比较复杂，加工位置不止一个，其他零件和它有装配关系，因此，主视图一般按工作位置绘制，需采用多个视图，且各视图之间应保持直接的投影关系，没表达清楚的地方再采用局部视图或断面图表示。如图 11.13 所示的旋塞阀的阀体就属这类零件。

11.3.3 零件图上的尺寸标注

尺寸是零件图的主要内容之一，是零件加工制造的主要依据。零件图尺寸标注的要求是：正确、完整、清晰、合理。在第 1、5 章里已较详细介绍了正确、完整、清晰的要求，在此主要介绍怎样合理地标注尺寸。

所谓尺寸标注合理，是指所注的尺寸既要满足设计要求，又要满足加工、测量和检验等制造工艺要求。为了能做到尺寸标注合理，必须对零件进行结构分析、形体分析和工艺分析，据此确定尺寸基准，选择合理的标注形式，结合零件的具体情况标注尺寸。

1. 尺寸基准的选择

零件的尺寸基准是指导零件装配到机器上或在加工、装夹、测量和检验时，用以确定零件上几何元素位置的一些点、线或面。

根据基准的作用不同，一般将基准分为设计基准和工艺基准。

根据机器的结构和设计要求，用以确定零件在机器中位置的一些点、线或面称为设计基准。如图 11.14 所示，依据轴线 B 及轴肩 A 确定齿轮轴在机器中的位置，因此该轴线和轴肩端平面分别为齿轮轴的径向和轴向的设计基准。

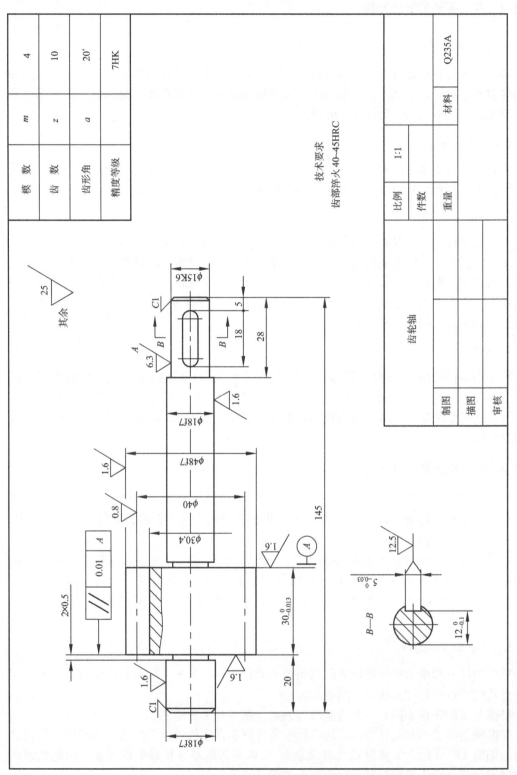

图 11.11 齿轮轴零件图

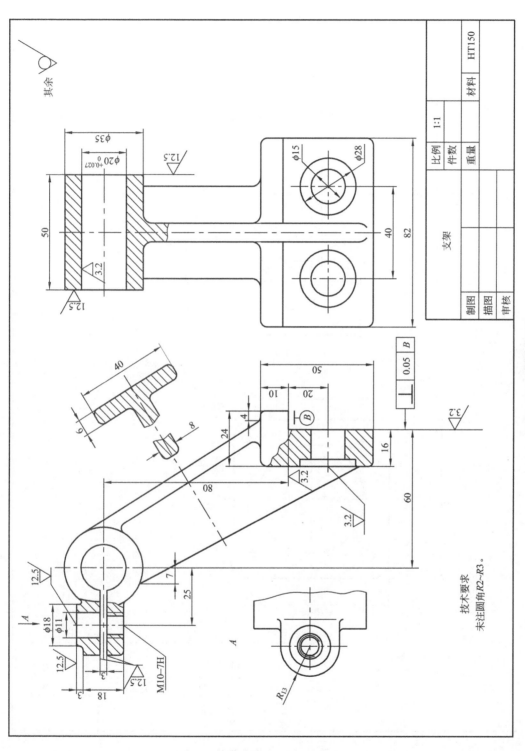

图 11.12 支架零件图

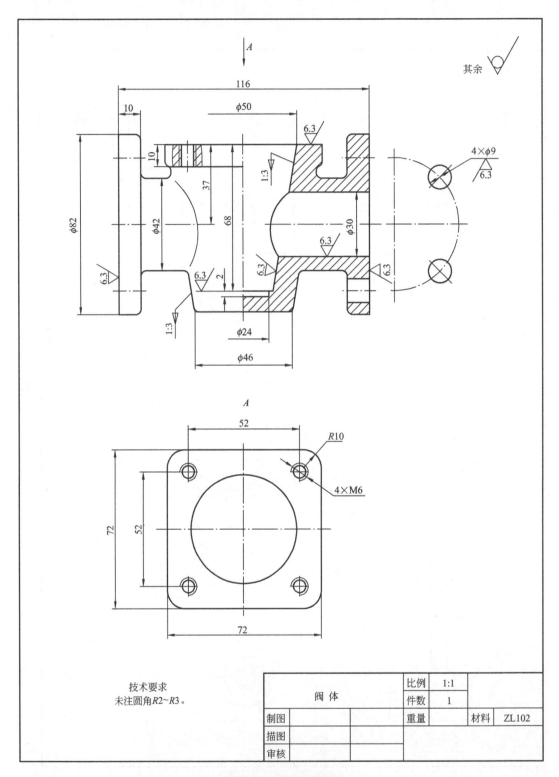

图 11.13 阀体零件图

根据零件加工制造、测量和检测等工艺要求所选定的一些点、线或面称为工艺基准。如图 11.14 所示的齿轮轴，在加工、测量时是以轴线和左右端面分别作为径向和轴向基准的，因此该零件的轴线和左右端面为工艺基准。

任何一个零件都有长、宽、高 3 个方向（或轴向、径向两方向）的尺寸，每个尺寸都有基准，因此每个方向至少要有一个基准。同一方向上有多个基准时，其中必定有一个基准是主要的，称为主要基准；其余的基准则为辅助基准。主要基准与辅助基准之间应有尺寸联系。

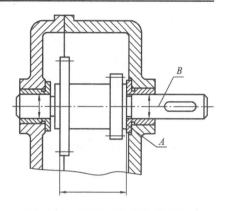

图 11.14 设计基准和工艺基准

主要基准应与设计基准和工艺基准重合，辅助基准可为设计基准或工艺基准。从设计基准出发标注尺寸，能反映设计要求，保证零件在机器中的工作性能；从工艺基准出发标注尺寸，能把尺寸标注与零件加工制造联系起来，保证工艺要求，方便加工和测量。因此，标注尺寸时应尽可能将设计基准与工艺基准统一起来，如上例齿轮轴的轴线既是径向设计基准，也是径向工艺基准，即工艺基准与设计基准是重合的，称之为"基准重合原则"。这样既能满足设计要求，又能满足工艺要求。一般情况下，工艺基准与设计基准是可以做到统一的，当两者不能统一起来时，要按设计要求标注尺寸，在满足设计要求前提下，力求满足工艺要求。

可作为设计基准或工艺基准的点、线、面主要有：对称平面、主要加工面、结合面、底平面、端面、轴肩平面、回转面母线、轴线、对称中心线、球心等。应根据零件的设计要求和工艺要求，结合零件实际情况恰当选择尺寸基准。

2. 尺寸标注的形式

（1）基准型：零件同一方向的几个尺寸由同一基准出发进行标注，如图 11.15(a) 所示。这种尺寸标注方法中的各段尺寸精度互不影响，故不产生累加误差。

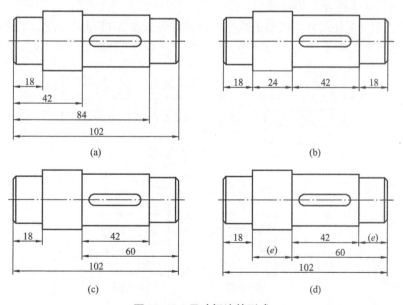

图 11.15 尺寸标注的形式

(2) 连续型 零件同一方向的几个尺寸依次首尾相接，后一尺寸以它邻接的前一个尺寸的终点为起点(基准)，如图 11.15(b)所示。这种尺寸标注方法可保证所注各段尺寸的精度要求，但由于基准依次推移，使各段尺寸的误差累加。因此，当阶梯状零件对总长精度要求不高而对各段的尺寸精度要求较高时，或零件中各孔中心距的尺寸精度要求较高时，适于采用这种尺寸标注法。

(3) 综合型：零件同一方向的多个尺寸的标注是上述两种尺寸标注形式的综合，如图 11.15(c)所示。综合型既能保证一些精确尺寸，又能减少阶梯状零件中的尺寸误差积累。因此，综合型标注法应用较多，各尺寸的加工误差都累加到空出不注的一个尺寸上，如图 11.15(d)中的尺寸 e。

3. 标注尺寸应注意的事项

(1) 零件上的重要尺寸必须直接注出，以保证设计要求。如零件上反映零件所属机器(或部件)规格性能的尺寸、零件间的配合尺寸、有装配要求的尺寸以及保证机器(或部件)正确安装的尺寸等，都应直接注出。

(2) 毛坯表面的尺寸标注。如在同一个方向上有若干个毛坯表面，一般只能有一个毛坯面与加工面有联系尺寸，而其他毛坯面则要以该毛坯面为基准进行标注，如图 11.16 所示。这是因为毛坯面制造误差较大，如果有多个毛坯面以统一的基准进行标注，则加工该基准时，往往不能同时保证这些尺寸要求。

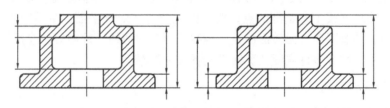

图 11.16　毛坯表面的尺寸标注

(3) 所注尺寸应符合工艺要求。

① 按加工顺序标注尺寸。按加工顺序标注尺寸符合加工过程，方便加工和测量，从而易于保证工艺要求。如图 11.17 所示零件的加工顺序，不同工种加工的尺寸应尽量分开标注。

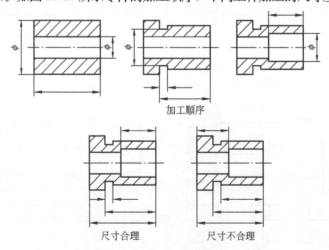

图 11.17　零件的加工顺序及尺寸标注

② 标注尺寸应尽量方便测量。在没有结构上或其他重要的要求时，标注尺寸应尽量考虑测量方便，如图 11.18 所示。

③ 标注尺寸应考虑加工方法和特点。如图 11.19(a)所示的轴承盖的半圆柱孔的尺寸标注。因为轴承的半圆柱孔是与轴承座的半圆柱孔配合在一起加工的，这是为了保证装配后的同轴度。因此，应标注直径不标注半径，以方便加工和测量。又如图 11.19(b)所示轴上的键槽，是用盘铣刀加工出来的，除应注出键槽的有关尺寸之外，由刀具保证的尺寸，即铣刀直径也应注出（铣刀用双点画线画出），以便选用刀具。

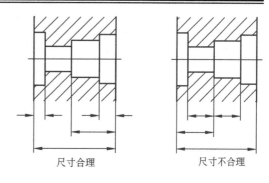

图 11.18　按测量要求标注尺寸

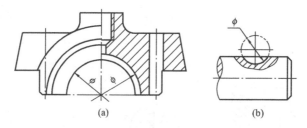

图 11.19　尺寸标注应符合工艺要求

4. 零件上常见孔的尺寸注法

零件上常见孔的尺寸注法见表 11-1。

表 11-1　零件上常见孔的尺寸注法

结构类型		旁注法	普通注法
螺孔	不通孔	3×M6–6H▽18 孔▽25	3×M6–6H　18　25
光孔	圆柱孔	3×φ6▽25	3×φ6　25

续表

结构类型		旁注法		普通注法
光孔	锥销孔	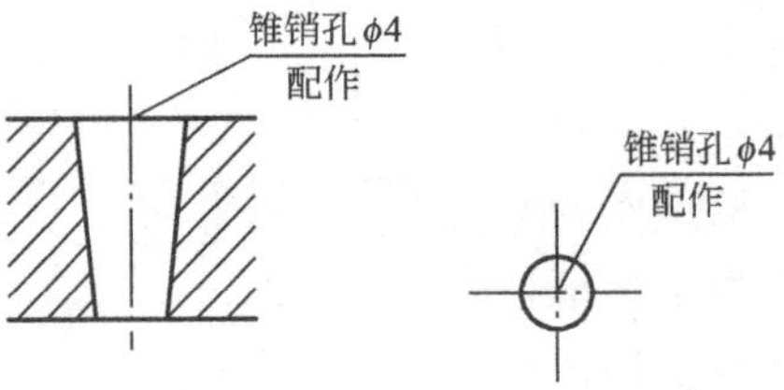 锥销孔φ4 配作	锥销孔φ4 配作	圆锥销孔都采用旁注法，所注直径是指配用的圆锥销的公称直径
沉孔	锥形沉孔	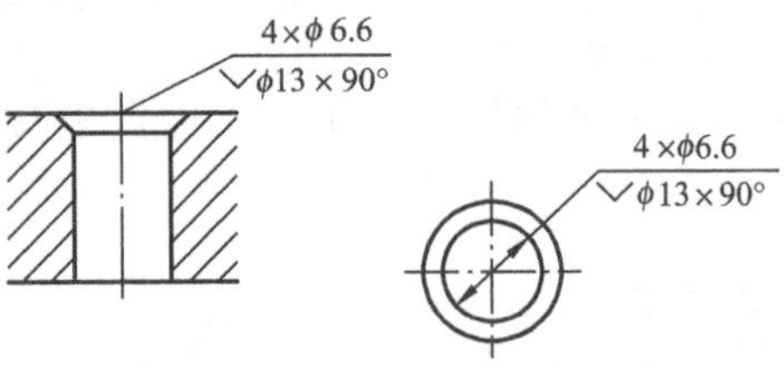 4×φ6.6 ⌵φ13×90°	4×φ6.6 ⌵φ13×90°	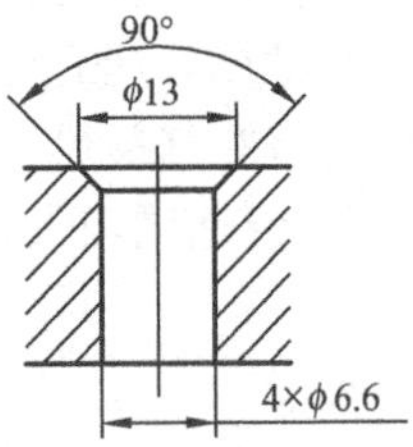 90° φ13 4×φ6.6
	柱形沉孔	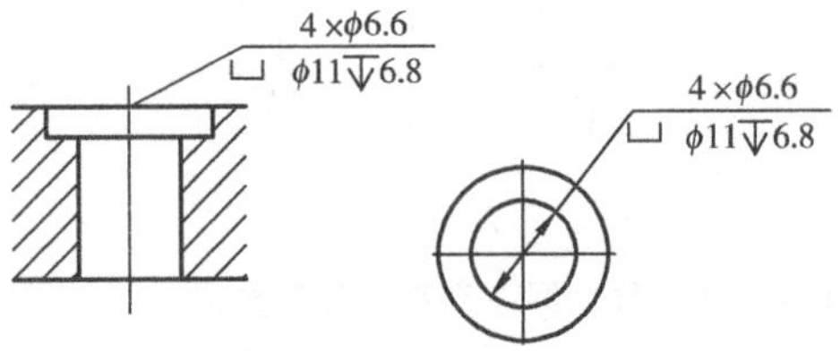 4×φ6.6 ⌴φ11⩗6.8	4×φ6.6 ⌴φ11⩗6.8	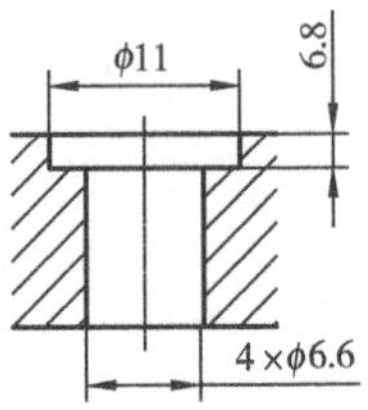 φ11 6.8 4×φ6.6

11.4 零件图中的技术要求

零件图上，除了用视图表达零件的结构形状和用尺寸表达零件的各组成部分的大小及位置关系外，通常还要标注有关的技术要求。技术要求一般有以下几个方面的内容。

（1）零件的极限与配合要求。
（2）零件的形状和位置公差。
（3）零件上的表面粗糙度。
（4）零件材料、热处理、表面处理和表面修饰的说明。
（5）对零件的特殊加工、检查及试验的说明，有关结构的统一要求，如圆角、倒角尺寸等。
（6）其他必要的说明等。

本节简要介绍国家标准对技术要求的有关规定。

11.4.1 表面粗糙度

1. 基本概念

零件表面无论加工得多么光滑，在放大镜或显微镜下观察时，总会看到高低不平的状况，高起的部分称为峰，低凹的部分称为谷。加工表面上具有的较小间距的峰谷所组成的微观几何形状特征称为表面粗糙度，如图 11.20 所示。

2. 评定参数

评定表面粗糙度的主要参数是轮廓算术平均偏差 R_a，它是指在取样长度 L 范围内，被测轮廓线上各点至基准线的距离 Y_i 绝对值的算术平均值，如图 11.21 所示。可近似地表示为

$$R_a = \frac{1}{n} \sum_{i=1}^{n} |Y_i|$$

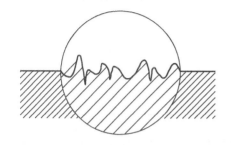
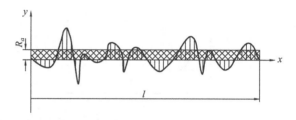

图 11.20　表面粗糙度的概念　　　　图 11.21　轮廓算术平均偏差

表面粗糙度对零件的配合性质、耐磨程度、抗疲劳强度、抗腐蚀性及外观等都有影响。因此，要合理选择其数值。表 11-2 列出了国家标准推荐的优先选用系列。

表 11-2　轮廓算术平均偏差 R_a 值

0.012	0.025	0.05	0.10	0.20	0.40	0.80	1.60	3.2	6.3	12.5	25	50	100

R_a 数值愈小，零件表面愈趋平整光滑；R_a 的数值愈大，零件表面愈粗糙。

3. 表面粗糙度代号

表面粗糙度代号由表面粗糙度符号和在其周围标注的表面粗糙度数值及有关规定符号所组成。表面粗糙度符号及其画法见表 11-3。表面粗糙度符号的尺寸大小按表 11-4 规定对应选取。

表 11-3　表面粗糙度符号及其画法

符　　号	意　　义
∨	基本符号，表示表面可用任何方法获得。当不加注粗糙度参数值或有关说明时，仅适用于简化代号标注
▽	表示表面是用去除材料的方法获得的，如：车、铣、钻、磨、剪切、抛光、腐蚀、电火花加工、气割等
▽○	表示表面是用不去除材料的方法获得的，如：铸、锻、冲压、热轧、冷轧、冶金等；或者是保持上道工序的状况或原供应状况

续表

符 号	意 义
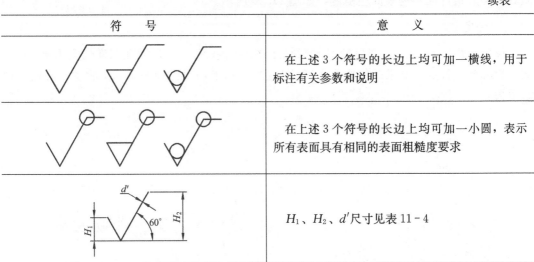	在上述 3 个符号的长边上均可加一横线,用于标注有关参数和说明
	在上述 3 个符号的长边上均可加一小圆,表示所有表面具有相同的表面粗糙度要求
	H_1、H_2、d' 尺寸见表 11-4

表 11-4 表面粗糙度符号的尺寸

轮廓线的线宽 d	0.35	0.5	0.7	1	1.4	2	2.8
数字与字母的高度 h	2.5	3.5	5	7	10	14	20
符号的线宽 d'、数字与字母的笔画宽度 d	0.25	0.35	0.5	0.7	1	1.4	2
高度 H_1	3.5	5	7	10	14	20	28
高度 H_2	8	11	15	21	30	42	60

粗糙度数值及其有关规定在符号中的注写位置见表 11-5。

表 11-5 轮廓算术平均偏差 R_a 值的标注示例

代号	意义	代号	意义
3.2	用任何方法获得的表面粗糙度,R_a 的上限值为 $3.2\mu m$	3.2max	用任何方法获得的表面粗糙度,R_a 的最大值为 $3.2\mu m$
3.2	用去除材料的方法获得的表面粗糙度,R_a 的上限值为 $3.2\mu m$	3.2max	用去除材料的方法获得的表面粗糙度,R_a 的最大值为 $3.2\mu m$
3.2	用不去除材料的方法获得的表面粗糙度,R_a 的上限值为 $3.2\mu m$	3.2max	用不去除材料的方法获得的表面粗糙度,R_a 的最大值为 $3.2\mu m$
3.2 1.6	用去除材料的方法获得的表面粗糙度,R_a 的上限值为 $3.2\mu m$,下限值为 $1.6\mu m$	3.2max 1.6min	用去除材料的方法获得的表面粗糙度,R_a 的最大值为 $3.2\mu m$,最小值为 $1.6\mu m$

在通常情况下，当允许在表面粗糙度参数的所有实测值中超过规定值的个数符合要求时，应在图样上标注表面粗糙度参数的上限值或下限值；当要求在表面粗糙度参数的所有实测值中不得超过规定值时，应在图样上标注表面粗糙度参数的最大值和最小值。

4. 表面粗糙度代号在图样上的标注方法

表面粗糙度代号在图样上的标注方法见表 11-6。

表 11-6 表面粗糙度代号标注示例

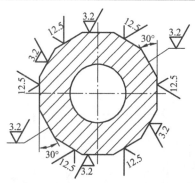	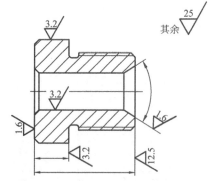
表面粗糙度代号一般注在可见轮廓线、尺寸界线、引出线或它们的延长线上。符号尖端必须从材料外指向表面，数字及符号的方向必须按图中的规定标注	对使用最多的一种代号可统一标注在图样的右上角，其高度应是图样中代号的 1.4 倍
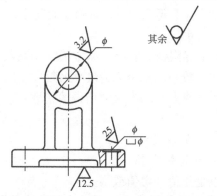	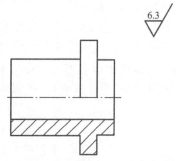
对不连续的同一表面，可用细实线相连，其表面粗糙度代号只注一次	当零件的所有表面具有相同的表面粗糙度时，其代号可在图样的右上角统一标注，其高度应是图样中其余代号和字符的 1.4 倍
	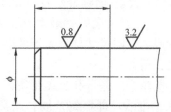
齿轮等工作表面的标注	同一表面上有不同的表面粗糙度要求时，可用细实线画出其分界线，然后分别加以标注

11.4.2 极限与配合

1. 互换性的概念

在一批相同规格的零件或部件中，任取一件，不经修配或其他加工，就能顺利装配，并能够满足设计和使用要求，这批零件或部件所具有的这种性质便称为互换性。极限与配合是保证零件具有互换性的重要依据。

2. 极限与配合的基本术语

极限与配合的基本术语如图 11.22 所示。

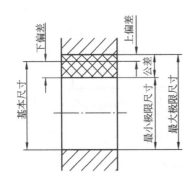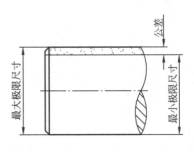

图 11.22　极限与配合的基本术语

(1) 基本尺寸。基本尺寸是根据零件的强度和结构等要求，设计时确定的尺寸。

(2) 实际尺寸。实际尺寸是通过测量所得到的尺寸。

(3) 极限尺寸：极限尺寸是允许尺寸变动的两个界限值。它是以基本尺寸为基数来确定的。两个界限值中较大的一个称为最大极限尺寸；较小的一个称为最小极限尺寸。

(4) 极限偏差（简称偏差）：极限偏差是极限尺寸减去其基本尺寸所得的代数差。极限偏差有：

$$上偏差 = 最大极限尺寸 - 基本尺寸$$
$$下偏差 = 最小极限尺寸 - 基本尺寸$$

上、下偏差统称为极限偏差。上、下偏差可以是正值、负值或零。

国家标准规定：孔的上偏差代号为 ES，孔的下偏差代号为 EI；轴的上偏差代号为 es，轴的下偏差代号为 ei。

(5) 尺寸公差（简称公差）：允许尺寸的变动量。

$$尺寸公差 = 最大极限尺寸 - 最小极限尺寸 = 上偏差 - 下偏差$$

因为最大极限尺寸总是大于最小极限尺寸，亦即上偏差总是大于下偏差，所以尺寸公差一定为正值。

(6) 零线、公差带和公差带图。如图 11.23 所示，零线是在公差带图中用以确定偏差的一条基准线，即零偏差线。通常零线表示基本尺寸。零线上方偏差为正；零线下方偏差为负。公差带是由代表上、下偏差的两条直线所限定的一个区域。公差带图中矩形高度表示公差值大小，矩形的左右长度可根据需要任意确定。

（7）标准公差。标准公差是国家标准极限与配合制中所规定的任一公差。标准公差等级是确定尺寸精确程度的等级。标准公差分 20 个等级，即 IT01、IT0、IT1、…、IT18，IT 表示标准公差，阿拉伯数字表示标准公差等级，其中 IT01 级最高，等级依次降低，IT18 级最低。对于一定的基本尺寸，标准公差等级愈高，标准公差值愈小，尺寸的精确程度愈高。国家标准按不同的标准公差等级列出了各段基本尺寸的标准公差值，详见附录。

（8）基本偏差。基本偏差是用以确定公差带相对于零线位置的上偏差或下偏差，一般是指靠近零线的那个偏差。当公差带位于零线上方时，其基本偏差为下偏差，当公差带位于零线下方时，其基本偏差为上偏差。根据实际需要，国家标准分别对孔和轴各规定了 28 个不同的基本偏差，如图 11.24 所示。

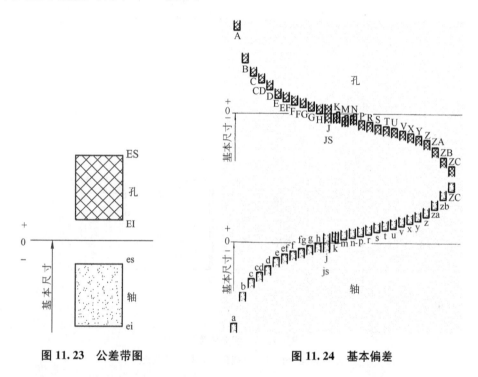

图 11.23　公差带图　　　　图 11.24　基本偏差

孔、轴的基本偏差数值可从有关标准中查出。基本偏差代号用拉丁字母表示，大写字母表示孔的基本偏差代号，小写字母表示轴的基本偏差代号。图中基本偏差表示公差带的位置。孔、轴的公差带代号由基本偏差代号与标准公差等级代号组成，例如，$\phi 60H8$ 表示基本尺寸为 $\phi 60$，基本偏差代号为 H，标准公差等级为 IT8 的孔的公差带。又如，$\phi 60f7$ 表示基本尺寸为 $\phi 60$，基本偏差代号为 f，标准公差等级为 IT7 的轴的公差带。

（9）配合的类别。基本尺寸相同的、相互结合的孔和轴公差带之间的关系称为配合。由于孔和轴的实际尺寸不同，装配后可以产生"间隙"或"过盈"。在孔与轴的配合中，孔的尺寸减去轴的尺寸所得的尺寸之差为正值时是间隙，为负值时是过盈。

配合按其出现间隙或过盈的不同，分为 3 类。

① 间隙配合：具有间隙（包括最小间隙等于零）的配合。此时，孔的公差带在轴的公差带之上，如图 11.25(a)所示。

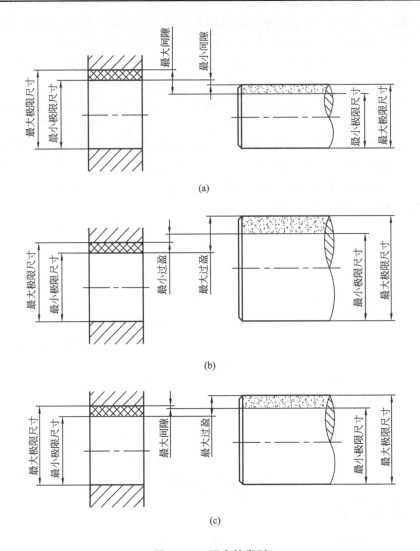

图 11.25 配合的类别
(a) 间隙配合;(b) 过盈配合;(c) 过渡配合

② 过盈配合:具有过盈(包括最小过盈等于零)的配合。此时,孔的公差带在轴的公差带之下,如图 11.25(b)所示。

③ 过渡配合:可能具有间隙或过盈的配合。此时,孔的公差带和轴的公差带相互交叠,如图 11.25(c)所示。

(10) 配合的基准制。国家标准规定了两种基准制,如图 11.26 所示。

① 基孔制:基本偏差为一定的孔的公差带,与不同基本偏差的轴的公差带形成各种配合(间隙、过渡或过盈)的一种制度,如图 11.26(a)所示。也就是在基本尺寸相同的配合中将孔的公差带位置固定,通过变换轴的公差带位置得到不同的配合。

基孔制的孔称为基准孔,基本偏差代号为"H",其下偏差为零。

② 基轴制:基本偏差为一定的轴的公差带,与不同基本偏差的孔的公差带形成各种配合(间隙、过渡或过盈)的一种制度,如图 11.26(b)所示。也就是在基本尺寸相同的配合

中将轴的公差带位置固定，通过变换的孔的公差带位置得到不同的配合。

基轴制的轴称为基准轴，基本偏差代号为"h"，其上偏差为零。

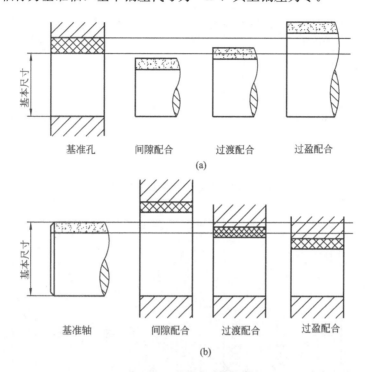

图 11.26 配合的基准制

(a) 基孔制；(b) 基轴制

(11) 优先与常用公差带及配合见表 11-7、表 11-8。

表 11-7 基孔制优先与常用配合

基准孔	轴																				
	a	b	c	d	e	f	g	h	js	k	m	n	p	r	s	t	u	v	x	y	z
	间隙配合								过渡配合				过盈配合								
H6						$\frac{H6}{f5}$	$\frac{H6}{g5}$	$\frac{H6}{h5}$	$\frac{H6}{js5}$	$\frac{H6}{k5}$	$\frac{H6}{m5}$	$\frac{H6}{n5}$	$\frac{H6}{p5}$	$\frac{H6}{r5}$	$\frac{H6}{s5}$	$\frac{H6}{t5}$					
H7						$\frac{H7}{f6}$	$\frac{H7}{g6}$	$\frac{H7}{h6}$	$\frac{H7}{js6}$	$\frac{H7}{k6}$	$\frac{H7}{m6}$	$\frac{H7}{n6}$	$\frac{H7}{p6}$	$\frac{H7}{r6}$	$\frac{H7}{s6}$	$\frac{H7}{t6}$	$\frac{H7}{u6}$	$\frac{H7}{v6}$	$\frac{H7}{x6}$	$\frac{H7}{y6}$	$\frac{H7}{z6}$
H8					$\frac{H8}{e7}$	$\frac{H8}{f7}$	$\frac{H8}{g7}$	$\frac{H8}{h7}$	$\frac{H8}{js7}$	$\frac{H8}{k7}$	$\frac{H8}{m7}$	$\frac{H8}{n7}$	$\frac{H8}{p7}$	$\frac{H8}{r7}$	$\frac{H8}{s7}$	$\frac{H8}{t7}$	$\frac{H8}{u7}$				
				$\frac{H8}{d8}$	$\frac{H8}{e8}$	$\frac{H8}{f8}$		$\frac{H8}{h8}$													
H9			$\frac{H9}{c9}$	$\frac{H9}{d9}$	$\frac{H9}{e9}$	$\frac{H9}{f9}$		$\frac{H9}{h9}$													
H10			$\frac{H10}{c10}$	$\frac{H10}{d10}$				$\frac{H10}{h10}$													

续表

基准孔	轴																				
	a	b	c	d	e	f	g	h	js	k	m	n	p	r	s	t	u	v	x	y	z
	间隙配合								过渡配合				过盈配合								
H11	$\frac{H11}{a11}$	$\frac{H11}{b11}$	$\frac{H11}{c11}$▲	$\frac{H11}{d11}$				$\frac{H11}{h11}$													
H12		$\frac{H12}{b12}$						$\frac{H12}{h12}$													

注：1. $\frac{H6}{n5}$、$\frac{H7}{p6}$在基本尺寸小于或等于 3mm 和 $\frac{H8}{r7}$在小于或等于 100mm 时，为过渡配合。

2. 注有▲符号者的配合为优先配合。

表 11-8 基轴制优先与常用配合

基准轴	孔																				
	A	B	C	D	E	F	G	H	JS	K	M	N	P	R	S	T	U	V	X	Y	Z
	间隙配合								过渡配合				过盈配合								
h5						$\frac{F6}{h5}$	$\frac{G6}{h5}$	$\frac{H6}{h5}$	$\frac{JS6}{h5}$	$\frac{K6}{h5}$	$\frac{M6}{h5}$	$\frac{N6}{h5}$	$\frac{P6}{h5}$	$\frac{R6}{h5}$	$\frac{S6}{h5}$	$\frac{T6}{h5}$					
h6						$\frac{F7}{h6}$	$\frac{G7}{h6}$▲	$\frac{H7}{h6}$▲	$\frac{JS7}{h6}$	$\frac{K7}{h6}$	$\frac{M7}{h6}$	$\frac{N7}{h6}$▲	$\frac{P7}{h6}$	$\frac{R7}{h6}$	$\frac{S7}{h6}$▲	$\frac{T7}{h6}$	$\frac{U7}{h6}$				
h7					$\frac{E8}{h7}$	$\frac{F8}{h7}$▲		$\frac{H8}{h7}$▲	$\frac{JS8}{h7}$	$\frac{K8}{h7}$	$\frac{M8}{h7}$	$\frac{N8}{h7}$									
h8				$\frac{D8}{h8}$	$\frac{E8}{h8}$	$\frac{F8}{h8}$		$\frac{H8}{h8}$													
h9				$\frac{D9}{h9}$	$\frac{E9}{h9}$	$\frac{F9}{h9}$		$\frac{H9}{h9}$													
h10				$\frac{D10}{h10}$				$\frac{H10}{h10}$													
h11	$\frac{A11}{h11}$	$\frac{B11}{h11}$	$\frac{C11}{h11}$▲	$\frac{D11}{h11}$				$\frac{H11}{h11}$▲													
h12		$\frac{B12}{h12}$						$\frac{H12}{h12}$													

注：注有▲符号者的配合为优先配合。

3. 极限与配合的标注

(1) 极限与配合在零件图中的注法。公差在零件图中的注法有以下 3 种形式。

① 标注公差带代号。如图 11.27(a)所示，这种注法常用于大批量生产中，由于与采用专用量具检验零件统一起来，因此不需要注出偏差值。

② 标注偏差数值。如图 11.27(b)所示，这种注法常用于小批量或单件生产中，以便加工检验时对照。标注偏差数值时应注意：

(a) 上、下偏差数值不相同时，上偏差注在基本尺寸的右上方，下偏差注在右下方并与基本尺寸注在同一底线上。偏差数字应比基本尺寸数字小一号，小数点前的整数位对齐，后边的小数位位数应相同。

(b) 如果上偏差或下偏差为零，应简写为"0"，前面不注"+"、"-"号，后边不注小数点；另一偏差按原来的位置注写。

(c) 如果上、下偏差数值绝对值相同，则在基本尺寸后加注"±"号，只填写一个偏差数值，其数字大小与基本尺寸数字大小相同，如 $\phi 80 \pm 0.017$。

(d) 同时标注公差带代号和偏差数值。

如图 11.27(c)所示，偏差数值应该用圆括号括起来。这种标注形式集中了前两种标注形式的优点，常用于产品转产较频繁的生产中。

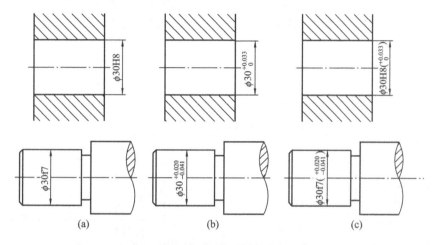

图 11.27 零件图中尺寸公差的注法

国家标准规定，同一张零件图上其公差只能选用一种标注形式。

(2) 配合代号在装配图中的注法。配合代号由相配的孔和轴的公差带代号组成，用分数形式表示，分子为孔的公差带代号，分母为轴的公差带代号（用斜分数线时，斜分数线应与分子、分母中的代号高度平齐），如图 11.28 所示。

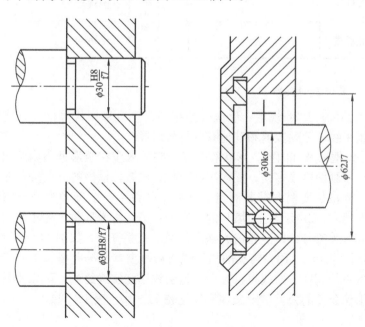

图 11.28 装配图中尺寸公差的注法

11.4.3 形状和位置公差及其标注法

评定零件质量的指标是多方面的，除前述的表面粗糙度和尺寸公差要求外，对精度要求较高的零件，还必须有形状和位置公差要求。

1. 形状和位置公差的概念

形状和位置公差（简称形位公差）是指零件的实际形状和位置对理想形状和位置的允许变动量。在机器中某些精度较高的零件，不仅需保证其尺寸公差，而且还需要保证其形状和相对位置公差。

2. 形位公差特征项目及符号

形位公差特征项目及符号见表 11-9。

表 11-9 形位公差特征项目及符号

分类	名称	符号	分类		名称	符号
形状公差	直线度	—	位置公差	定向	平行度	∥
	平面度	▱			垂直度	⊥
	圆度	○			倾斜度	∠
	圆柱度	⌭		定位	同轴度	◎
					对称度	⚌
					位置度	⊕
形状或位置公差	线轮廓度	⌒		跳动	圆跳动	↗
	面轮廓度	⌒			全跳动	⤮

3. 形状和位置公差的标注法

国标 GB/T 1182—1996 规定，形位公差在图样中应采用代号标注。代号由公差项目符号、框格、指引线、公差数值和其他有关符号组成。

(1) 形位公差框格及其内容。形状和位置公差要求应在矩形框格内给出。形位公差框格用细线绘制，可画两格或多格，要水平（或铅垂）放置，框格的高（宽）度是图样中尺寸数字高度的二倍，框格长度根据需要而定。框格中的数字、字母和符号与图样中的数字同高，框格内由左至右（或由下至上）填写的内容为：第一格为形位公差项目符号，第二格为形位公差值及其有关符号，以后各格为基准代号及有关符号，如图 11.29 所示。

(2) 形位公差的标注。用带箭头的指引线将被测要素与公差框格的一端相连。指引线箭头应指向公差带的宽度方向或直径方向。指引线用细实线绘制，可以不转折或至多转折两次。常用的形位公差的公差带定义和标注见表 11-10、表 11-11。

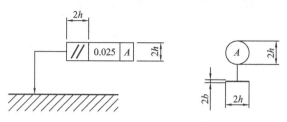

图 11.29 形位公差框格和基准代号

表 11-10 形状公差的标注与公差带定义

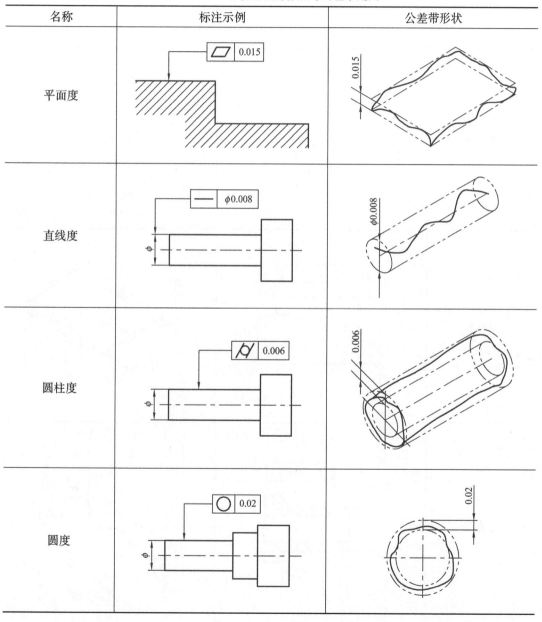

表 11-11 位置公差的标注与公差带定义

名称	标注示例	公差带形状
平行度	∥ 0.025 A	0.025，基准平面
平行度	∥ 0.025 A	0.025，基准平面
对称度	= 0.025 A	0.025，基准中心平面
垂直度	⊥ φ0.008 A	φ0.008，基准平面

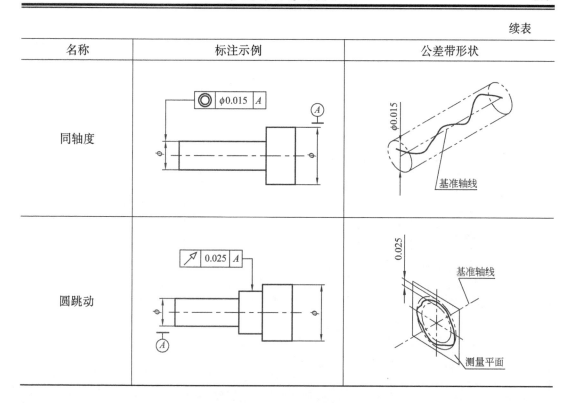

11.5 阅读零件图

读零件图的目的是根据零件图的各视图,想象该零件的结构形状,分析零件的结构、尺寸和技术要求,以及零件的材料、名称等内容。读零件图是在组合体看图的基础上增加零件的精度分析、结构工艺性分析等。下面以如图11.30所示壳体零件图为例说明读零件图的方法和步骤。

1. 看标题栏,粗略了解零件

看标题栏,了解零件的名称、材料、数量、比例等,从而大体了解零件的功用。对不熟悉的比较复杂的零件图,通常还要参考有关的技术资料,如该零件所在部件的装配图、相关的其他零件图及技术说明书等,以便从中了解该零件在机器或部件中的功用、结构特点、设计要求和工艺要求,为看零件图创造条件。

2. 分析零件各组成部分的几何形状、结构特点及作用

看懂零件的内、外结构和形状是看图的重点。先找出主视图,确定各视图间的关系,并找出剖视、断面图的剖切位置、投射方向等,然后研究各视图的表达重点。从基本视图看零件大体的内外形状,结合局部视图、斜视图以及断面图等表达方法,看清零件的局部或斜面的形状。从零件的加工要求,了解零件的一些工艺结构。

该壳体共采用4个图形表达零件的内外结构,其中包括3个基本视图及一个局部视图。主视图 A—A 全剖视,主要表达内部结构形状;俯视图采用阶梯剖切的 B—B 全剖视

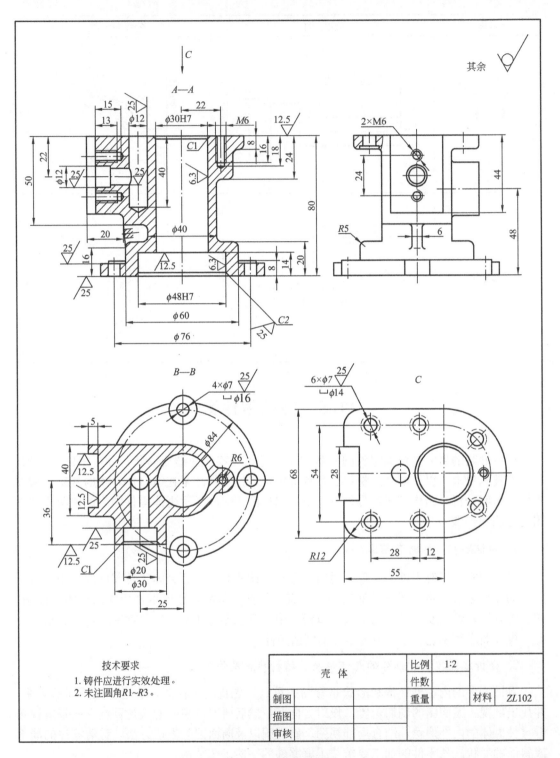

图 11.30 壳体零件图

图，同时表达内部和底板的形状；左视图表达外形，其上有一小处局部剖，表达孔的结构；C 向局部视图主要表达顶面形状，想象出顶部连接板的形体。从主、俯视图中看出中间的腔体部分，想象出腔体部分的形体；壳体下部的安装底板，主要在主、俯视图中表达，想象出安装底板的形体；从主、左及俯视图可看出左侧连接部分，想象出左侧连接部分的形体；从俯、左视图想象出直径为 $\phi 30$ 的圆柱形凸台的形体；从主、左视图中看出，该零件有一加强肋；从主、俯视图中可看出顶部连接板上深 16 的 M6 螺孔。

3. 分析尺寸

分析尺寸时，应先分析长、宽、高 3 个方向的主要尺寸基准，了解各部分的定位尺寸和定形尺寸，分清楚哪些是主要尺寸。

如图 11.30 所示，长度方向的主要尺寸基准是通过主体内腔轴线的侧平面；宽度方向的主要尺寸基准是通过主体内腔轴线的正平面；高度方向的主要尺寸基准是底板的底面。从这 3 个主要基准出发，结合零件的功用，进一步分析主要尺寸和各部分的定形尺寸、定位尺寸，以至完全确定这个箱体的各部分大小。

4. 了解技术要求

了解零件图中表面粗糙度、尺寸公差、形位公差及热处理等技术要求。从图中标注的表面粗糙度看出，除主体内腔孔 $\phi 30H7$ 和 $\phi 48H7$ 的 R_a 值为 6.3 以外，其他加工面大部分 R_a 值为 25，少数是 12.5，其余为铸造表面。全图只有两个尺寸具有公差要求，即 $\phi 30H7$ 和 $\phi 48H7$，也正是工作内腔，说明它是该零件的核心部分。箱体材料为铸铝，为保证箱体加工后不致变形而影响工作，因此铸体应经时效处理。未注圆角 $R1\sim R3$。

5. 归纳总结

综合前面的分析，把图形、尺寸和技术要求等全面系统地联系起来思考，得出零件的整体结构、尺寸大小、技术要求及零件的作用等完整的概念。

必须指出，在看零件图的过程中，不能把上述步骤机械地分开，往往是交叉进行的。另外，对于较复杂的零件图，还需要参考有关技术资料，如装配图，相关的零件图及说明书等。

11.6 零件测绘

零件测绘是根据已有零件画出零件图的过程，这一过程包含绘制零件草图、测量出零件的尺寸和确定技术要求、然后绘制零件图。在生产过程中，当维修机器需要更换某一零件或对现有机器进行仿制时，常需要对零件进行测绘。

零件测绘工作常在现场进行，由于受时间和场所的限制，需要先徒手绘制零件草图，草图整理后，再根据草图画出零件图。

11.6.1 零件测绘常用的测量工具及测量方法

常用的测量工具及尺寸测量方法见表 11-12。

表 11-12　常用的测量工具及尺寸测量方法

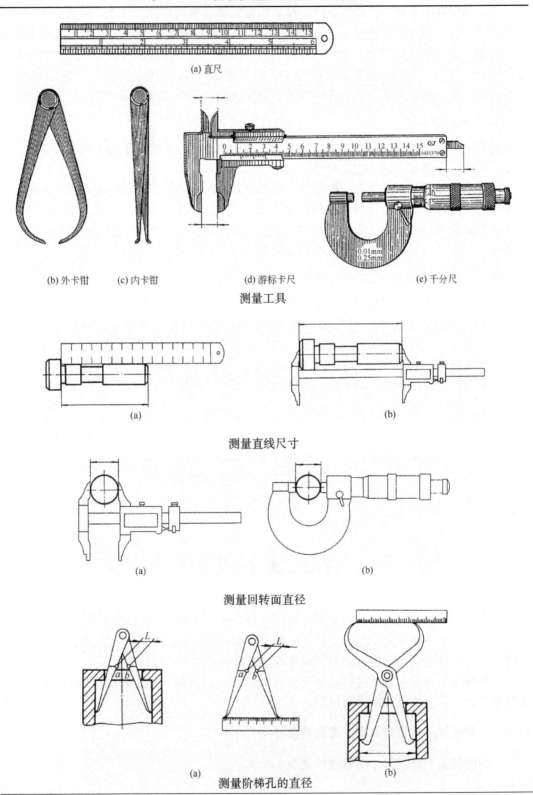

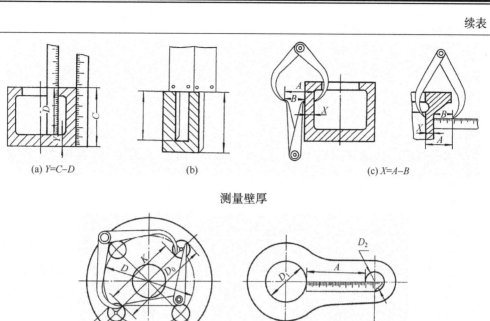

(a) $Y=C-D$ (b) (c) $X=A-B$

测量壁厚

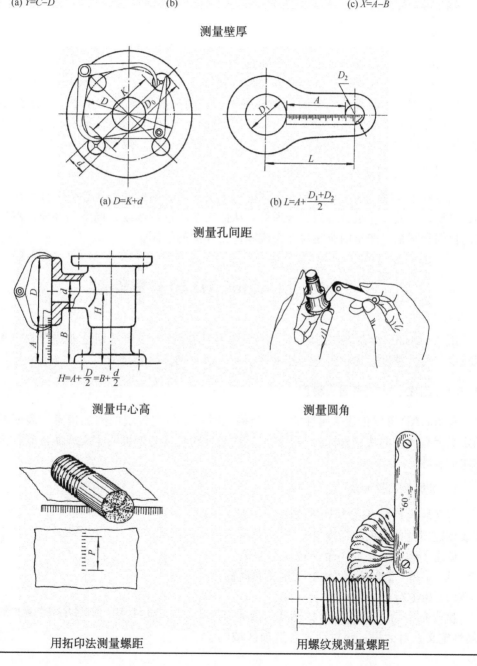

(a) $D=K+d$ (b) $L=A+\dfrac{D_1+D_2}{2}$

测量孔间距

$H=A+\dfrac{D}{2}=B+\dfrac{d}{2}$

测量中心高   测量圆角

用拓印法测量螺距   用螺纹规测量螺距

11.6.2 零件测绘的方法步骤

1. 分析零件并确定表达方案

首先对该零件进行详细分析，了解被测零件的名称、用途、零件的材料及制造方法等，用形体分析法分析零件结构，并了解零件上各部分结构的作用特点。

根据零件的形体特征、工作位置或加工位置确定主视图，再按零件的内外结构特点选用必要的其他视图，各视图的表达方法都应有一定的目的。视图表达方案要求：正确、完整、清晰和简练。

2. 绘制零件草图

草图必须具有正规图所包含的全部内容。

对所画草图的要求有：目测尺寸要准，视图正确，表达完整，图样清晰，字体工整，技术指标合理，图面整洁，有图框和标题栏等。然后将所测量尺寸逐一标注在零件草图上。零件测绘对象主要指一般零件，凡属标准件，不必画它的零件草图和零件工作图，只需测量主要尺寸，查有关标准写出规定标记，并注明材料、数量等。

3. 由零件草图绘制零件工作图

画零件工作图之前，应对零件草图进行复检，检查零件的表达是否完整，尺寸有无遗漏、重复，相关尺寸是否恰当、合理等，从而对草图进行修改、调整和补充，然后选择适当的比例和图幅，按草图所注尺寸完成零件工作图的绘制。

11.7 用 AutoCAD 绘制零件图

用 AutoCAD 绘制零件图时，与组合体的绘图相比，主要区别是零件图中包含了表面粗糙度、尺寸精度、形位公差等技术要求，下面分别作简单介绍。

11.7.1 创建、标注表面粗糙度

AutoCAD 可以创建带属性的块，当插入时可以指定该块的附加信息。表面粗糙度常用定义带有属性的块进行标注。下面以标注表面粗糙度为例说明定义块属性和插入带属性的块的步骤。

1. 创建带属性的块

定义块属性前先绘制如图 11.31(a) 所示的需要创建属性的表面粗糙度符号。

调用创建带属性的块命令的方式如下。

（1）菜单：【绘图】|【块】|【定义属性】。
（2）命令行：attdef ✓。

执行命令后，系统弹出如图 11.32 所示的【属性定义】对话框。该对话框各选项区域的意

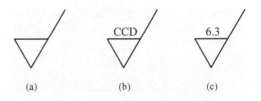

图 11.31 创建和标注带属性的块

义如下。

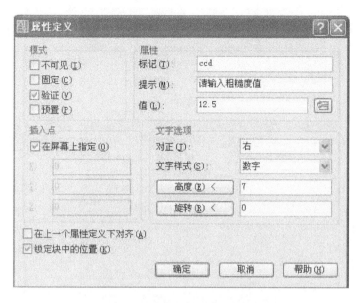

图 11.32 【属性定义】对话框

(1)【模式】选项区域。

①【不可见】复选框：表示指定插入块时不显示或打印此属性值。

②【固定】复选框：表示预先给出属性值，不必在插入式输入，并且此属性值不能修改。

③【验证】复选框：表示插入块时提醒验证属性值是否正确。

④【预置】复选框：表示插入块时将属性值设置为默认值。

(2)【属性】选项区域。

①【标记】文本框：输入属性标记(该标记只出现在块定义文本文件中)。

②【提示】文本框：输入插入块时在命令行中的提示内容。

③【值】文本框：输入属性的默认值。

(3)【文字选项】选项区域：设置文字的对正、样式、高度、旋转等属性。

此例在【模式】选项区域中选中【验证】复选框；在【属性】选项区域的【标记】文本框内输入标记，如"ccd"，【提示】文本框内输入"请输入粗糙度值"，【值】文本框内输入粗糙度常用值(默认值)，如"12.5"；在【插入点】选项区域默认【在屏幕上指定】；在【文字选项】选项区域设置合适的文字，为了保证粗糙度数字变化时插入的属性不至于压过图线，对正方式选择【右】对齐，如图 11.32 所示。单击对话框中的【确定】按钮，在屏幕上指定【标记】的插入点，完成粗糙度属性的定义，如图 11.31(b)所示。

2. 定义块

输入"wblock"命令，AutoCAD 系统弹出【写块】对话框，在【源】选项区域中选中【对象】单选按钮，单击【拾取点】按钮，设置插入基点为粗糙度符号的底部角点，单击【选择对象】按钮，选择整个图形，在【目标】选项区域输入文件名、位置和插入单位，如图 11.33 所示，单击【确定】按钮，即将图形连同属性创建为文件名为"粗糙度"的图块。

图 11.33 【写块】对话框

3．插入块

单击【绘图】工具栏上的【插入块】图标，AutoCAD 系统弹出如图 11.34 所示的【插入】对话框。在【名称】下拉列表中选择【粗糙度】选项，确定【插入点】和【旋转】为在屏幕上指定，缩放比例为统一比例后，在屏幕上选取插入点，再单击【确定】按钮，此时按命令行提示指定插入点、缩放比例和旋转角度，在"请输入粗糙度值〈12.5〉"提示下输入"6.3"并验证，如图 11.35 所示。

图 11.34 【插入】对话框

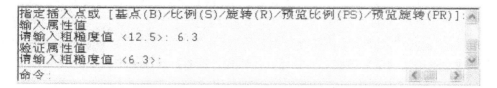

图 11.35　插入带属性块的命令窗口

插入结果如图 11.31(c)所示。利用块的属性特性可以创建一些带参数的符号和标题栏等。

11.7.2　标注尺寸公差

尺寸公差并非每一个尺寸都需要，当需要标注时，一般使用标注替代的方法为即将标注的尺寸设置公差，标注完成后再选择回到根标注。例如标注如图 11.36 所示的尺寸极限偏差的方法和步骤如下。

（1）选择菜单【标注】|【标注样式】命令，弹出【标注样式管理器】对话框，在【样式】列表中选择已建立的标注样式作为基准样式，如"机械图"，单击【替代】按钮，弹出【替代当前样式】对话框，打开其中的【公差】选项卡，如图 11.37 所示。

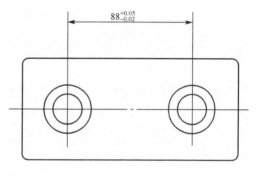

图 11.36　尺寸极限偏差标注

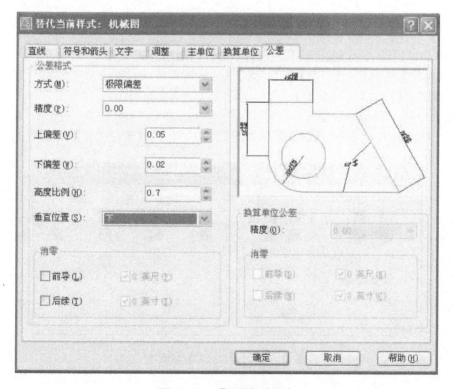

图 11.37　【公差】选项卡

（2）在【公差格式】选项区域的【方式】下拉列表中选择"极限偏差"选项，确认【精度】下拉列表中选择"0.00"选项，在【上偏差】文本框中输入"0.05"，在【下偏差】文本框中输入"0.02"，【将高度比例】设置为"0.7"，【垂直位置】下拉列表中选择"下"选项。单击【确定】按钮，回到【标注样式管理器】对话框中。

（3）此时【标注】列表中"机械图"下面会出现一个"样式替代"子样式，确保此"样式替代"为当前样式，然后单击【关闭】按钮回到绘图界面。

（4）激活线性标注命令，提示如下。

命令：dimlinear

指定第一条尺寸界线原点或＜选择对象＞：（确保打开对象捕捉，拾取左边圆心）

指定第二条尺寸界线原点：（拾取右边圆心）

指定尺寸线位置或［多行文字（M）/文字（T）/角度（A）/水平（H）/垂直（V）/旋转（R）］：（确定合适的尺寸线位置）

标注文字＝88

标注的结果如图11.36所示。用同样的方法还可以标注对称、极限尺寸、基本尺寸等带有公差的尺寸，如图11.38所示。

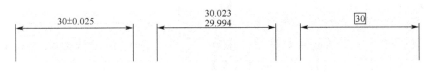

图 11.38　尺寸公差格式

11.7.3　标注形位公差

AutoCAD提供了专门的形位公差工具，命令的激活方式如下。

（1）【标注】工具栏：【公差】按钮 。

（2）菜单：【标注】｜【公差】。

（3）命令行：Tolerance ↙。

命令激活后，AutoCAD系统会弹出如图11.39所示的【形位公差】对话框。

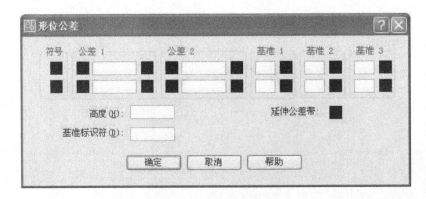

图 11.39　【形位公差】对话框

该对话框中各选项区域的含义分别如下。

（1）【符号】选项区域：单击【符号】选项区域中的■框，将出现如图 11.40 所示的【特征符号】选择框，从中选取形位公差特征符号。

（2）【公差1】选项区域：创建公差框中的第一个公差值。单击前面的■框，可插入直径符号，在文本框中输入公差值。单击后面的■框，可打开如图 11.41 所示的【附加符号】选择框，为第一个公差选择附加符号。

（3）【公差2】选项区域：设置形位公差2的有关参数。

（4）【基准1】、【基准2】、【基准3】选项区域：创建形位公差的主要基准。

形位公差标注常和引线标注结合使用。如标注图 11.42 所示的形位公差，可按如下步骤进行。

图 11.40　【特征符号】选择框

图11.41　【附加符号】选择框

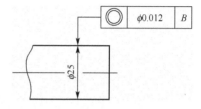
图 11.42　形位公差的标注

（1）在【标注】工具栏中单击【快速引线】图标 。

（2）按 Enter 键打开【引线设置】对话框，在【注释】选项卡的【注释类型】选项区域中选中【公差】单选按钮，单击【确定】按钮，如图 11.43 所示。

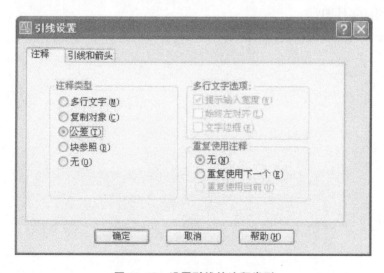
图 11.43　设置引线的注释类型

（3）在图形中创建引线，这时将自动打开【形位公差】对话框。

（4）参照图 11.44 设置形位公差的符号、值和基准，单击【确定】按钮，AutoCAD 系统提示："输入公差值："，此时拖动公差框格到所需要的位置。

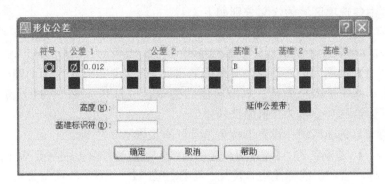

图 11.44　设置形位公差

复习思考题

1. 零件图的作用和内容有哪些？
2. 零件的铸造和机械加工分别对零件有哪些工艺结构要求？
3. 选择零件的主视图应考虑哪些原则？
4. 标注零件图的尺寸时应注意哪些问题？何谓主要尺寸基准和辅助尺寸基准？二者之间是否应有尺寸联系？
5. 如何在图样上标注表面粗糙度？
6. 举例说明孔和轴的公差代号的注写方法。
7. 何谓形位公差？形位公差的标注应注意什么问题？
8. 如何阅读零件图？
9. 简述零件测绘的步骤。

第 12 章 装 配 图

教学目标：熟悉机器、部件的表达方法，掌握读装配图、画装配图和部件测绘的方法步骤。

教学要求：了解装配图的内容，掌握装配图的规定画法和特殊画法、装配图上尺寸标注、技术要求、零部件序号和标题栏的注写要求，了解装配结构的工艺性，掌握部件测绘的方法步骤。

本章介绍装配图的内容、机器部件的表达方法、装配图的画法、读装配图和由零件图画装配图及部件测绘等内容。

12.1 概 述

12.1.1 装配图的作用

机器或部件是由许多零件按一定技术要求装配而成的。用以表示机器或部件(统称装配体)等产品及其组成部分的连接、装配关系的图样称为装配图。

装配体在设计、仿造或改装时，一般先画出装配图，再根据装配图画出零件图。制造时，应先根据零件图制造零件，再由装配图装配成部件或机器。因此，装配图是表达设计思想、指导生产及进行技术交流的重要技术文件。

12.1.2 装配图的内容

如图 12.1、图 12.2 所示为正滑动轴承的分解轴测图和装配图，从图中可以看出一张完整的装配图必须包含以下 4 个方面的内容。

(1) 一组图形：用视图、剖视图和其他表示方法表明装配体的工作原理，各零件之间的装配、连接关系以及零件的主要结构形状。

(2) 必要的尺寸：用以表明装配体的性能、规格、配合、外形、安装等有关重要尺寸。

(3) 技术要求：用符号或文字说明装配体在装配、检验和使用时应达到的要求。

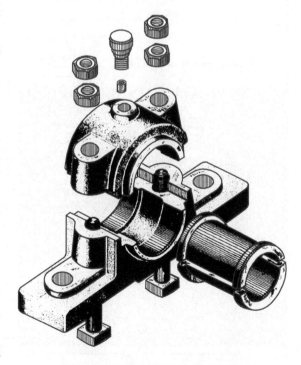

图 12.1 正滑动轴承的分解轴测图

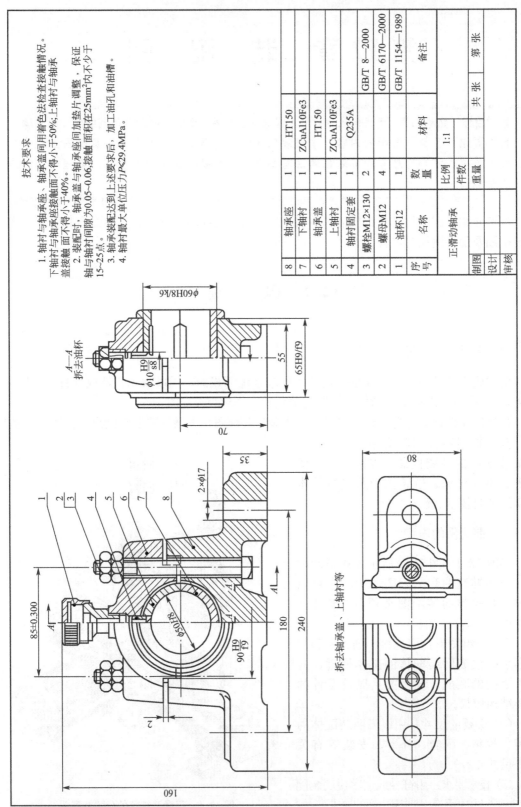

图 12.2 正滑动轴承的装配图

(4) 零件序号、明细栏和标题栏：序号是指装配体上每一种零件按顺序的编号；标题栏用以注明装配体的名称、图号、比例以及有关责任者的签名、日期等；明细栏用来填写各零件的序号、代号、名称、数量、材料等内容。

12.2 装配图的表达方法

零件图上的各种表达方法，如视图、剖视、断面等，在装配图中同样适用，但由于装配图表达的侧重点与零件图有所不同，因此装配图还有一些规定画法和特殊画法。

12.2.1 装配图的规定画法

(1) 在剖视图中，为了便于区分，相邻两零件的剖面线方向应相反，或方向一致间隔不等，如图 12.3 中的零件 9、13、14 所示。

当零件厚度小于 2mm 时，允许用涂黑来代替剖面符号，如图 12.3 中的垫片 6。

(2) 相接处和相配合的两零件表面接触处，规定只画一条线；凡是非接触、非配合的两表面，不论间隙多小，都必须画出两条线。

(3) 在装配图中，对于紧固件以及轴、实心杆件、球、键、销等实心零件，若按纵向剖切，且剖切平面通过其对称平面或轴线时，则这些零件均按不剖绘制，如图 12.2 中的螺栓、螺母，图 12.3 中的零件 5、7、8、10、11。如需要特别表明零件的结构，如凹槽、键槽、销孔等，则可采用局部剖视表示。

12.2.2 装配图的特殊画法

1. 拆卸画法

拆卸画法有如下两种含义。

(1) 以拆卸代替剖视画法。为了表达装配体的内部结构，可假想沿着两零件的结合面进行剖切，将剖切平面与观察者之间的零件拆掉后再进行投射。此时在零件的结合面上不画剖面线，如图 12.2 中的俯视图。

(2) 拆卸画法。当装配体上某些常见的较大零件在视图上的位置和连接关系等已经表达清楚时，为了避免遮盖某些零件的投影，在其他视图上可假想将这些零件拆去不画。在如图 12.3 所示装配图中，俯视图拆去了零件手轮。

以上两种画法，若需要说明时，可在其视图上方注明"拆去××"等字样。

2. 假想画法

(1) 对机器零、部件中可动零件的极限位置，应用细双点画线画出该零件的轮廓。如图 12.4 所示，用细双点画线画出了车床尾座上手柄的另一个极限位置。

(2) 对于与本部件有关但不属于本部件的相邻零、部件，可用细双点画线表示其与本部件的连接关系，如图 12.5 中的工件。

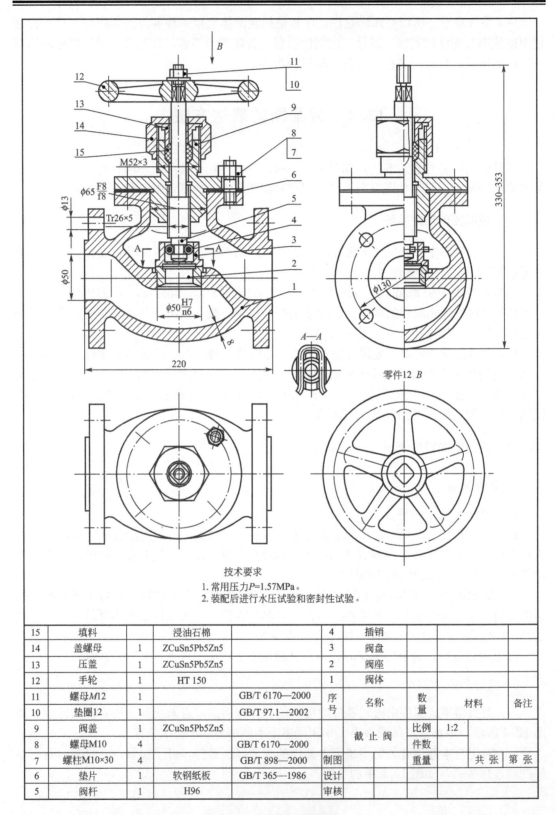

技术要求
1. 常用压力 P=1.57MPa。
2. 装配后进行水压试验和密封性试验。

15	填料		浸油石棉		4	插销			
14	盖螺母	1	ZCuSn5Pb5Zn5		3	阀盘			
13	压盖	1	ZCuSn5Pb5Zn5		2	阀座			
12	手轮	1	HT 150		1	阀体			
11	螺母M12	1		GB/T 6170—2000	序号	名称	数量	材料	备注
10	垫圈12	1		GB/T 97.1—2002					
9	阀盖	1	ZCuSn5Pb5Zn5		截 止 阀		比例	1:2	
8	螺母M10	4		GB/T 6170—2000			件数		
7	螺柱M10×30	4		GB/T 898—2000	制图		重量		共张 第张
6	垫片	1	软钢纸板	GB/T 365—1986	设计				
5	阀杆	1	H96		审核				

图 12.3 截止阀装配图

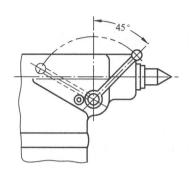 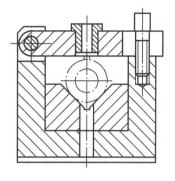

图 12.4　可动零件的极限位置表示方法　　图 12.5　相邻辅助零件的表示方法

3. 夸大画法

凡装配图中直径、斜度、锥度或厚度小于 2mm 的结构，如薄片零件、细丝弹簧、金属丝、微小间隙等，若按其实际尺寸在装配图上很难画出或难以明确表示时，可不按比例采用夸大画法。其中较薄零件的剖面线可以用涂黑来代替，如图 12.6 所示。

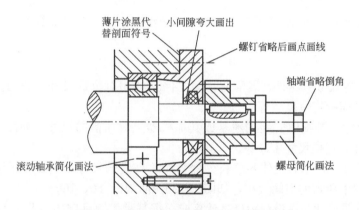

图 12.6　装配图上的夸大画法和简化画法

4. 简化画法

（1）装配图上若干相同的零件组，如螺栓连接等，允许仅详细地画出一组或几组，其余只需用点画线表示其位置，如图 12.6 所示。

（2）装配图上零件的某些工艺结构，如倒角、圆角、凸台、凹坑、沟槽、滚花等，可省略不画，如图 12.6 所示。

（3）在装配图中，剖切平面通过某些外购成品件（如油杯、油标、管接头等）轴线时，可以只画外形；对于标准件（如滚动轴承、螺栓、螺母等），可采用简化或示意画法，如图 12.6 中滚动轴承的画法。

5. 单独表示某个零件的画法

在装配图中，可以单独地画出某一零件的视图，但必须在所画视图的上方注出该零件的视图名称，在相应视图附近用箭头指明投射方向，并注上同样的字母，如图 12.3 中手轮的 B 向视图。

12.3 装配图的尺寸标注和技术要求

12.3.1 尺寸标注

装配图与零件图不同，不需要注出每个零件的所有尺寸，而只需注出与装配体的装配、检验、安装和调试等有关的尺寸。装配图中的尺寸可分为以下几类。

1. 性能（规格）尺寸

性能尺寸是表示装配体的性能和规格的尺寸。它作为设计的一个重要数据，在画图之前就已确定，如图 12.2 所示的正滑动轴承的孔径 $\phi 50$，它反映了该部件所支撑的轴的直径大小；图 12.3 截止阀的通孔直径 $\phi 50$ 表明了管路的通径。

2. 装配尺寸

装配尺寸是表示装配体各零件之间装配关系的尺寸，通常有如下几种。

（1）配合尺寸：用来表示两个零件之间配合性质的尺寸，如图 12.2 中的 $90\frac{H9}{f9}$ 和 $\phi 10\frac{H9}{s8}$。

（2）相对位置尺寸：零件在装配时，需要保证的相对位置尺寸，如两齿轮的中心距、主要轴线到基准面的定位尺寸等。

（3）安装尺寸：装配体安装到地基或其他机器上时所需的尺寸，如图 12.2 中的安装孔尺寸 $\phi 17$ 和孔的定位尺寸 180 等。

（4）外形尺寸：表示装配体的总长、总宽和总高度的尺寸。它提供了装配体在包装、运输和安装过程中所占的空间大小，如图 10.2 中的 240、80、160。

（5）其他重要尺寸：在设计中经过计算或根据某种需要确定的、但又不属于上述几类尺寸的一些重要尺寸，如图 12.3 中的 Tr26×5、M52×3 以及 330～353 等。

上述 5 类尺寸间往往有某种关联。即有的尺寸往往同时具有几种不同的含义，如图 12.2 主视图上的 240，它既是总体尺寸，又是主要零件的主要尺寸。此外，一张装配图中，不一定都要标全这 5 类尺寸，在标注尺寸时应根据装配体的构造情况，具体分析而定。

12.3.2 技术要求

不同性能的装配体，其技术要求也各不相同。拟定技术要求一般可从以下几方面考虑。

（1）装配要求：装配体在装配过程中需注意的事项，装配后应达到的要求，如准确度、装配间隙、润滑要求等。

（2）检验要求：对装配体基本性能的检验、试验及操作时的要求。

（3）使用要求：对装配体的规格、参数及维护、保养、使用时的注意事项及要求。

装配图上的技术要求应根据装配体的具体情况而定，并将其用文字注写在标题栏上方或图样下方的空白处。

12.4 装配图中零、部件的序号和标题栏

在生产中，为了便于读图和管理图样，装配图中各零、部件都必须编号，并填写明细栏。明细栏可直接画在装配图标题栏的上面，也可另列零、部件明细栏，内容应包含零件名称、材料及数量等，这样，有利于读图时对照查阅，并可根据明细栏做好生产准备工作。

12.4.1 零、部件序号的编排方法

1. 一般规则

（1）装配图中所有零、部件都必须编写序号。规格相同的零件只编一个序号，标准化组件如油杯、滚动轴承、电动机等，可看作是一个整体，编一个序号。

（2）装配图中零、部件的序号应与明细栏中的序号一致。

2. 零、部件序号的通用表示方法

（1）在所指零、部件的可见轮廓线内画一圆点，自圆点画指引线(细实线)。指引线的另一端画水平细实线或细实线圆，在水平线上或圆内注写序号，序号字高比装配图中所注尺寸数字高度大一号或两号，如图 12.7(a)所示。

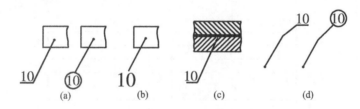

图 12.7 序号的表示方法

（2）在指引线附近直接注写序号，序号字高比装配图中所注尺寸数字大两号，如图 12.7(b)所示。

（3）若所指部分是很薄的零件或涂黑的剖面，不便于画圆点，则可用箭头代替圆点并指向该部分轮廓，如图 12.7(c)所示。

但应注意，同一张装配图中编注序号的形式应一致。

（4）指引线不能相交，也不要与剖面线平行。必要时可画成折线，但只允许转折一次，如图 12.7(d)所示。对于一组紧固件及装配关系清楚的零件组，可采用公共指引线，如图 12.8 所示。

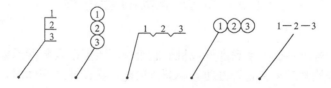

图 12.8 零件组的编号形式

(5)序号应按顺时针或逆时针方向顺次排列整齐。如在整个图上无法连续排列时,应尽量在每个水平或垂直方向顺次排列。

12.4.2 明细栏

明细栏一般由序号、代号、名称、数量、材料、备注等组成,格式可按 GB/T 10609.2—1989 的规定绘制,如图 12.9 所示,也可按实际需要增加或减少项目。学生作业中所用的明细栏建议采用如图 12.10 所示的格式。

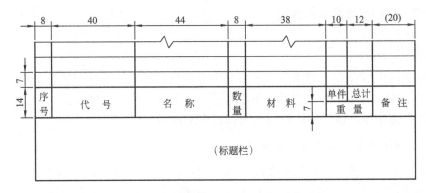

图 12.9 明细栏

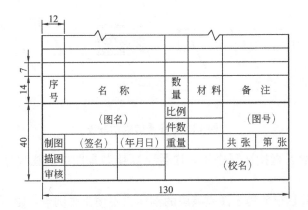

图 12.10 学生用明细栏

明细栏一般放在装配图中标题栏的上方,按由下而上的顺序填写。当位置不够时,可紧靠在标题栏的左边自下而上延伸。

12.5 装配结构的合理性

装配结构是否合理不仅关系到部件或机器能否顺利装配以及装配后能否达到预期的性能要求,还关系到检修时拆装是否方便等问题。因此,在设计装配体时,应考虑零件之间装配结构的合理性。

1. 零件的接触面结构

(1) 轴肩面与孔端面相接触时,应将孔边倒角或将轴的根部切槽,以保证轴肩面与孔的端面接触良好,如图 12.11 所示。

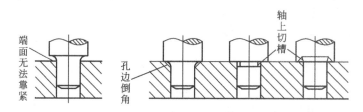

图 12.11 轴肩面与孔端面接触的画法

(2) 在同一方向上只能有一组面接触。这样既可保证两面接触良好,又能降低加工要求,图 12.12(a)示出了两平面接触的情况,图 12.12(b)、(c)示出了两圆柱面接触的情况。

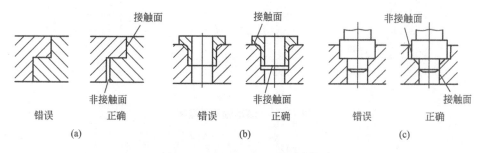

图 12.12 两零件接触面的情况

(3) 在螺栓等紧固件的连接中,被连接件的接触面应制成沉孔或凸台,且需经机械加工,以保证接触良好,如图 12.13 所示。

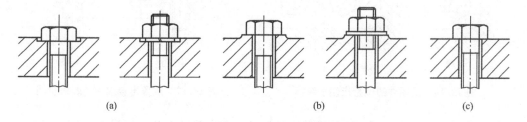

图 12.13 紧固件与被连结件接触面的结构

2. 零件的紧固与定位

(1) 为了紧固零件,可适当加长螺纹尾部,在螺杆上加工出退刀槽,在螺孔上作出凹坑或倒角,如图 12.14 所示。

轮毂孔的轴向长度应大于与其配合轴段的长度,以便于紧固,如图 12.14(a)所示。

(2) 为防止滚动轴承在运动中产生窜动,应将其内、外圈沿轴向顶紧,如图 12.15 所示。

3. 零件的装、拆方便与可能

(1) 考虑到零件装拆的方便与可能,一是要留出扳手的转动空间,如图 12.16 所示;

二是要保证有足够的拆装空间,如图 12.17 所示。

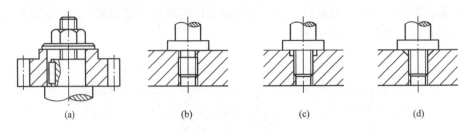

图 12.14　螺纹尾部结构

(a) 孔长大于相配合轴长；(b) 退刀槽；(c) 凹坑；(d) 倒角

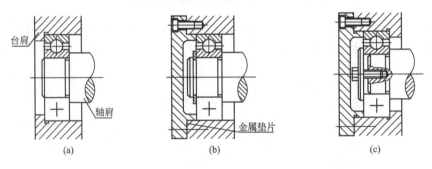

图 12.15　滚动轴承的紧固

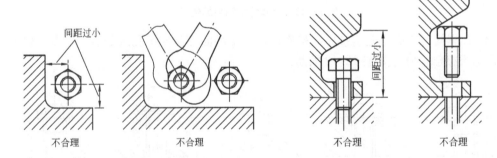

图 12.16　紧固件的位置应便于装拆　　图 12.17　应留出紧固件的装拆空间

(2) 图 12.18(a)中,螺栓不便于装拆和拧紧,若在箱壁上开一如图 12.18(b)所示的手孔,或改用图 12.18(c)所示的双头螺柱,问题即可解决。

(3) 图 12.19 表示滚动轴承在箱体轴承孔中及轴上的安装情况,图 12.19(a)、(c)所示的形式将无法安装,若改成图 12.19(b)、(d)的形式,就很容易将轴承顶出。

(4) 图 12.20(a)所示的套筒很难拆卸,若在箱体上钻几个螺钉孔,如图

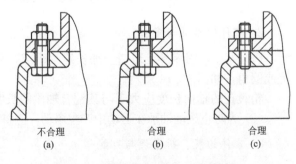

图 12.18　螺纹应便于装、拆和拧紧

12.20(b)所示，拆卸时就可用螺钉将套筒顶出。

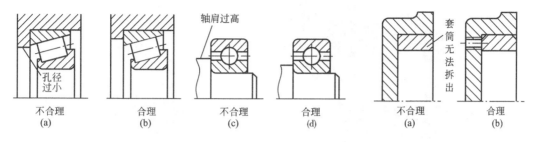

图 12.19　轴承应便于拆卸　　　　图 12.20　衬套应便于拆卸

12.6　部件测绘和装配图画法

12.6.1　部件测绘

部件测绘是对装配体进行测量，绘出零件草图，然后根据零件草图绘出装配图，再由装配图拆画零件图的过程。它是工程技术人员必须熟练掌握的基本技能，也是复习、巩固及应用所学制图知识的一个重要阶段。现以齿轮油泵为例介绍部件测绘的方法与步骤。

1. 了解和分析部件的性能、结构、工作原理及装配关系

可根据产品说明书、同类产品图样等资料，或通过实地调查，初步了解装配体的用途、性能、工作原理、结构特点及零件之间的装配关系。

齿轮油泵是机器润滑、供油系统中的一个常用部件，主要由泵体，左、右端盖，运动零件(传动齿轮轴、齿轮轴等)，密封零件以及标准件等构成。如图 12.21 所示为其轴测装配图。

齿轮油泵工作原理示意图如图 12.22 所示，当一对齿轮在泵体内作啮合传动时，啮合区右边轮齿逐渐脱开啮合，空腔体积增大而压力降低，油池内的油在大气压力作用下通过进油口被吸入泵内；而啮合区左边轮齿逐渐进入啮合，空腔体积减小而压力加大，随着齿轮的转动而被带至左边的油就从出油口排出，经管道送至机器中需要润滑的部位。

凡属泵、阀类部件都要考虑防漏问题。为此，在泵体与泵盖的结合处加入了垫片 5，并在传动齿轮轴 3 的伸出端用填料 8、轴套 9、压紧螺母 10 加以密封。

2. 拆卸零件及绘制装配示意图

在初步了解部件功能的基础上，按一定顺序拆卸零件，通过拆卸可以进一步了解部件的结构、工作原理及装配关系。对零件较多的部件，为便于拆卸后重装和为画装配图提供参考，在拆卸的过程中，应同时画出装配示意图。

在拆卸零件时，为防止丢失和混淆，应将零件进行编号；对不便拆卸的连接及过盈配合的零件尽量不拆，以免损坏零件或影响装配精度；对标准件和非标准件最好分类保管。

装配示意图是用规定符号和较形象的图线绘制的图样，是一种表意性的图示方法，用以记录部件中各零件间的相互位置、连接关系和配合性质，注明零件的名称、数量、编号等。

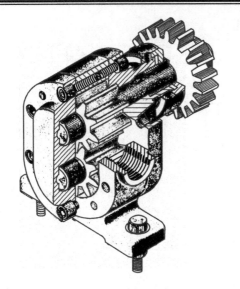

图 12.21　齿轮油泵轴测装配图

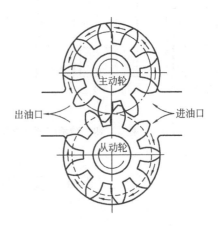

图 12.22　齿轮油泵工作原理示意图

装配示意图的画法：对一般零件可以按其外形和结构特点形象地画出零件的大致轮廓。通常从主要零件和较大的零件入手，按装配顺序和零件的位置逐个画出。画示意图时，可将零件视作透明体，其表示可不受前后层次的限制，并尽量把所有零件都集中在一个视图上表达出来，必要时才画出第二个图（应与第一个视图保持投影关系）。

图 12.21 所示的齿轮油泵的装配示意图如图 12.23 所示。

3. 画零件草图

组成部件的每一个零件，除标准件外，都应画出草图。如图 12.24 所示为齿轮油泵右端盖零件草图，草图应具备零件图的所有内容。

画部件的零件草图时，应尽可能注意到零件间尺寸的协调。标准件可不画草图，但应测量出其规格尺寸，并与标准手册进行核对。

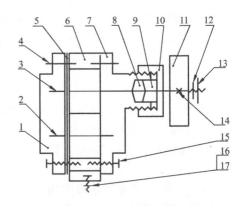

图 12.23　齿轮油泵装配示意图

1—左端盖　2—齿轮轴　3—传动齿轮轴　4—销
5—垫片　6—泵体　7—右端盖　8—填料
9—轴套　10—压紧螺母　11—传动齿轮
12—垫圈　13—螺母　14—键　15—螺钉
16—螺栓　17—螺母

4. 画装配图

根据装配示意图和零件草图，画出装配图。画装配图的过程是一次检验、校对零件形状、尺寸的过程。草图中的形状和尺寸如有错误或不妥之处，应及时改正，保证使零件之间的装配关系能在装配图上正确地反映出来，以便顺利地拆画零件图。

5. 拆画零件图

根据装配图和零件草图绘制出每个非标准零件的零件图。

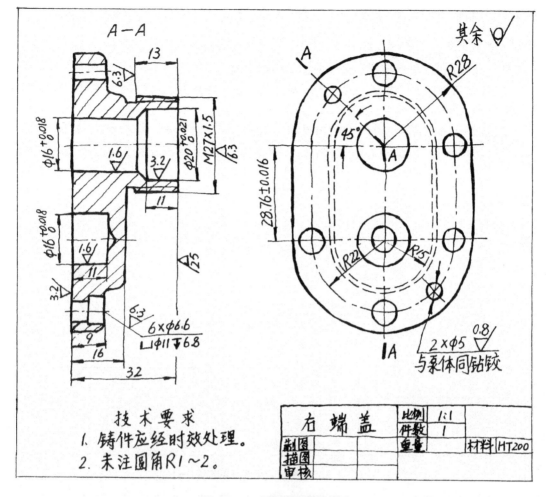

图 12.24 右端盖的零件草图

12.6.2 装配图画法

1. 选择表达方案

(1) 主视图的选择。一般按部件的工作位置选择，并使主视图能够尽量反映部件的工作原理、传动路线、装配关系及零件间的相互位置等，主视图通常取剖视。

对齿轮油泵，可取由前向后作为主视图的投射方向，并采用两相交剖切平面剖切的全剖视。这样，主视图既可反映齿轮副的传动关系，又将泵盖与泵体间的定位、连接形式以及端盖与泵体间的防漏、传动齿轮轴上的密封结构表示得很清晰。

(2) 其他视图的选择。其他视图的选择应能补充主视图尚未表达清楚的内容。一般情况下，部件中的每一种零件至少应在视图中出现一次。

对齿轮油泵，其左视图可采用拆卸画法，即沿左端盖 1 和泵体 6 的结合面剖切，这样会清楚地反映出齿轮油泵的外部形状和一对齿轮的啮合情况；进油孔的结构可用局部剖视表达。

2. 绘图准备工作

表达方案确定后，根据部件的大小、复杂程度和视图数量确定绘图比例和图纸幅面。

布图时，应同时考虑标题栏、明细栏、零件序号、标注尺寸和技术要求等所需要的位置。

3. 画图步骤

图 12.25 示出了绘制齿轮油泵装配图的画图步骤。

(1) 绘制各视图的主要基准线。主要基准线一般是主要的轴线（装配干线）、对称中心线、主要零件上较大的平面或端面等，如图 12.25 所示。

(2) 绘制主体结构和与之相关的重要零件。图 12.26 中画出了两齿轮轴的轮廓。

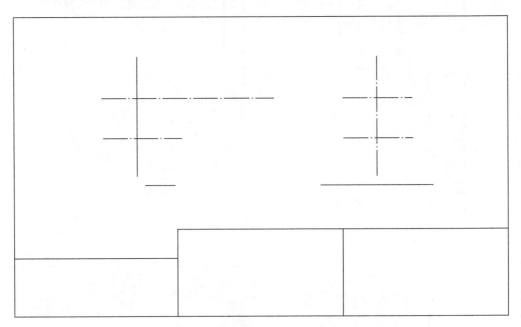

图 12.25　齿轮油泵装配图画图步骤(一)

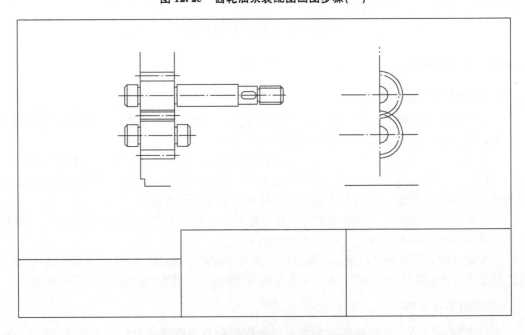

图 12.26　齿轮油泵装配图画图步骤(二)

(3)绘制其他次要零件和细部结构 逐层画出各零件以及各种连接件等,如图12.27、图12.28所示。

(4)检查修正,加深图线,画剖面线。

(5)标注尺寸,编写序号,画标题栏、画明细栏,注写技术要求,完成全图。

齿轮油泵装配图如图12.29所示。

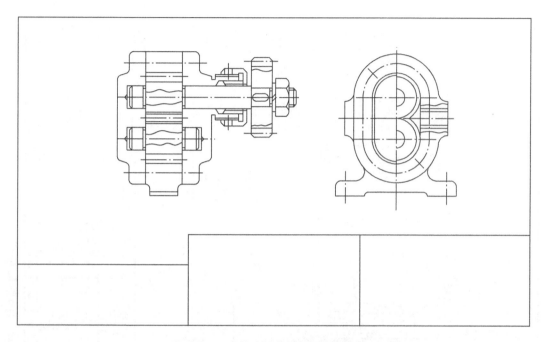

图 12.27 齿轮油泵装配图画图步骤(三)

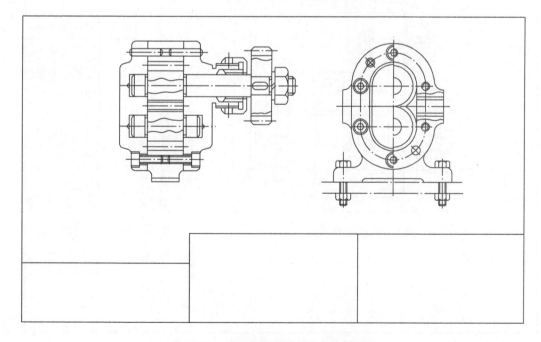

图 12.28 齿轮油泵装配图画图步骤(四)

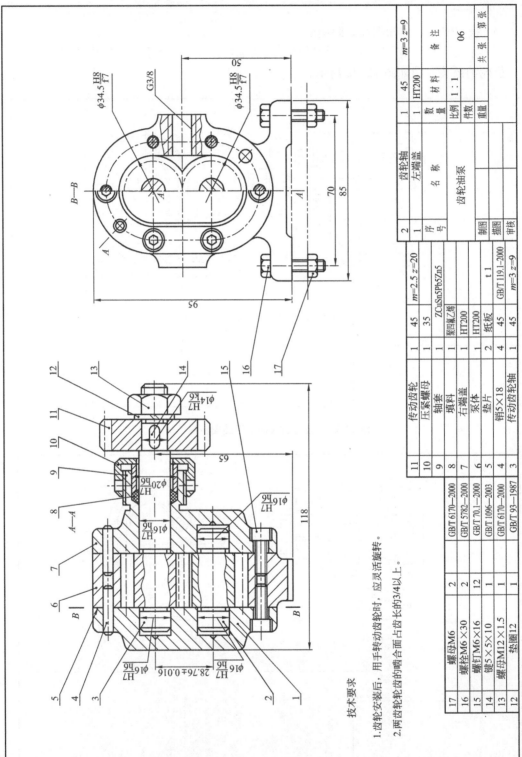

图 12.29 齿轮油泵装配图

12.7 读装配图和拆画零件图

12.7.1 读装配图

1. 读装配图的目的和要求

(1) 了解装配图的名称、用途、结构及工作原理。
(2) 了解装配体上各零件之间的位置关系、装配关系及连接方式。
(3) 弄清各零件的结构形状和作用，分析判断装配体上各零件的动作过程。
(4) 弄清装配体的装、拆顺序。
(5) 能从装配体中拆画零件图。

2. 读装配体的方法和步骤

如图 12.30 所示为机用台虎钳的装配图，现以该图为例，说明读装配图的一般方法与步骤。

(1) 概括了解。根据标题栏和产品说明书及有关技术资料，了解装配体的名称、大致用途；由明细栏了解组成该部件的零件名称、数量以及标准件的规格等，并大致了解装配体的复杂程度；由总体尺寸了解装配体的大小和所占空间。

图 12.30 所示的机用台虎钳是机床上的一种夹紧通用装置，该部件由 11 种零件组成。

(2) 分析视图。了解各视图、剖视图、断面图的数量，各自的表示意图和它们之间的相互关系，找出视图名称、剖切位置、投射方向，为下一步深入读图作准备。

台虎钳装配图共有 5 个图形，先从主视图入手，明确它们之间的投影关系和每个图形所表达的内容。

主视图符合其工作位置，是通过台虎钳前后对称面剖切画出的全剖视图，表达了螺杆 7 装配干线上各零件的装配关系、连接方式和传动关系。同时表达了螺钉 6、螺母 5 和活动钳身 4 的结构以及台虎钳的工作原理。

俯视图主要反映机用台虎钳的外形，并用局部剖视图表达了护口板 3 和固定钳身 2 的连接方式。

左视图采用半剖视，剖切平面通过两个安装孔，除了表达固定钳身 2 的外形外，主要补充表达了螺母 5 与活动钳身 4 的连接关系。

局部放大图反映了螺杆 7 的牙型。

移出剖面表达了螺杆头部与扳手(未画出)相接的形状。

(3) 分析传动路线及工作原理。一般情况下，直接从图样上分析装配体的传动路线及工作原理。当部件比较复杂时，需参考产品说明书和有关资料。

如图 12.30 所示，旋动螺杆 7，螺母沿螺杆轴线作直线运动，螺母 5 带动活动钳身 4 及护口板 3(左)移动，实现夹紧或放松工件。

(4) 分析装配关系。分析清楚零件之间的配合关系、连接方式和接触情况，能够进一步地了解部件整体结构。

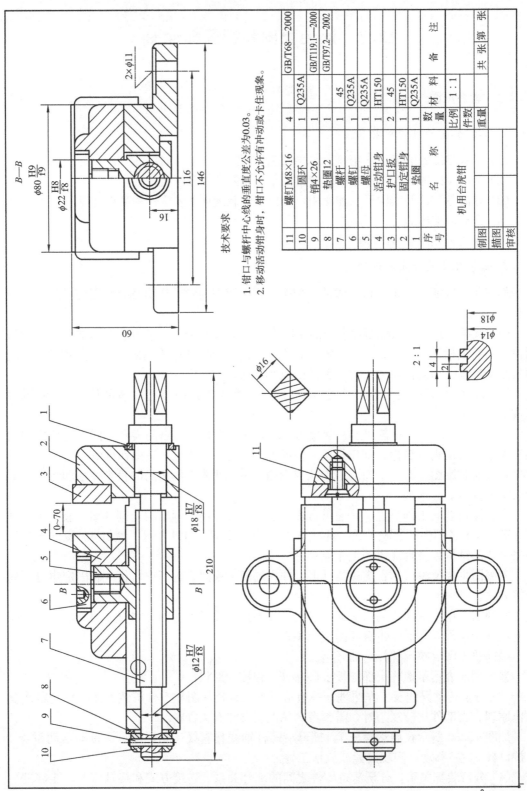

图 12.30 机用台虎钳装配图

从图 12.30 中可以看出，螺杆 7 装在固定钳身 2 的孔中，通过垫圈 8、圆环 10 和销 9 时螺杆 7 只能旋转而不能沿轴向运动。螺母 5 装在活动钳身 4 的孔中并通过螺钉 6 轻压在固定钳身 2 的下部槽上。活动钳身 4 上的宽 80 的通槽与固定钳身 2 上部两侧面配合，以保证活动钳身移动的准确性。活动钳身和固定钳身在钳口部位均用两个螺钉 11 连接护口板，护口板上制有牙纹槽，用以防止夹持工件时打滑。至此，台虎钳的工作原理和各零件间的装配关系更加清楚。

（5）分析零件结构形状。应先在各视图中分离出该零件的范围和对应关系，利用剖面线的倾斜方向和间距、零件的编号、装配图的规定画法和特殊表达方法（如实心轴不剖的规定等），以及借助三角板和分规等查找其投影关系。以主视图为中心，按照先易后难的顺序，先看懂连接件、通用件，再读一般零件。如先读懂螺杆及其两端相关的各零件，再读螺母、螺钉，最后读懂活动钳身及固定钳身。

（6）分析尺寸。分析装配图每一个尺寸的作用（即 5 类尺寸），明确部件的尺寸规格，零件间的配合性质和外形大小等。

如图 12.30 中 0～70 为性能尺寸，表示钳口的张开度。$\phi 12H8/f8$ 和 $\phi 18H8/f8$ 是螺杆 7 与固定钳身 2 的配合尺寸；80H9/f9 是活动钳身 4 与固定钳身 2 的配合尺寸；$\phi 22H8/f8$ 是螺母 5 与活动钳身 4 的配合尺寸。$2\times\phi 11$ 和 116 为安装尺寸。210、60、146 为总体尺寸。

（7）综合归纳。在上述分析的基础上，进一步分析装配体的工作原理、装配关系、零件结构形状和作用，以及装拆顺序、安装方法。

如图 12.31 所示为机用台虎钳轴测图。

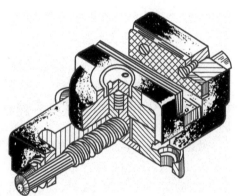

图 12.31　机用台虎钳轴测图

12.7.2　由装配图拆画零件图

在设计过程中，根据机器或部件的使用要求、工作性能，先画出装配图，再根据装配图设计零件，拆画出零件图，简称"拆图"。拆图时，通常先画主要零件，然后根据装配关系逐一画出有关零件，以保证各零件的形状、尺寸等能协调一致。画零件图的方法已在前面章节中作了介绍，这里着重介绍拆图时应注意的一些问题。

1. 零件视图表达方案的选定

拆画零件图时，零件的表达方案应根据零件本身的结构特点重新考虑，不可机械地照抄装配图。因为装配图的表达方案是从整个装配体来考虑的，无法符合每个零件的要求。如装配体中的轴套类零件，在装配体中可能有各种位置，但画零件图时，通常将轴线水平放置，以便符合加工位置要求。

2. 完善零件的结构形状

在装配图中，对某些零件的局部结构并不一定能表达完全，在拆画零件图时，应根据零件功用加以补充、完善。在装配图上，零件的细小工艺结构，如倒角、圆角、起模斜度、退刀槽等往往被省略，拆图时，应将这些结构补全并标准化。

3. 零件图上的尺寸标注

在拆图时，零件图上的尺寸可用以下方法确定。

（1）直接抄注装配图上已标注的尺寸。除装配图上某些需要经过计算的尺寸外，其他已注出的零件尺寸都可以直接抄注到零件图中；装配图上用配合代号注出的尺寸，可查出偏差数值，注在相应的零件图上。

（2）查手册确定某些尺寸。对零件上的某些标准结构的尺寸，如螺栓通孔、销孔、倒角、键槽、退刀槽等，应从有关标准中查取。

（3）计算某些尺寸数值。某些尺寸可根据装配图所给的尺寸通过计算而定，如齿轮的分度圆、齿顶圆直径等。

（4）在装配图上按比例量取尺寸。零件上大部分不重要或非配合的尺寸，一般都可以按比例在装配图上直接量取，并将量得的数值取整数。

在标注过程中，首先要注意有装配关系的尺寸必须协调一致；其次，每个零件应根据它的设计和加工要求选择好尺寸基准，尺寸标注应正确、完整、清晰、合理。

4. 零件图上的技术要求

零件各表面的表面粗糙度应根据该表面的作用和要求来确定；有配合要求的表面要选择适当的精度及配合类别；根据零件的作用，还可加注其他必要的要求和说明。通常，技术要求制定的方法是查阅有关的手册或参考同类型产品的图样加以比较来确定。

如图 12.32 所示为固定钳身的零件图。

12.8 用 AutoCAD 绘制装配图

由于装配图的信息量大，且机械产品具有多样性和复杂性，因此，用 AutoCAD 绘制装配图是一件较为复杂的工作。

对于经常绘制装配图的部门，最好将常用的零件、部件和标准件以及一些专业符号做成图库。例如将轴承、弹簧、螺钉、螺栓等制作成图块文件，在绘制装配图时可根据需要插入图中。

画装配图的常用方法是由零件图拼画成装配图。当机器或部件的大部分零件图已由 AutoCAD 绘出时，就可以采用插入图形文件的方法拼画装配图，基本作法如下。

（1）确定装配图的表达方案。

（2）对所需的零件图进行必要的编辑，如擦除装配图中可以省略或简化的工艺结构，关闭不必要的图层，并将编辑好的零件图存为文件或图块，以便使用时调用。

（3）进行视图拼合。根据已确定的表达方案，按装配图的画图步骤，逐个调用已有图形进行拼合。

（4）进行编辑、补画漏线和视图，将多余图线擦掉，标注尺寸、编写序号、填写标题栏和明细栏、注写技术要求。

下面以图 12.33 所示的铣刀头装配图为例，说明拼画装配图的基本方法和步骤。

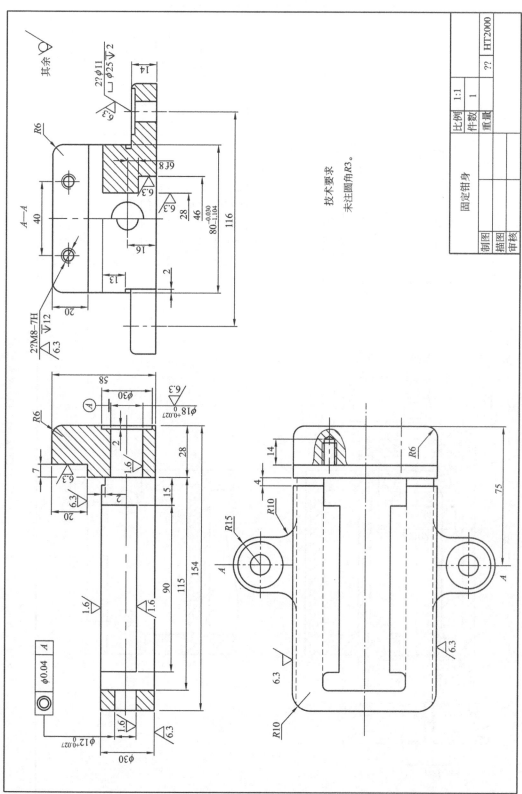

图 12.32 固定钳身零件图

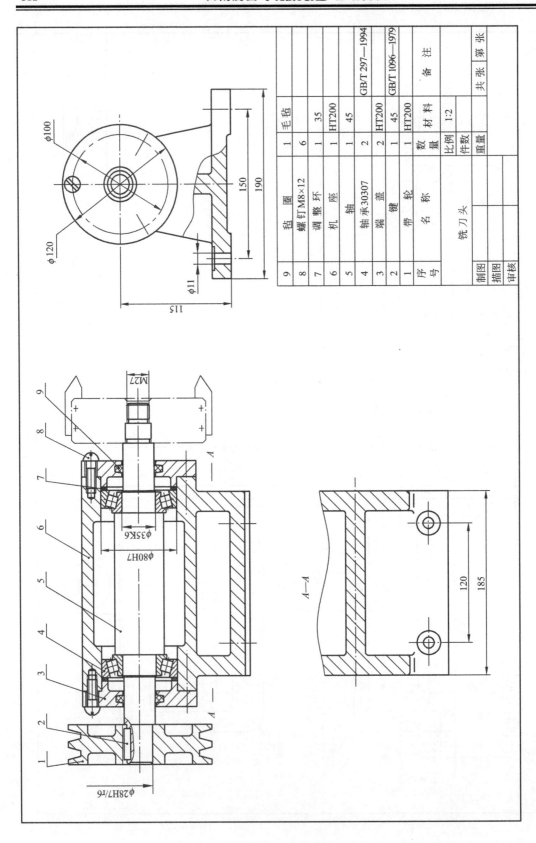

图 12.33 铣刀头装配图

如图 12.34 所示为铣刀头的机座零件图，此外铣刀头的端盖、轮、带轮的零件图也已由 AutoCAD 绘出，滚动轴承和螺钉已做成图块文件，拼画装配图的步骤如下。

（1）选择基础零件作为拼画装配图的基础。铣刀头的基础零件是机座，所以首先复制一张机座零件图，如见图 12.34 所示，然后对其进行编辑和修改，例如删除装配图上不需要的表面粗糙度符号、尺寸等。修改后的机座视图如图 12.35 所示，以此图作为拼画装配图的基础。

（2）插入端盖、轴承、螺钉。在插入端盖之前，也需要对端盖零件图进行编辑，删除多余尺寸、表面粗糙度、剖面线等，并保存为图块文件。在插入轴承、螺钉等图块文件时，因尺寸、比例和方向的不同，可在插入对话框中设置合适的缩放比例和旋转角度，或先插入再编辑，如图 12.36 中的轴承，先将其插入到一基准轴线上，然后用 Scale 命令进行缩放（注意要用 Reference 参考方式），尺寸合适后再移动到相应位置。零件插入后，对遮挡部分进行擦除、修剪等编辑（零件以图块形式插入后，修改时应先进行分解）。

（3）插入轴、带轮、绘制刀盘。用同样的方法插入轴和带轮。刀盘因没有零件图，所以采用假想画法画出刀盘轮廓。编辑后的铣刀头装配图如图 12.37 所示。

（4）整理视图、标注尺寸、对零件进行编号、绘制并填写明细栏等。整理视图时可绘制出剖面线及细部结构（如健、密封圈等），标题栏和明细栏可放放样板图中，这样更便于装配图的绘制，完成后的铣刀头装配图如图 12.33 所示。

以上插入零件图的顺序也可以根据装配关系作适当调整。需要注意的是，每插入一个零件后，都要作适当的编辑和修改，不要把所有零件都插入后再修改，以免造成图线杂乱，修改困难。当零件图不全时，也可采用插、画结合的方法绘制装配图。

12.9　AutoCAD 图形输出

图形输出是计算机绘图的重要组成部分。AutoCAD 可以从模型空间直接输出图形，也可以设置布局从图纸空间输出图形。在默认情况下，都是在模型空间绘图并在该空间出图。采用这种方法输出图纸有一定的限制，就是只能以单一比例进行打印，若图样采用不同的绘图比例，就不能放在一起出图了。图纸空间又称布局图，它完全模拟图纸页面，在绘图之前或之后安排图形的输出布局，在图纸空间的虚拟图纸上人们可以用不同的缩放比例布置多个图形，然后按 1∶1 比例出图。

在模型空间绘制的图形，如果不需要重新布局，可在模型空间直接输出图形。本节主要介绍从模型空间输出图形的基本方法。

12.9.1　设置打印参数

在模型工作状态下，选择菜单【文件】|【打印】命令，系统将打开【打印-模型】对话框，如图 12.38 所示。在此对话框中，可以设置打印设备及选择打印样式，还能设定图纸幅面、打印比例及打印区域等参数。以下介绍该对话框的主要功能。

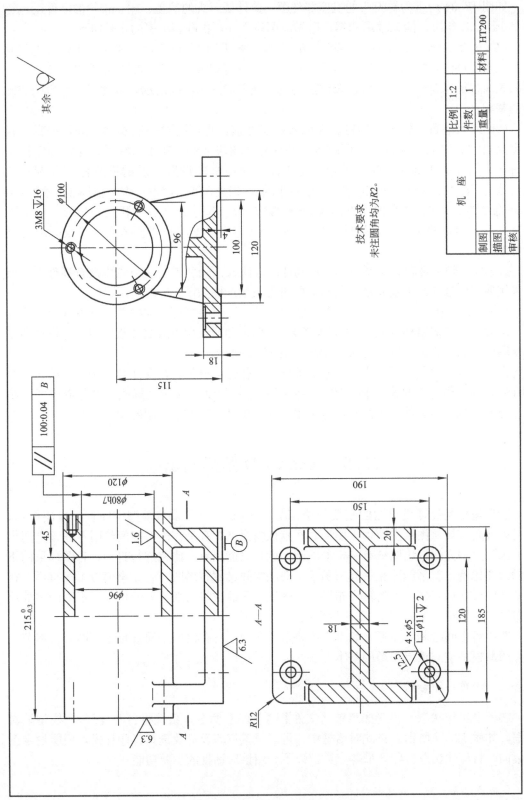

图 12.34 机座零件图

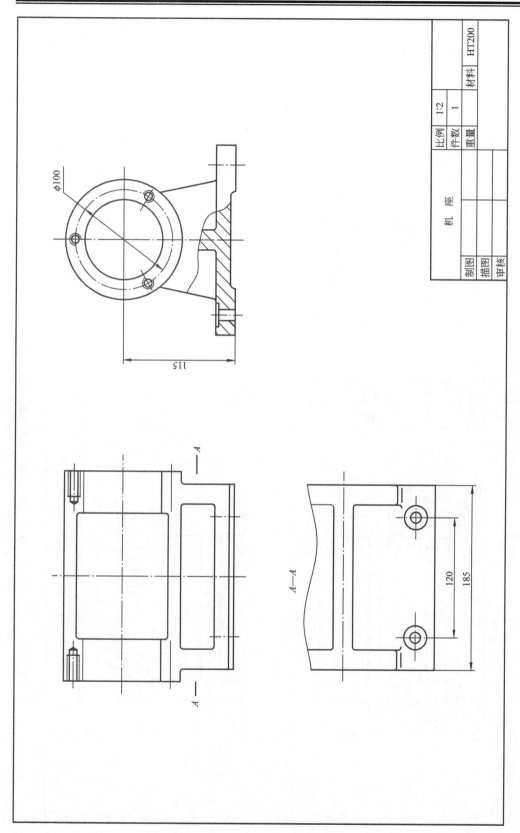

图 12.35 编辑后的机座零件图

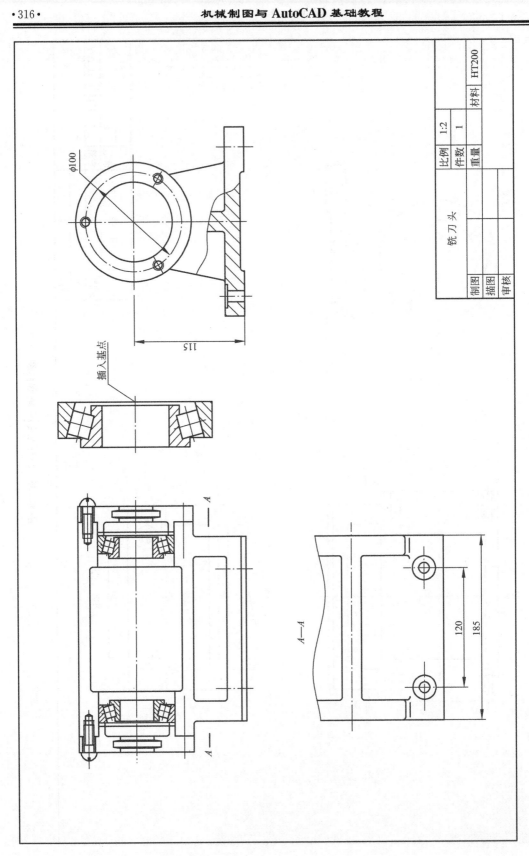

图 12.36 插入端盖、轴承和螺钉

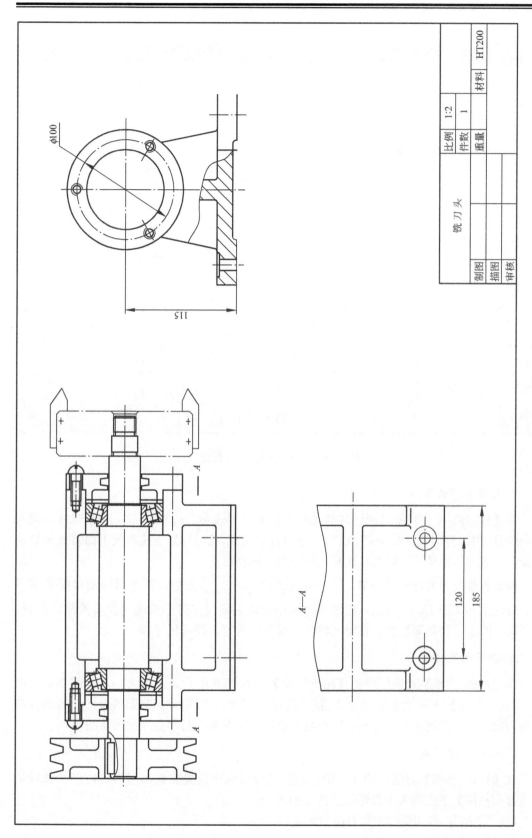

图 12.37 插入轴、带轮并绘制刀盘

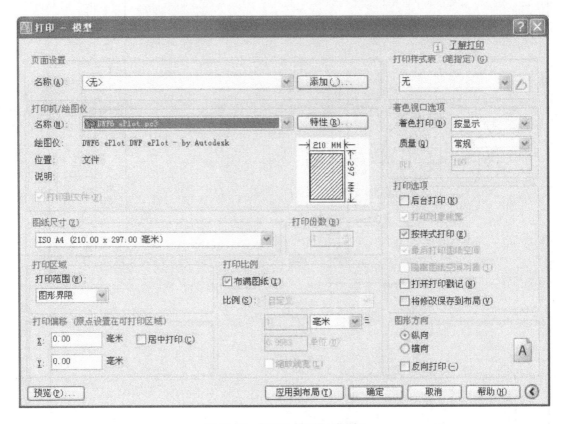

图 12.38 【打印-模型】对话框

1. 选择打印设备

在【打印机/绘图仪】选项区域的【名称】下拉列表中,选择 windows 系统打印机或 AutoCAD 内部打印机(".pc3"文件)。选定打印机后,【名称】下拉列表下面将显示被选中设备的名称、连接端口以及其他有关打印机的注释信息。

如果想修改当前打印机设置,可单击 特性(R)... 按钮,打开【绘图仪配置编辑器】对话框,如图 12.39 所示,在该对话框中可以重新设定打印机端口及其他输出设置,如介质、图形、物理笔配置、自定义特性、校准、自定义图纸尺寸等。

2. 选择图纸幅面

在【打印-模型】对话框中的【图纸尺寸】下拉列表中指定图纸大小,如图 12.40 所示。【图纸尺寸】下拉列表中包含了当前所选的打印设备可用的标准图纸尺寸。当选择某种幅面图纸时,该列表右上方预览区内将显示所选图纸实际打印范围的预览图像。

3. 设定打印区域

在【打印-模型】对话框的【打印区域】选项区域中设置要输出图形的范围。该区域的【打印范围】下拉列表中各选项的含义如下。

(1)"范围":打印图样中所有图形对象。

第 12 章 装配图

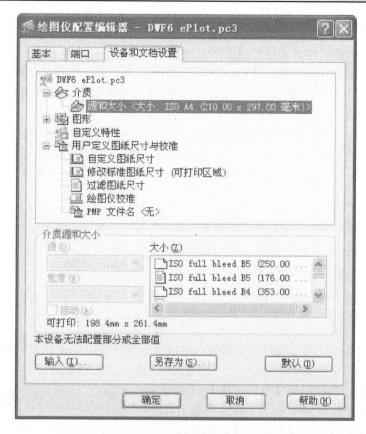

图 12.39 【绘图仪配置编辑器】对话框

图 12.40 【图纸尺寸】下拉列表

(2)"显示":打印绘图区中显示的所有图形。

(3)"视图":打印已保存的某个视图。必须先创建视图,该选项才可用。

(4)"窗口":打印设定的区域。选择此选项后,系统将返回绘图区,提示指定打印区域的两个角点,同时对话框中显示 窗口(O)< 按钮,可重新设定打印区域。

(5)"界限":打印当前栅格界限定义的整个图形区域。

4. 设定打印比例

在【打印-模型】对话框的【打印比例】选项区域中设置出图比例。从模型空间打印时,打印比例的默认值是【布满图纸】。此时 AutoCAD 将缩放图形以充满所选定的图纸。在【比例】下拉列表中可选择标准缩放比例,或者输入自定义值。如果输入非标准比例,则【比例】下拉列表中将显示"自定义"。

5. 调整图形打印方向和位置

图形在图纸上的打印方向通过【图形方向】选项区域中的选项调整。

图形在图纸上的打印位置由【打印偏移】选项区域中的设置确定。默认情况下，AutoCAD 从图纸左下角打印图形，打印原点处在图纸左下角位置。可在【打印偏移】选项区域中【X】、【Y】文本框内分别设置打印原点沿 X 和 Y 方向的偏移值，使图形在图纸上沿 X 和 Y 轴移动。选中【居中打印】复选框，可使图形在图纸的正中间打印（系统自动计算 X 和 Y 偏移值）。

【打印-模型】对话框中的其他选项功能可参考 AutoCAD 的有关资料。

6. 预览打印效果

打印参数设置完成后，可通过打印预览观察图形的打印效果。如果不合适可重新调整。

单击【打印-模型】对话框下面的 预览(P)... 按钮，AutoCAD 显示实际的打印效果。由于系统要重新生成图形，因此对于复杂图形需耗费较多时间。

查看完毕，按 Esc 键返回【打印-模型】对话框。

7. 保存打印设置

选择打印设备并设置完成打印参数后，可以将所有这些保存在页面设置中，以便以后使用。

在【打印】对话框中的【页面设置】选项区域的【名称】下拉列表中显示了所有已命名的页面设置。若要保存当前页面设置就单击该列表右边的 添加(.)... 按钮，打开【添加页面设置】对话框，如图 12.41 所示。在该对话框的【新页面设置名】文本框中输入页面名称，然后单击 确定 按钮，存储页面设置。

图 12.41　【添加页面设置】对话框

12.9.2　打印图形实例

下面通过一个实例演示打印图形的全过程。

(1) 打开图形，如图 12.42 所示。

(2) 选择菜单【文件】|【打印】命令，打开【打印-模型】对话框，如图 12.43 所示。

(3) 如果想使用以前创建的页面设置，可在【页面设置】选项区域的【名称】下拉列表中选中它。

(4) 在【打印机/绘图仪】选项区域的【名称】下拉列表中指定打印设备。若要修改打印机特性，可单击 特性(R)... 按钮，打开【绘图仪配置编辑器】对话框，通过此对话框可修改打印机端口、介质类型，还可自定义图纸大小。

(5) 在【打印份数】选项区域的文本框中输入打印份数。

(6) 如果要将图形输入到文件，则应在【打印机/绘图仪】选项区域中选中【打印到文件】复选框。此后，当单击【打印】对话框的 确定 按钮时，AutoCAD 系统将弹

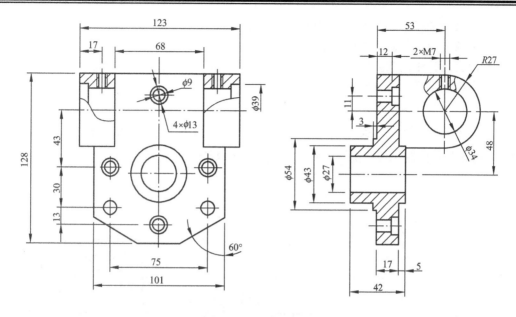

图 12.42 支架零件图

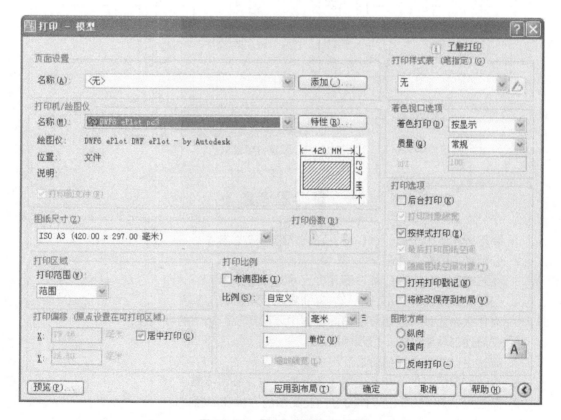

图 12.43 【打印-模型】对话框

出【浏览打印文件】对话框，通过此对话框指定输出文件名称及地址。

（7）继续在【打印-模型】对话框中作以下设置。

① 在【图纸尺寸】下拉列表中选择 A3 图纸。
② 在【打印范围】下拉列表中选择"范围"选项。
③ 设定【打印比例】为 1∶1。
④ 设定图形【图形方向】为【横向】。
⑤ 设定【打印偏移】为【居中打印】。
⑥ 单击 预览(P)... 按钮,预览打印效果,如图 12.44 所示。若满意,按 Esc 键返回【打印-模型】对话框,再单击 确定 按钮开始打印。

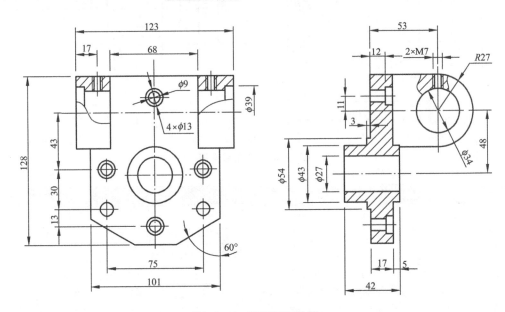

图 12.44 预览打印效果

复习思考题

1. 装配图在生产中起什么作用?它应该包括哪些内容?
2. 装配图有哪些特殊画法?
3. 在装配图中,一般应标注哪几类尺寸?
4. 编注装配图的零、部件序号应遵守哪些规定?
5. 为什么在设计和绘制装配图的过程中要考虑装配结构的合理性?
6. 试简述部件测绘的一般步骤。
7. 简述由已知零件图拼画装配图的步骤和方法。
8. 读装配图的目的是什么?简述读装配图的方法和步骤。
9. 简述用 AutoCAD 由零件图绘制装配图的方法和步骤。

附录 A 螺 纹

表 A1 普通螺纹（摘录 GB/T 193—2003、GB/T 196—2003）

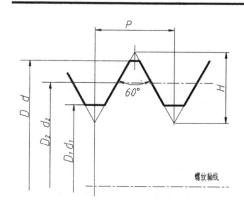

$$d_2 = d - 2 \times \frac{3}{8}H, \quad D_2 = D - 2 \times \frac{3}{8}H$$

$$d_1 d_1 = d - 2 \times \frac{5}{8}H, \quad D_1 = D - 2 \times \frac{5}{8}H$$

$$H = \frac{\sqrt{3}}{2}P$$

式中，D、d——内、外螺纹基本大径；

D_2、d_2——内、外螺纹基本中径；

D_1、d_1——内、外螺纹基本小径；

P——螺距；

H——原始三角形高度。

mm

公称直径 D、d		螺距 P		粗牙小径 D_1、d_1	公称直径 D、d		螺距 P		粗牙小径 D_1、d_1
第一系列	第二系列	粗牙	细牙		第一系列	第二系列	粗牙	细牙	
3		0.5	0.35	2.459	16		2	1.5、1	13.835
	3.5	0.6		2.850		18	2.5	2、1.5、1	15.294
4		0.7	0.5	3.242	20		2.5		17.294
	4.5	0.75		3.688		22	2.5		19.294
5		0.8		4.134	24		3	2、1.5、1	20.752
6		1	0.75	4.917		27	3	2、1.5、1	23.752
8		1.25	1、0.75	6.647	30		3.5	(3)、2、1.5、1	26.211
10		1.5	1.25、1、0.75、(0.5)	8.376		33	3.5	(3)、2、1.5	29.211
12		1.75	1.5、1.25	10.106	36		4	3、2、1.5	31.670
	14	2	1.5、1.25、1	11.835		39	4		34.670

注：① 优先选用第一系列。

② M14×1.25 仅用于火花塞。

表 A2 管螺纹（摘录 GB/T 7306－2000、GB/T 7307－2001）

55°密封管螺纹 GB/T 7306－2000   55°非螺纹密封管螺纹 GB/T 7307－2001

螺纹特征代号
圆柱内螺纹 R_p

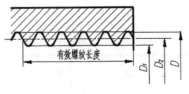

螺纹特征代号 G

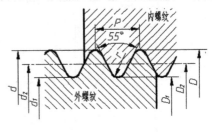

圆锥内螺纹 R_c

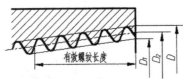

圆锥外螺纹 R

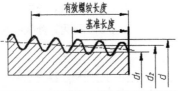

标记示例
1/2A 级左旋螺纹标记：G1/2A—LH
3/4 右旋圆锥内螺纹 R_c 标记：R_c3/4

尺寸代号	每英寸内的牙数/n	螺距 P /mm	牙高 h /mm	圆弧半径 /mm	基本直径/mm			基准距离/mm	有效螺纹长度/mm
					大径 $D=D$	中径 $d_2=D_2$	小径 $d_1=D_1$		
1/16	28	0.907	0.581	0.125	7.723	7.142	6.561	4	6.5
1/8					9.728	9.147	8.566	4	6.5
1/4	19	1.337	0.856	0.184	13.157	12.301	11.445	6	9.7
3/8					16.662	15.806	14.950	6.4	10.1
1/2	14	1.814	1.162	0.249	20.955	19.793	18.631	8.2	13.2
5/8*					22.911	21.749	20.587		
3/4					26.441	25.279	24.117	9.5	14.5
7/8*					30.201	29.039	27.877		
1	11	2.309	1.479	0.317	33.249	31.770	30.291	10.4	16.8
1 1/4					37.897	40.431	38.952	12.7	19.1
1 1/2					41.910	46.324	44.845	12.7	19.1
2					59.614	58.135	56.656	15.9	23.4
2 1/2					75.184	73.705	72.226	17.5	26.7
3					87.884	86.405	84.926	20.6	29.8
4					113.030	111.551	110.072	25.4	35.8

注：① 尺寸代号有"*"者，仅有非螺纹的管螺纹。
② 用螺纹密封的管螺纹的"基本直径"为基准平面上的基本直径。
③ "基准长度"、"有效螺纹长度"均为螺纹密封的管螺纹的参数。

表 A3 梯形螺纹（摘录 GB/T 5796.2－2005、GB/T 5796.3－2005）

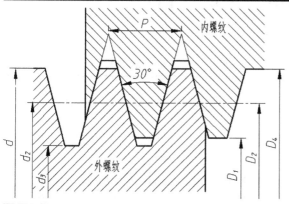

d——外螺纹大径；D_4——内螺纹大径；
d_2——外螺纹中径；D_2——内螺纹中径；
d_3——外螺纹小径；D_1——内螺纹小径。

标记示例

公称直径 28mm，螺距 5mm，中径公差带代号为 7H 的单线右旋梯形内螺纹，其标记：

Tr28×5-7H

公称直径 28mm，导程为 10mm，螺距 5mm，中径公差带代号为 8e 的 c 双线左旋梯形外螺纹，其标记：

Tr28×10(P5) LH-8e

mm

公称直径 d 第一系列	第二系列	螺距 P	基本中径 $d_2=D_2$	基本大径 D_4	基本小径 d_3	基本小径 D_1	公称直径 d 第一系列	第二系列	螺距 P	基本中径 $d_2=D_2$	基本大径 D_4	基本小径 d_3	基本小径 D_1
8		1.5	7.25	8.30	6.20	6.50	26		3	24.50	26.50	22.50	23.00
									5	23.50		20.50	21.00
	9	1.5	8.25	9.30	7.20	7.50			8	22.00	27.00	17.00	18.00
		2	8.00	9.50	6.50	7.00	28		3	26.50	28.50	24.50	25.00
10		1.5	9.25	10.30	8.20	8.50			5	25.50		22.50	23.00
		2	9.00	10.50	7.50	8.00			8	24.00	29.00	19.00	20.00
	11	2	10.00	11.50	8.50	9.00	30		3	28.50	30.50	26.50	29.00
		3	9.50		7.50	8.00			6	27.00	31.00	23.00	24.00
12		2	11.00	12.50	9.50	10.00			10	25.00		19.00	20.00
		3	10.50		8.50	9.00	32		3	30.00	32.50	28.50	29.00
	14	2	13.00	14.50	11.50	12.00			6	29.00	33.00	25.00	26.00
		3	12.50		10.50	11.00			10	27.00		21.00	22.00
16		2	15.00	16.50	13.50	14.00		34	3	32.50	34.50	30.50	31.00
		4	14.00		11.50	12.00			6	31.00	35.00	27.00	28.00
	18	2	17.00	18.50	15.50	16.00			10	29.00		23.00	24.00
		4	16.00		13.50	14.00	36		3	34.50	36.50	32.50	33.00
20		2	19.00	20.50	17.50	18.00			6	33.00	37.00	29.00	30.00
		4	18.00		15.50	16.00			10	31.00		25.00	26.00
	22	3	20.00	22.50	18.50	19.00		38	3	36.50	38.50	34.50	35.00
		5	19.50		16.50	17.00			7	34.50	39.00	30.00	31.00
		8	18.00	23.00	13.00	14.00			10	33.50		27.00	28.00
24		3	22.50	24.50	20.50	21.00	40		3	38.50	40.50	36.50	37.00
		5	21.50		18.50	19.00			7	36.50	41.00	32.00	33.00
		8	20.00	25.00	15.00	16.00			10	35.00		29.00	30.00

附录 B 标 准 件

表 B1 六角头螺栓(摘录 GB/T 5782－2000、GB 5783－2000)

六角头螺栓(GB/T 5782－2000)　　　　　六角头螺栓全螺纹(GB 5783－2000)

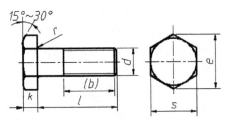
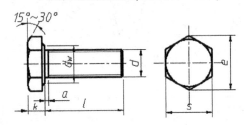

标记示例

螺纹规格 d=M12，公称长度 l=80mm，性能等级为 8.8 级，表面氧化，A 级的六角螺栓标记：

螺栓　GB/T 5782　M12×80

优选的螺纹规格　　　　　　　　　　　　　　　　　　mm

螺纹规格 d			M3	M4	M5	M6	M8	M10	M12	M16	M20	M24
螺距 P			0.5	0.7	0.8	1	1.25	1.5	1.75	2	2.5	3
s 公称=max			5.5	7	8	10	13	16	18	24	30	36
k 公称			2	2.8	3.5	4	5.3	6.4	7.5	10	12.5	15
r_{min}			0.1	0.2	0.2	0.25	0.4	0.4	0.6	0.6	0.8	0.8
e_{min}	产品等级	A	6.1	7.65	8.79	11.5	14.38	17.77	20.03	26.75	33.53	39.98
		B	5.88	7.5	8.63	10.83	14.2	17.59	19.85	26.17	32.95	39.55
d_{wmin}	产品等级	A	4.57	5.88	6.88	8.88	11.63	14.63	16.63	22.49	28.19	33.61
		B	4.45	5.74	6.74	8.74	11.47	14.47	16.47	22	27.7	33.25
a	max		0.4	0.4	0.5	0.5	0.6	0.6	0.6	0.8	0.8	0.8
	Min		0.15	0.15	0.15	0.15	0.15	0.15	0.15	0.2	0.2	0.2
b 参考 GB/T 5782	l≤125		12	14	16	18	22	26	30	38	46	54
	125<l≤200		18	20	22	24	28	32	36	44	52	60
	l>200		31	33	35	37	41	45	49	57	65	73
l	GB/T 5782		20～30	25～45	25～50	30～60	40～80	45～100	50～120	60～160	80～200	90～240
	GB/T 5783		6～30	8～40	10～50	12～60	16～80	20～100	25～120	30～200	40～200	50～200
l 系列			6, 8, 10, 12, 16, 20, 25, 30, 35, 40, 45, 50, 55, 60, 65, 70, 80, 90, 100, 110, 120, 130, 140, 150, 160, 180, 200, 220, 240, 260, 280, 300, 340, 360, 380, 400, 420, 440, 460, 480, 500										

表 B2.1 开槽螺钉(摘录 GB/T 65—2000、GB/T 68—2000、GB/T 67—2000)

开槽圆柱头螺钉(GB/T 65—2000)

开槽盘头螺钉(GB/T 67—2000)　　　　　开槽沉头螺钉(GB/T 68—2000)

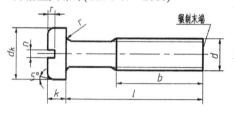
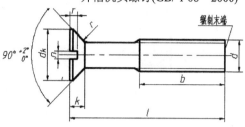

标记示例

螺纹规格 d=M5，公称长度 l=20mm，性能等级为 4.8 级，不经表面处理的 A 级开槽圆柱头螺钉标记：

螺钉　GB/T 65　M5×20

mm

螺纹规格 d		M1.6	M2	M2.5	M3	M4	M5	M6	M8	M10
GB/T 65	d_{kmax}	3	3.8	4.5	5.5	7	8.5	10	13	16
	k_{max}	1.1	1.4	1.8	2.0	2.6	3.3	3.9	5	6
	t_{min}	0.45	0.6	0.7	0.85	1.1	1.3	1.6	2	2.4
	r_{min}	0.1				0.2		0.25	0.4	
	l	2～16	3～20	3～25	4～30	5～40	6～50	8～60	10～80	12～80
GB/T 67	d_{kmax}	3.2	4	5	5.6	8	9.5	12	16	20
	k_{max}	1	1.3	1.5	1.8	2.4	3	3.6	4.8	6
	t_{min}	0.35	0.5	0.6	0.7	1	1.2	1.4	1.9	2.4
	r_{min}	0.1				0.2		0.25	0.4	
	l	2～16	2.5～20	3～25	4～30	5～40	6～50	8～60	10～80	12～80
GB/T 68	d_{kmax}	3	3.8	4.7	5.5	8.4	9.3	11.3	15.8	18.3
	k_{max}	1	1.2	1.5	1.65	2.7	2.7	3.3	4.65	5
	t_{min}	0.32	0.4	0.5	0.6	1	1.1	1.2	1.8	2
	r_{max}	0.4	0.5	0.6	0.8	1	1.3	1.5	2	2.5
	l	2.5～16	3～20	4～25	5～30	6～40	8～50	8～60	10～80	12～80
螺距 P		0.35	0.4	0.45	0.5	0.7	0.8	1	1.25	1.5
n		0.4	0.5	0.6	0.8	1.2	1.2	1.6	2	2.5
b		25						38		
l(系列)		2, 2.5, 3, 4, 5, 6, 8, 10, 12, (14), 16, 20, 25, 30, 35, 40, 45, 50, (55), 60, (65), 70, (75), 80(GB/T 65 无 l=2.5；GB/T 68 无 l=2)								

注：① 括号内规格尽可能不采用。

② M1.6～M3 的螺钉，l<30 时，制出全螺纹；对于开槽圆柱头螺钉和开槽盘头螺钉，M4～M10 的螺钉，l<40 时，制出全螺纹；对于开槽沉头螺钉，M4～M10 的螺钉，l<45 时，制出全螺纹。

表 B2.2　内六角圆柱头螺钉(摘录 GB/T 70.1—2000)

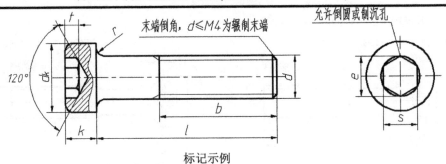

标记示例

螺纹规格 d=M5，公称长度 l=20mm，性能等级为 8.8 级，表面氧化的 A 级内六角圆柱头螺钉标记：

螺钉 GB/T 70.1　M5×20

mm

螺纹规格 d	M2.5	M3	M4	M5	M6	M8	M10	M12	M16	M20	M24	M30
螺距 P	0.45	0.5	0.7	0.8	1	1.25	1.5	1.75	2	2.5	3	3.5
$d_{k max}$ (光滑头部)	4.5	5.5	7	8.5	10	13	24	18	24	30	36	45
$d_{k max}$ (滚花头部)	4.68	5.68	7.22	8.72	10.22	13.27	24.33	18.27	24.33	30.33	36.39	45.39
$d_{k min}$	4.32	5.32	6.78	8.28	9.78	12.73	15.73	23.67	23.67	29.67	35.61	44.61
k_{max}	2.5	3	4	5	6	8	10	16	16	20	24	30
k_{min}	2.36	2.86	3.82	4.82	5.7	7.64	9.64	15.57	15.57	19.48	23.48	29.48
t_{min}	1.1	1.3	2	2.5	3	4	5	6	8	10	12	15.5
r_{min}	0.1	0.1	0.2	0.2	0.25	0.4	0.4	0.6	0.6	0.8	0.8	1
s 公称	2	2.5	3	4	5	6	8	10	14	17	19	22
e_{min}	2.3	2.9	3.4	4.6	5.7	6.9	9.2	11.4	16	19	21.7	25.2
b 参考	17	18	20	22	24	28	32	36	44	52	60	72
公称长度 l	4~25	5~30	6~40	8~50	10~60	12~80	16~100	20~120	25~160	30~200	40~200	45~200
L 系列	2.5，3，4，5，6，8，10，12，16，20，25，30，35，40，45，50，55，60，65，70，80，90，100，110，120，130，140，150，160，180，200											

注：① 括号内规格尽可能不采用。

② M2.5~M3 的螺钉，l<20 时，制出全螺纹；M4~M5 的螺钉，l<25 时，制出全螺纹；M6 的螺钉，l<30 时，制出全螺纹；M8 的螺钉，l<35 时，制出全螺纹；M10 的螺钉，l<40 时，制出全螺纹；M12 的螺钉，l<50 时，制出全螺纹；M16 的螺钉，l<60 时，制出全螺纹。

表 B2.3 开槽紧定螺钉(摘录 GB/T 71—1985、GB/T 73—1985、GB/T 74—1985、GB/T 75—1985)

开槽锥端紧定螺钉(GB/T 71—1985)　　　　　开槽平端紧定螺钉(GB/T 73—1985)

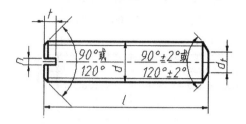 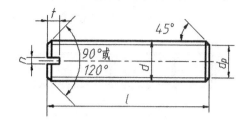

开槽凹端紧定螺钉(GB/T 74—1985)　　　　　开槽长圆柱端紧定螺钉(GB/T 75—1985)

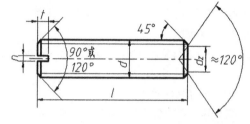 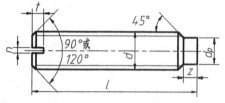

标记示例

螺纹规格 d=M5，公称长度 l=12mm，性能等级为 14H 级，表面氧化的 A 级开槽锥端紧定螺钉标记：

螺钉　GB/T 71　M5×20

mm

螺纹规格 d		M1.6	M2	M2.5	M3	M4	M5	M6	M8	M10	M12
螺距 P		0.35	0.4	0.45	0.5	0.7	0.8	1	1.25	1.5	1.75
n		0.25	0.25	0.4	0.4	0.6	0.8	1	1.2	1.6	2
t		0.7	0.8	1	1.1	1.4	1.6	2	2.5	3	3.6
d_z		0.8	1	1.2	1.4	2	2.5	3	5	6	8
d_t		0.2	0.2	0.3	0.3	0.4	0.5	1.5	2	2.5	3
d_p		0.8	1	1.5	2	2.5	3.5	4	5.5	7	8.5
z		1.1	1.3	1.5	1.8	2.3	2.8	3.3	4.3	5.3	6.3
公称长度 l	GB/T 71	2～8	3～10	3～12	4～16	6～20	8～25	8～30	10～40	12～50	14～60
	GB/T 73	2～8	2～10	2.5～12	3～16	4～20	5～25	6～30	8～40	10～50	12～60
	GB/T 74	2～8	2.5～10	3～12	3～16	4～20	5～25	6～30	8～40	10～50	12～60
	GB/T 75	2.5～8	3～10	4～12	5～16	6～20	8～25	8～30	10～40	12～50	14～60
l 系列		2, 2.5, 3, 4, 5, 6, 8, 10, 12, 16, 20, 25, 30, 35, 40, 45, 50, 60									

表 B3　双头螺柱(摘录 GB/T 897－1988、GB/T 898－1988、GB/T 899－1988、GB/T 900－1988)

双头螺柱 $b_m=d$(GB/T 897－1988)，双头螺柱 $b_m=1.25d$(GB/T 898－1988)，

双头螺柱 $b_m=1.5d$(GB/T 899－1988)，双头螺柱 $b_m=2d$(GB/T 900－1988)

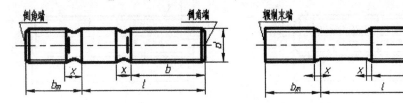

标记示例

1. 两端为粗牙普通螺纹，$d=10$mm，$l=50$mm，性能等级为 4.8 级，B 型，$b_m=1d$ 的双头螺柱标记：

螺柱　GB/T 897　M10×50

2. 旋入一端为粗牙普通螺纹，旋螺母一端为螺距 $P=1$mm 的细牙普通螺纹，$d=10$mm，$l=50$mm，性能等级为 4.8 级，A 型，$b_m=1d$ 的双头螺柱标记：

螺柱　GB/T 897　AM10－M10×1×50

3. 旋入机体一端为过渡配合螺纹的第一种配合，旋螺母一端为粗牙普通螺纹，$d=10$mm，$l=50$mm，性能等级为 8.8 级，镀锌钝化，B 型，$b_m=1d$ 的双头螺柱标记：

螺柱　GB/T 897　GM10－M10×50－8.8－Zn·D

螺纹规格 d	b_m				l/b
	GB/T 897	GB/T 898	GB/T 899	GB/T 900	
M3			4.5	6	(16～20)/6、(22～40)/12
M4			6	8	(16～22)/8、(25～40)/14
M5	5	6	8	10	(16～22)/10、(25～50)/16
M6	6	8	10	12	(18～22)/10、(25～30)/14、(32～75)/18
M8	3	10	12	16	(18～22)/12、(25～30)/16、(32～90)/22
M10	10	12	15	20	(25～28)/14、(30～38)/16、(40～120)/30、130/32
M12	12	15	18	24	(25～30)/16、(32～40)/20、(45～120)/30、(130～180)/36
M16	16	20	24	32	(30～38)/20、(40～55)/30、(60～120)/38、(130～200)/44
M20	20	25	30	40	(35～40)/25、(45～65)/38、(70～120)/46、(130～200)/52
M24	24	30	36	48	(45～50)/30、(55～75)/45、(80～120)/54、(130～200)/60
M30	30	48	45	60	(60～65)/40、(70～90)/50、(95～120)/66、(130～200)/72、(210～250)/85
M36	36	45	54	72	(65～75)/45、(80～110)/60、120/78、(130～200)/84、(210～300)/91
M42	42	52	63	84	(70～80)/50、(85～110)/70、120/90、(130～200)/96、(210～300)/109
M48	48	60	72	96	(80～90)/60、(95～110)/80、120/102、(130～200)/108、(210～300)/121
l (系列)	12, (14), 16, (18), 20, (22), 25, (28), 30, (32), 35, (38), 40, 45, 50, 55, 60, 65, 70, 75, 80, 85, 90, 95, 100, 110, 120, 130, 140, 150, 160, 170, 180, 190, 200, 210, 220, 230, 240, 250, 260, 280, 300				

表B4.1 六角螺母(摘录 GB/T 41—2000、GB/T 6170—2000、GB/T 6172.1—2000)

六角螺母(GB/T 41—2000)　　1型六角螺母(GB/T 6170—2000)　　六角薄螺母(GB/T 6172.1—2000)
　　　C 级　　　　　　　　　　　A 级和 B 级　　　　　　　　　　　A 级和 B 级

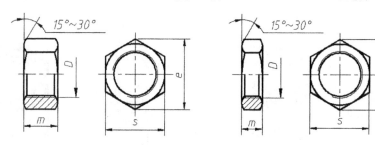

标记示例

螺纹规格 D=M12，性能等级为5级，不经表面处理、产品等级为C级的六角螺母的标记：
　　　　　螺母　GB/T 41　M12

螺纹规格 D=M12，性能等级为10级，不经表面处理、产品等级为A级的Ⅰ型六角螺母的标记：
　　　　　螺母　GB/T 6170　M12

螺纹规格 D=M12，性能等级为04级，不经表面处理、产品等级为A级的六角薄螺母的标记：
　　　　　螺母　GB/T 6172.1　M12

优选的螺纹规格　　　　　　　　　　　　　　　　　　　　　　　　　　　　　　　mm

螺纹规格 D			M3	M4	M5	M6	M8	M10	M12	M16	M20	M24	M30
螺距 p			0.5	0.7	0.8	1	1.25	1.5	1.75	2	2.5	3	3.5
e_{min}	GB/T 41		—	—	8.63	10.89	14.20	17.59	19.85	26.17	32.95	39.55	50.85
	GB/T 6170		6.01	7.66	8.79	11.05	14.38	17.77	20.03	26.75			
	GB/T 6172.1												
s			5.5	7	8	10	13	16	18	24	30	36	46
m	GB/T 41	max	—	—	5.6	6.4	7.9	9.5	12.2	15.9	19	22.3	26.4
		min	—	—	4.4	4.9	6.4	8	10.4	14.1	16.9	20.2	24.3
	GB/T 6170	max	2.4	3.2	4.7	5.2	6.8	8.4	10.8	14.8	18	21.5	25.6
		min	2.15	2.9	4.4	4.99	6.44	8.04	10.37	14.1	16.9	20.2	24.3
	GB/T 6172.1	max	1.8	2.2	2.7	3.2	4	5	6	8	10	12	15
		min	1.55	1.95	2.45	2.9	3.7	4.7	5.7	7.42	9.1	10.9	13.9

注：① A 级用于 $D \leqslant 16$；B 级用于 $D > 16$。
　　② 对 GB/T 41 允许内倒角。

表 B4.2　六角开槽螺母(摘录 GB/T 6178—1986、GB/T 6179—1986、GB/T 6181—1986)

Ⅰ型六角开槽螺母(GB/T 6178—1986)　　Ⅱ型六角开槽螺母(GB/T 6179—1986)　六角开槽薄螺母(GB/T 6181—1986)
　　　A 和 B 级　　　　　　　　　　　　　　　　C 级　　　　　　　　　　　　　　　A 和 B 级

标记示例

螺纹规格 D=M5，性能等级为 8 级，不经表面处理、A 级Ⅰ型六角开槽螺母标记：

螺母　GB/T 6178　M5

螺纹规格 D=M5，性能等级为 04 级，不经表面处理、A 级的六角开槽薄螺母标记：

螺母　GB/T 6181　M5

mm

螺纹规格 D		M4	M5	M6	M8	M10	M12	M16	M20	M24	M30	M36
n_{min}		1.2	1.4	2	2.5	2.8	3.5	4.5	4.5	5.5	7	7
e_{min}		7.7	8.8	11	14.4	17.8	20	26.8	33	39.6	50.9	60.8
s_{max}		7	8	10	13	16	18	24	30	36	46	55
m_{max}	GB/T 6178	5	6.7	7.7	9.8	12.4	15.8	20.8	24	29.5	34.6	40
	GB/T 6179	—	7.6	8.9	10.9	13.5	17.2	21.9	25	3.03	35.4	40.9
	GB/T 6181	—	5.1	5.7	7.5	9.3	12	16.4	20.3	23.9	28.6	34.7
w_{max}	GB/T 6178	3.2	4.7	5.2	6.8	8.4	10.8	14.8	18	21.5	25.6	31
	GB/T 6179	—	5.6	6.4	7.9	9.5	12.17	15.9	19	22.3	26.4	31.9
	GB/T 6181	—	3.1	3.5	4.5	5.3	7.0	10.4	14.3	15.9	19.6	25.7
开口销		1×10	1.2×12	1.6×14	2×16	2.5×20	3.2×22	4×28	4×36	5×40	6.3×50	6.3×6

注：A 级用于 $D\leq16$ 的螺母；B 级用于 $D>16$ 的螺母。

表 B4.3 圆螺母(GB/T 812—1988)

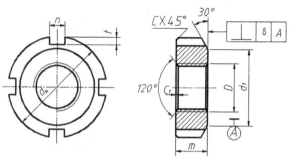

标记示例

螺纹规格 D=M16×1.5，材料为 45 钢，槽或全部热处理后硬度 35~45HRC，表面氧化的圆螺母标记：

螺母 GB/T 812 M16×1.5

mm

D	d_k	d_1	m	n	t	C	C_1	D	d_k	d_1	m	n	t	C	C_1
M10×1	22	16						M64×2	95	84					
M12×1.25	25	19	4	2				M65×2*	95	84	12	8	3.5		
M14×1.5	28	20						M68×2	100	88					
M16×1.5	30	22	8			0.5		M72×2	105	93					
M18×1.5	32	24						M75×2*	105	93		10	4		
M20×1.5	35	27						M76×2	110	98	15				
M22×1.5	38	30		2.5				M80×2	115	103					
M24×1.5	42	34	5					M85×2	120	108					
M25×1.5	42	34						M90×2	125	112					
M27×1.5	45	37						M95×2	130	117		12	5	1.5	1
M30×1.5	48	40			1	0.5		M100×2	135	122	18				
M33×1.5	52	43	10					M105×2	140	127					
M35×1.5*	52	43						M110×2	150	135					
M36×1.5	55	46						M115×2	155	140					
M39×1.5	58	49		3				M125×1	160	145	22	14	6		
M40×1.5*	58	49	6					M125×2	165	150					
M42×1.5	62	53						M130×2	170	155					
M45×1.5	68	59						M140×2	180	165					
M48×1.5	72	61						M150×2	200	180					
M50×1.5*	72	61			1.5			M160×3	210	190	26				
M52×1.5	78	67						M170×3	220	200		16	7	2	1.5
M55×2*	78	67	12	8	3.5			M180×3	230	210					
M56×2	85	74						M190×3	240	220	30				
M60×2	90	79				1		M200×3	250	230					

注：① 当 D≤M100×2 时，槽数为 4；D≥M105×2 时，槽数为 6。
② 带*的螺纹规格仅用于滚动轴承锁紧装置。

表 B5.1 平垫圈(摘录 GB/T 97.1－2002、GB/T 97.2－2002、GB/T 848－2002、GB/T 96－2002)

平垫圈 A 级（GB/T 97.1－2002）　　　　　平垫圈　倒角型 A 级（GB/T 97.2－2002）
大垫圈 A 级和 C 级（GB/T 96－2002）
小垫圈 A 级（GB/T 848－2002）

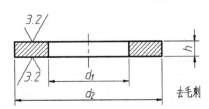
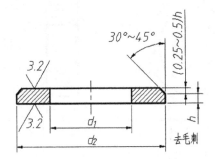

标记示例

标准系列，螺纹规格 d=8mm，性能等级为 140HV 级，倒角型，不经表面处理的平垫圈标记：

垫圈　GB/T 97.2　8-140HV　　　　　　　　　　　　　　　　　mm

螺纹规格 d	标准系列 GB/T 97.1，GB/T 97.2			大系列 GB/T 96			小系列 GB/T 848		
	d_1	d_2	h	d_1	d_2	h	d_1	d_2	h
1.6	1.7	4	0.3	—	—	—	1.7	3.5	0.3
2	2.2	5		—	—	—	2.2	4.5	
2.5	2.7	6	0.5	—	—	—	2.7	5	0.5
3	3.2	7		3.2	9	0.8	3.2	6	
4	4.3	9	0.8	4.3	12	1	4.3	8	
5	5.3	10	1	5.3	15	1.2	5.3	9	1
6	6.4	12	1.6	6.4	18	1.6	6.4	11	1.6
8	8.4	16		8.4	24	2	8.4	15	
10	10.5	20	2	10.5	30	2.5	10.5	18	2
12	13	24	2.5	13	37	3	13	20	2.5
14	15	28		15	44		15	24	
16	17	30	3	17	50		17	28	3
20	21	37		2	60	4	21	34	
24	25	44	4	26	72	5	25	39	4
30	31	56		33	92	6	31	50	
36	37	66	5	39	110	8	37	60	5

注：① GB/T 96 垫圈两端无粗糙度符号；

② GB/T 848 垫圈主要用于带圆柱头的螺钉，其他用于标准的六角螺栓、螺钉和螺母。

③ 对于 GB/T 97.2 垫圈，d 的范围为 5～36mm。

表 B5.2 弹簧垫圈(摘录 GB/T 93—1987、GB/T 859—1987)

标准型弹簧垫圈(GB/T 93—1987)　　　　　轻型弹簧垫圈(GB/T 859—1987)

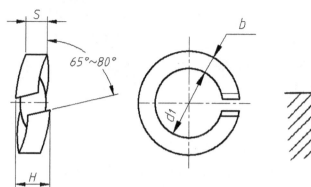
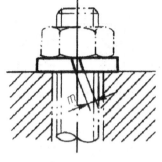

标记示例

规格为 16mm,材料为 65Mn,表面氧化的标准型弹簧垫圈标记:

垫圈 GB/T 93　16

mm

螺纹规格 d	d_1	S		H		b		$m \leqslant$	
		GB/T 93	GB/T 859	GB/T 93	GB/T 859	GB/T 93	GB/T 859	GB/T 93	GB/T 859
3	3.1	0.8	0.6	2	1.5	0.8	1	0.4	0.3
4	4.1	1.1	0.8	2.75	2	1.1	1.2	0.55	0.4
5	5.1	1.3	1.1	3.25	2.75	1.3	1.5	0.65	0.55
6	6.1	1.6	1.3	4	3.25	1.6	2	0.8	0.65
8	8.1	2.1	1.6	5.25	4	2.1	2.5	1.05	0.8
10	10.2	2.6	2	6.5	5	2.6	3	1.3	1
12	12.2	3.1	2.5	7.25	6.25	3.1	3.5	1.55	1.25
(14)	14.2	3.6	3	9	7.5	3.6	4	1.8	1.5
16	16.2	4.1	3.2	10.25	8	4.1	4.5	2.05	1.6
(18)	18.2	4.5	3.6	11.25	9	4.5	5	2.25	1.8
20	20.2	5	4	12.25	10	5	5.5	2.5	2
(22)	22.5	5.5	4.5	13.75	11.25	5.5	6	2.75	2.25
24	24.5	6	5	15	12.5	6	7	3	2.5
(27)	27.5	6.8	5.5	17	13.75	6.8	8	3.4	2.75
30	30.5	7.5	6	18	15	7.5	9	3.75	3

注: ① 括号内规格尽可能不采用。

② m 应大于 0。

表 B5.3　圆螺母用止动垫圈(摘录 GB/T 858－1988)

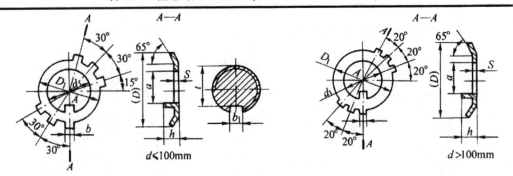

标记示例

规格为 16mm、材料为 Q235-A、经退火、表面氧化的圆螺母用止动垫圈标记：

垫圈 GB/T 858　16

mm

螺纹规格 d	d_1	(D)	D_1	S	b	a	h	轴端 b_1	轴端 t	螺纹规格 d	d_1	(D)	D_1	S	b	a	h	轴端 b_1	轴端 t
14	14.5	32	20	3.8	11	4	10	3		55*	56	82	67	7.7		52	6	8	—
16	16.5	34	22		13		12			56	57	90	74			53			52
18	18.5	35	24		15		14			60	61	94	79			57			56
20	20.5	38	27		17		16			64	65	100	84			61			60
22	22.5	42	30	1	19	4	18	5		65*	66	100	84			62			—
24	24.5	45	34		4.8 21		20			68	69	105	88	2		65			64
25*	25.5	45	34		22		—			72	73	110	93			69			68
27	27.5	48	37		24		23			75*	76	110	93	9.6		71		10	—
30	30.5	52	40		27		26			76	77	115	98			72			70
33	33.5	56	43		30		29			80	81	120	103			76			74
35*	35.5	56	43		32		—			85	86	125	108			81			79
36	36.5	60	46		33		32			90	91	130	112			86			84
39	39.5	62	49	1.5	5.7 36	5	35	6		95	96	135	117	12	7	91	7	12	89
40*	40.5	62	49		37		—			100	101	140	122			96			94
42	42.5	66	53		39		38			105	106	145	127			101			99
45	45.5	72	59		42		41			110	111	156	135	2		106			104
48	48.5	76	61		45		44			115	116	160	140			111			109
50*	50.5	76	61	7.7	47	8	—			120	121	166	145	14		116		14	114
52	52.5	82	67		49	6	48			125	126	170	150			121			119

注：标有*者仅用于滚动轴承锁紧装置。

表 B6.1 平键(摘录 GB/T1095－2003，GB/T1096－2003)

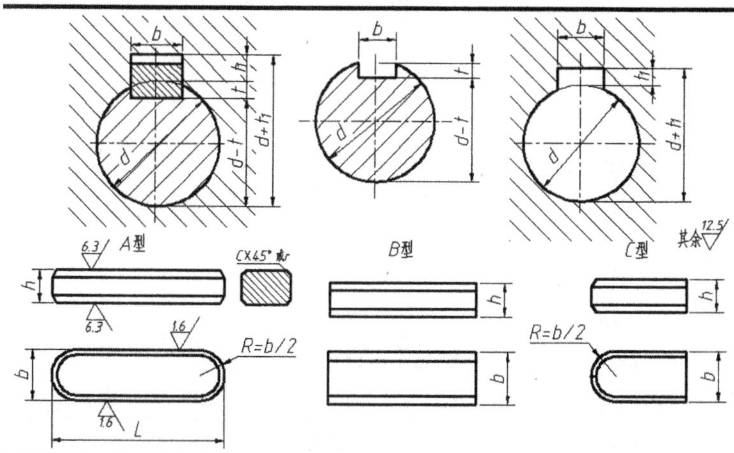

标记示例

圆头普通平键(A 型)，$b=10$mm，$h=8$mm，$l=25$mm，其标记：

GB/T 1096 键 10×8×25

对于同一尺寸的圆头普通平键(B 型)或单圆头普通平键(C 型)，其标记：

GB/T 1096 键 B10×25

GB/T 1096 键 C10×25

轴	键	键槽									
		宽度 b					深度				半径 r
		公称	偏差				轴 t		毂 t_1		
公称直径 d	公称尺寸 b×h		较松键联结		一般键联结		较紧键联结				
			轴 H9	毂 D10	轴 N9	毂 Js9	轴和毂 P9	公称	偏差	公称	偏差
>6~8	2×2	2	+0.025	+0.060	−0.004	±0.0125	−0.006	1.2	+0.1 0	1	+0.1 0	0.08 ~ 0.16
>8~10	3×3	3	0	+0.020	−0.029		−0.031	1.8		1.4		
>10~12	4×4	4	+0.030 0	+0.078 +0.030	0 −0.030	±0.015	−0.012 −0.042	2.5		1.8		
>12~17	5×5	5						3.0		2.3		
>17~22	6×6	6						3.5		2.8		
>22~30	8×7	8	+0.036 0	+0.098 +0.040	0 −0.036	±0.018	−0.015 −0.051	4.0		3.3		0.16 ~ 0.25
>30~38	10×8	10						5.0		3.3		
>38~44	12×8	12	+0.043 0	+0.120 +0.050	0 −0.043	±0.0215	−0.018 −0.061	5.0		3.3		
>44~50	14×9	14						5.5		3.8		0.25 ~ 0.40
>50~58	16×10	16						6.0	+0.2 0	4.3	+0.2 0	
>58~65	18×11	18						7.0		4.4		
>65~75	20×12	20						7.5		4.9		
>75~85	22×14	22	+0.052 0	+0.149 +0.065	0 −0.052	±0.026	−0.022 −0.074	9.0		5.4		0.40 ~ 0.60
>85~95	25×14	25						9.0		5.4		
>95~110	28×16	28						10.0		6.4		

注：① 在工作图中，轴槽深用 $d-t$ 或 t 标注，轮毂槽深用 $d+t_1$ 标注。$(d-t)$ 和 $(d+t_1)$ 尺寸偏差按相应的 t 和 t_1 的极限偏差选取，但 $(d-t)$ 极限偏差取负号(−)。

② L 系列：6，8，10，12，14，16，18，20，22，25，28，32，36，40，45，50，56，63，70，80，90，100，110，125，140，160，180，200，220，250，280，320，330，400，450。

表 B6.2　半圆键(摘录 GB/T 1098－2003、GB/T 1099－2003)

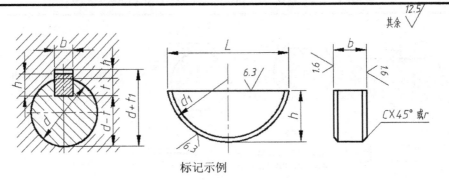

标记示例

半圆键　$b=6$mm，$h=10$mm，$d_1=25$mm，其标记：

键 6×25　GB/T 1099－2003

mm

轴径 d		键		键槽							
传递扭矩用	定位用	公称尺寸 $b×h×d_1$	长度 $L≈$	宽度 b 极限偏差			深度				半径 r
				一般键联结		较紧键联结	轴 t		毂 t_1		
				轴 N9	毂 Js 9	轴和毂 P9	公称尺寸	极限偏差	公称尺寸	极限偏差	
自 3～4	自 3～4	1.0×1.4×4	3.9	−0.004 −0.029	±0.012	−0.006 −0.031	1.0	+0.1 0	0.6	+0.1 0	0.08～ 0.16
>4～5	>4～6	1.5×2.6×7	6.8				2.0		0.8		
>5～6	>6～8	2.0×2.6×7	6.8				1.8		1.0		
>6～7	>8～10	2.0×3.7×10	9.7				2.9		1.0		
>7～8	>10～12	2.5×3.7×10	9.7				2.7		1.2		
>8～10	>12～15	3.0×5.0×13	12.7				3.8		1.4		
>10～12	>15～18	3.0×6.5×16	15.7				5.3		1.4		
>12～14	>18～20	4.0×6.5×16	15.7	0 −0.030	±0.015	−0.012 −0.042	5.0	+0.2 0	1.8		0.16～ 0.25
>14～16	>20～22	4.0×7.5×19	18.6				6.0		1.8		
>16～18	>22～25	5.0×6.5×16	15.7				4.5		2.3		
>18～20	>25～28	5.0×7.5×19	18.6				5.5		2.3		
>20～22	>28～32	5.0×9.0×22	21.6				7.0		2.3		
>22～25	>32～36	6.0×9.0×22	21.6				6.5		2.8		
>25～28	>36～40	6.0×10.0×25	24.5				7.5	+0.3 0	2.8	+0.2 0	0.25～ 0.40
>28～32	40	8.0×11.0×28	27.4	0 −0.036	±0.018	−0.015 −0.051	8.5		3.3		
>32～38	—	10.0×13.0×32	31.4				10.0		3.3		

注：在工作图中，轴槽深用 $d−t$ 或 t 标注，轮毂槽深用 $d+t_1$ 标注。$(d−t)$ 和 $(d+t_1)$ 尺寸偏差按相应的 t 和 t_1 的极限偏差选取，但 $(d−t)$ 极限偏差取负号(一)。

B7.1 圆柱销(摘录 GB/T 119.1—2000)

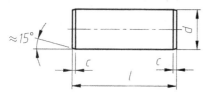

标记示例：

公称直径 $d=6$mm，公差为 m6，公称长度 $l=30$mm，材料为钢，不经淬火，不经表面处理的圆柱销标记：

销 GB/T119.1 6 $m6×30$

mm

d	0.6	0.8	1	1.2	1.5	2	2.5	3	4	5
$c≈$	0.12	0.16	0.20	0.25	0.30	0.35	0.40	0.50	0.63	0.80
l	2～6	2～8	4～10	4～12	4～16	5～20	5～24	6～30	6～40	10～50
d	6	8	10	12	16	20	25	30	40	50
$c≈$	1.2	1.6	2.0	2.5	3.0	3.5	4.0	5.0	6.3	8.0
l	12～60	14～80	18～95	22～140	26～180	35～200	50～200	60～200	80～200	95～200
l 系列	2, 3, 4, 5, 6, 8, 10, 12, 14, 16, 18, 20, 22, 24, 26, 28, 30, 32, 35, 40, 45, 50, 55, 60, 65, 70, 75, 80, 85, 90, 95, 100, 120, 140, 160, 180, 200									

注：① 销的材料为不淬硬钢和奥氏体不锈钢。

② 公称长度大于 200mm，按 20mm 递增。

③ 表面粗糙度：公差为 m6 时，$Ra≤0.8\mu m$；公差为 h8 时，$Ra≤1.6\mu m$。

B7.2 圆锥销(GB/T 117—2000)

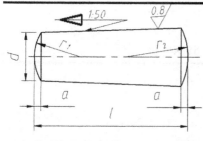

$$r_1 = d; \quad r_2 ≈ \frac{a}{2} + d + \frac{(0.021)^2}{8a}$$

标记示例：

公称直径 $d=6$mm，公称长度 $l=30$mm，材料为 35 钢，热处理硬度 28～38HRC，表面氧化处理的 A 型圆锥销的标记：

销 GB/T 117 6×30

mm

d	0.6	0.8	1	1.2	1.5	2	2.5	3	4	5
$a≈$	0.08	0.1	0.12	0.16	0.2	0.25	0.3	0.4	0.5	0.63
l	4～8	5～12	6～16	6～20	8～24	10～35	10～35	12～45	14～60	22～90
d	6	8	10	12	16	20	25	30	40	50
$a≈$	0.8	1	1.2	1.6	2	2.5	3	4	5	6.3
l	22～90	22～120	26～160	32～180	40～200	45～200	50～200	55～200	60～200	65～200
l 系列	2, 3, 4, 5, 6, 8, 10, 12, 14, 16, 18, 20, 22, 24, 26, 28, 30, 32, 35, 40, 45, 50, 55, 60, 65, 70, 75, 80, 85, 90, 95, 100, 120, 140, 160, 180, 200									

注：① 销的材料为 35、45、Y12、Y15、30 CrMnSiA 以及 1Cr13、2Cr13 等。

B7.3 开口销(GB/T 91—2000)

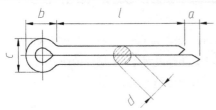

标记示例

公称直径 5mm，公称长度 l=50mm，材料为 Q215 钢，不经表面处理的开口销的标记：

销 GB/T 91 5×50

mm

公称规格		0.6	0.8	1	1.2	1.6	2	2.5	3.2	4	5	6.3	8	10	13
d	min	0.4	0.6	0.8	0.9	1.3	1.7	2.1	2.7	3.5	4.4	5.7	7.3	9.3	12.1
	max	0.5	0.7	0.9	1	1.4	1.8	2.3	2.9	3.7	4.6	5.9	7.5	9.5	12.4
c	max	1	1.4	1.8	2	2.8	3.6	4.6	5.8	7.4	9.2	11.8	15	19	24.8
	min	0.9	1.2	1.6	1.7	2.4	3.2	4	5.1	6.5	8	10.3	13.1	16.6	21.7
$b\approx$		2	2.4	3	3	3.2	4	5	6.4	8	10	12.6	16	20	26
a_{max}		1.6					2.5			3.2		4			6.3
l		4～12	5～16	6～20	8～25	8～32	10～40	12～50	14～63	18～80	22～100	32～125	40～160	45～200	71～250
l 系列		4，5，6，8，10，12，14，16，18，20，22，25，28，32，36，40，45，50，56，63，71，80，90，100，112，125，140，160，180，200，224，250，280														

注：① 公称规格等于开口销孔的直径。

② 开销的材料用 Q215、Q235H63、Cr17Ni7、Cr18Ni9Ti。

B8.1 深沟球轴承(摘录 GB/T 276—1994)

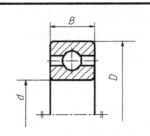

标记示例：

滚动轴承 6210 GB/T 276—1994

轴承代号	尺寸/mm			轴承代号	尺寸/mm		
	d	D	B		d	D	B
10 系列				03 系列			
6000	10	26	8	6300	10	35	11
6001	12	28	8	6301	12	37	12
6002	15	32	9	6302	15	42	13
6003	17	35	10	6303	17	47	14
6004	20	42	12	6304	20	52	15

(续表)

轴承代号	尺寸/mm			轴承代号	尺寸/mm		
	d	D	B		d	D	B
10 系列				03 系列			
6005	25	47	12	6305	25	62	17
6006	30	55	13	6306	30	72	19
6007	35	62	14	6307	35	80	21
6008	40	68	15	6308	40	90	23
6009	45	75	16	6309	45	100	25
6010	50	80	16	6310	50	110	27
6011	55	90	18	6311	55	120	29
6012	60	95	18	6312	60	130	31
02 系列				04 系列			
6200	10	30	9	6403	17	62	17
6201	12	32	10	6404	20	72	19
6202	15	35	11	6405	25	80	21
6203	17	40	12	6406	30	90	23
6204	20	47	14	6407	35	100	25
6205	25	52	15	6408	40	110	27
6206	30	62	16	6409	45	120	29
6207	35	72	17	6410	50	130	31
6208	40	80	18	6411	55	140	33
6209	45	85	19	6412	60	150	35
6210	50	90	20	6413	65	160	37
6211	55	100	21	6414	70	180	42
6212	60	110	22	6415	75	190	45

B8.2　圆锥滚子轴承(摘录 GB/T 297－1994)

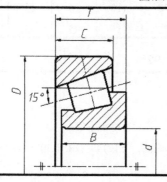

标记示例：

滚动轴承　30312　GB/T 297－1994

(续表)

轴承代号	尺寸/mm					轴承代号	尺寸/mm				
	d	D	T	B	C		d	D	T	B	C
02 系列						13 系列					
30202	15	35	11.75	11	10	31305	25	62	18.25	17	13
30203	17	40	13.25	12	11	31306	30	72	20.75	19	14
30204	20	47	15.25	14	12	31307	35	80	22.75	21	15
30205	25	52	16.25	15	13	31308	40	90	25.25	23	17
30206	30	62	17.25	16	14	31309	45	100	27.25	25	18
30207	35	72	18.25	17	15	31310	50	110	29.25	27	19
30208	40	80	19.75	18	16	31311	55	120	31.5	29	21
30209	45	85	20.75	19	16	31312	60	130	33.5	31	22
30210	50	90	21.75	30	17	31313	65	140	36	33	23
30211	55	100	22.75	21	18	31314	70	150	38	35	25
30212	60	110	23.75	22	19	31315	75	160	40	37	26
30213	65	120	24.75	23	20	31316	80	170	42.5	39	27
03 系列						20 系列					
30302	15	42	14.25	13	11	32004	20	42	15	15	12
30303	17	47	15.25	14	12	32005	25	47	15	15	11.5
30304	20	52	16.25	15	13	32006	30	55	17	17	13
30305	25	62	18.25	17	15	32007	35	62	18	18	14
30306	30	72	20.75	19	16	32008	40	68	19	19	14.5
30307	35	80	22.75	21	18	32009	45	75	20	20	15.5
30308	40	90	25.75	23	20	32010	50	80	20	20	15.5
30309	45	100	27.25	25	22	32011	55	90	23	23	17.5
30310	50	110	29.25	27	23	32012	60	95	23	23	17.5
30311	55	120	31.5	29	25	32013	65	100	23	23	17.5
30312	60	130	33.5	31	26	32014	70	110	25	25	19
30313	65	140	36	33	28	32015	75	115	25	25	19

B8.3 推力球轴承(GB/T 301—1995)

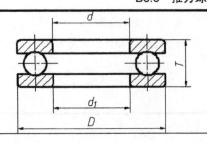

标记示例：

滚动轴承　51214　GB/T 301—1995

(续表)

轴承代号	尺寸/mm				轴承代号	尺寸/mm			
	d	d_{1min}	D	T		d	d_{1min}	D	T
11 系列					13 系列				
51100	10	11	24	9	51304	20	22	47	18
51101	12	13	26	9	51305	25	27	52	18
51102	15	16	28	9	51306	30	32	60	21
51103	17	18	30	9	51307	35	37	68	24
51104	20	21	35	10	51308	40	42	78	26
51105	25	26	42	11	51309	45	47	85	28
51106	30	32	47	11	51310	50	52	95	31
51107	35	37	52	12	51311	55	57	105	35
51108	40	42	60	13	51312	60	62	110	35
51109	45	47	65	14	51313	65	67	115	36
51110	50	52	70	14	51314	70	72	125	40
51111	55	57	78	16	51315	75	77	135	44
51112	60	62	85	17	51316	80	82	140	44
12 系列					14 系列				
51200	10	12	26	11	51405	25	27	60	24
51201	12	14	28	11	51406	30	32	70	28
51202	15	17	32	12	51407	35	37	80	32
51203	17	19	35	12	51408	40	42	90	36
51204	20	22	40	14	51409	45	47	100	39
51205	25	27	47	15	51410	50	52	110	43
51206	30	32	52	16	51411	55	57	120	48
51207	35	37	62	18	51412	60	62	130	51
51208	40	42	68	19	51413	65	67	140	56
51209	45	47	73	20	51414	70	72	150	60
51210	50	52	78	22	51415	75	77	160	65
51211	55	57	90	25	51416	80	82	170	68
51212	60	62	95	26	51417	85	88	180	72

附录 C 极限与配合

表 C1 孔公差带的极限偏差(摘自 GB/T 1800.4－1999)

基本尺寸 mm		A	B	C	D				E		F				常用及优先
大于	至	11	11	12	11	8	⑨	10	11	8	9	6	7	⑧	9
—	3	+330 +270	+200 +140	+240 +140	+120 +60	+34 +20	+45 +20	+60 +20	+80 +20	+28 +14	+39 +14	+12 +6	+16 +6	+20 +6	+31 +6
3	6	+345 +270	+215 +140	+260 +140	+145 +70	+48 +30	+60 +30	+78 +30	+105 +30	+38 +20	+50 +20	+18 +10	+22 +10	+28 +10	+40 +10
6	10	+370 +280	+240 +150	+300 +150	+170 +80	+62 +40	+76 +40	+98 +40	+130 +40	+47 +25	+61 +25	+22 +13	+28 +13	+35 +13	+49 +13
10	14	+400 +290	+260 +150	+330 +150	+205 +95	+77 +50	+93 +50	+120 +50	+160 +50	+59 +32	+75 +32	+27 +16	+34 +16	+43 +16	+59 +16
14	18														
18	24	+430 +300	+290 +160	+370 +160	+240 +110	+98 +65	+117 +65	+149 +65	+195 +65	+73 +40	+92 +40	+33 +20	+41 +20	+53 +20	+72 +20
24	30														
30	40	+470 +310	+330 +170	+420 +170	+280 +1	+119 +80	+142 +80	+180 +80	+240 +80	+89 +50	+112 +50	+41 +25	+50 +25	+64 +25	+87 +25
40	50	+480 +320	+340 +180	+430 +180	+290 4-130										
50	65	+530 +340	+380 +190	+490 +190	+330 +140	+146 +100	+170 +100	+220 +100	+290 +100	+106 +60	+134 +60	+49 +30	+60 +30	+76 +30	+104 +30
65	80	+550 +360	+390 +200	+500 +200	+340 +150										
80	100	+600 +380	+440 +220	+570 +220	+390 +170	+174 +120	+207 +120	+260 +120	+340 +120	+126 +72	+159 +72	+58 +36	+71 +36	+90 +36	+123 +36
100	120	+630 +410	+460 +240	+590 +240	+400 +180										
120	140	+710 +460	+510 +260	+660 +260	+450 +200	+208 +145	+245 +145	+305 +145	+395 +145	+148 +85	+185 +85	+68 +43	+83 +43	+106 +43	+143 +43
140	160	+770 +520	+530 +280	+680 +280	+460 +210										
160	180	+830 +580	+560 +310	+710 +310	+480 +230										
180	200	+950 +660	+630 +340	+800 +340	+530 +240	+242 +170	+285 +170	+355 +170	+460 +170	+172 +100	+215 +100	+79 +50	+96 +50	+122 +50	+165 +50
200	225	+1030 +740	+670 +380	+840 +380	+550 +260										
225	250	+1110 +820	+710 +420	+880 +420	+570 +280										
250	280	+1240 +920	+800 +480	+1 000 +480	+620 +300	+271 +190	+320 +190	+400 +190	+510 +190	+191 +110	+240 +110	+88 +56	+108 +56	+137 +56	+186 +56
280	315	+1370 +1050	+860 +540	+1 060 +540	+650 +330										
315	355	+1560 +1200	+960 +600	+1170 +600	+720 +360	+299 +210	+350 +210	+440 +210	+570 +210	4-214 +125	+265 +125	98 +62	+119 +62	+151 +62	+202 +62
355	400	+1710 +1350	+1040 +680	+1250 +680	+760 +400										

(续表)

表 C1　孔公差带的极限偏差(摘自 GB/T 1800.4—1999)　　　　μm

基本尺寸 mm		常用及优先											
		A	B	C	D				E		F		
400	450	+1900 +1500	+1160 +760	+1390 +760	+840 +440	+327 +230	+385 +230	+480 +230	+630 +230	+232 +135	+290 +135	+108 +68	+131 +68	+165 +68	+223 +68
450	500	+2050 +1650	+1240 +840	+1470 +840	+880 +480										

G		H							Js			K			M		
6	⑦	6	⑦	⑧	⑨	10	11	12	6	7	8	6	⑦	8	6	7	8
+8 +2	+12 +2	+6 0	+10 0	+14 0	+25 0	+40 0	+60 0	+100 0	±3	±5	±7	0 -6	0 -10	0 -14	-2 -8	-2 -12	-2 -16
+12 +4	+16 +4	+8 0	+12 0	+18 0	+30 0	+48 0	+75 0	+120 0	±4	±6	±9	+2 -6	+3 -9	+5 -13	-1 -9	0 -12	+2 -16
+14 +5	+20 +5	+9 0	+15 0	+22 0	+36 0	+58 0	+90 0	+150 0	±4.5	±7	±11	+2 -7	+5 -10	+6 -16	-3 -12	0 -15	+1 -21
+17 +6	+24 +6	+11 0	+18 0	+27 0	+43 0	+70 0	+110 0	+180 0	±55	±9	±13	+2 -9	+6 -12	+8 -19	-4 -15	0 -18	+2 -25
+20 +7	+28 +7	+13 0	+21 0	+33 0	+52 0	+84 0	+130 0	+210 0	±6.5	±10	±16	+2 -11	+6 -15	+10 -23	-4 -17	0 -21	+4 -29
+25 +9	+34 +9	+16 0	+25 0	+39 0	+62 0	+100 0	+160 0	+250 0	±8	±12	±19	+3 -13	+7 -18	+12 -27	-4 -20	0 -25	+5 -34
+29 +10	+40 +10	+19 0	+30 0	+46 0	+74 0	+120 0	+190 0	+300 0	±9.5	±15	±23	+4 -15	+9 -21	+14 -32	-5 -24	0 -30	+5 -41
+34 +12	+47 +12	+22 0	+35 0	+54 0	+87 0	+140 0	+220 0	+350 0	±11	±17	±27	+4 -18	+10 -25	+16 -38	-6 -28	0 -35	+6 -48
+39 +14	+54 +14	+25 0	+40 0	+63 0	+100 0	+160 0	+250 0	+400 0	±12.5	±20	±31	+4 -21	+12 -28	+20 -43	-8 -33	0 -40	+8 -55
+44 +15	+61 +15	+29 0	+46 0	+72 0	+115 0	+185 0	+290 0	+460 0	±14.5	±23	±36	+5 -24	+13 -33	+22 -50	-8 -37	0 -46	+9 -63
+49 +17	+69 +17	+32 0	+52 0	+81 0	+130 0	+210 0	+320 0	+520 0	±16	±26	±40	+5 -27	+16 -36	+25 -56	-9 -41	0 -52	+9 -72
+54 +18	+75 +18	+36 0	+57 0	+89 0	+140 0	+230 0	+360 0	+570 0	±18	±28	±44	+7 -29	+17 -40	+28 -61	-10 -46	0 -57	+11 -78
+60 +20	+83 +20	+40 0	+63 0	+97 0	+155 0	+250 0	+400 0	+630 0	±20	±31	±48	+8 -32	+18 -45	+29 -68	-10 -50	0 -63	+11 -86

注：带圈者为优先公差带。

表C1　孔公差带的极限偏差(摘自 GB/T 1800.4－1999)　　　μm

基本尺寸/mm		常用及优先公差带（带圈者为优先公差带）										
		N			P		R		S		T	U
大于	至	6	⑦	8	6	⑦	6	7	6	⑦	6	7	⑦
—	3	-4 -10	-4 -14	-4 -18	-6 -12	-6 -16	-10 -16	-10 -20	-14 -20	-14 -24	—	—	-18 -28
3	6	-5 -13	-4 -16	-2 -20	-9 -17	-8 -20	-12 -20	-11 -23	-16 -24	-15 -27	—	—	-19 -31
6	10	-7 -16	-4 -19	-3 -25	-12 -21	-9 -24	-16 -25	13 -28	-20 -29	-17 -32	—	—	-22 -37
10	14	-9 -20	-5 -23	-3 -30	-15 -26	-11 -29	-20 -31	-16 -34	-25 -36	-21 -39			-26 -44
14	18												
18	24	-11 -24	-7	-3	-18	-14	-24	-20	-31	-27	—	—	-33 -54
24	30	-24	-28	-36	-31	-35	-37	-41	-44	-48	-37 -50	-33 -54	-40 -61
30	40	-12 -28	-8 -33	-3 -42	-21 -37	-17 -42	-29 -45	-25 -50	-38 -54	-34 -59	-43 -59	-39 -64	-51 -76
40	50										-49 -65	-45 -70	-61 -86
50	65	-14 -33	-9 -39	-4 -50	-26 -45	-21 -51	-35 -54	-30 -60	-47 -66	-42 -72	-60 -79	-55 -85	-76 -106
65	80						-37 -56	-32 -62	-53 -72	-48 -78	-69 -88	-64 -94	-91 -121
80	100	-16 -38	-10 -45	-4 -58	-30 -52	-24 -59	-44 -66	-38 -73	-64 -86	-58 -93	-84 -106	-78 -113	-111 -146
100	120						-47 -69	-41 -76	-72 -94	-66 -101	-97 -119	-91 -126	-131 -166

附录 C 极限与配合

(续表)

基本尺寸 /mm		常用及优先公差带(带圈者为优先公差带)										
		N			P		R		S		T		U
大于	至	6	⑦	8	6	⑦	6	7	6	⑦	6	7	⑦
120	140						-56	-48	-85	-77	-115	-107	-155
							-81	-88	-110	-117	-140	-147	-195
140	160	-20	-12	-4	-36	-28	-58	-50	-93	-85	-127	-119	-175
		-45	-52	-67	-61	-68	-83	-90	-118	-125	-152	-159	-215
160	180						-61	-53	-101	-93	-139	-131	-195
							-86	-93	-126	-133	-164	-171	-235
180	200						-68	-60	-113	-105	-157	-149	-219
							-97	-106	-142	-151	-186	-195	-265
200	225	-22	-14	-5	-41	-33	-71	-63	-121	-113	-171	-163	-241
		-51	-60	-77	-70	-79	-100	-109	-150	-159	-200	-209	-287
225	250						-75	-67	-131	-123	-187	-179	-267
							-104	-113	-160	-169	-216	-225	-313
250	280						-85	-74	-149	-138	-209	-198	-295
		-25	-14	-5	-47	-36	-117	-126	-181	-190	-241	-250	-347
280	315	-57	-66	-86	-79	-88	-89	-78	-161	-150	-231	-220	-330
							-121	-130	-193	-202	-263	-272	-382
315	355						-97	-87	-179	-169	-257	-247	-369
		-26	-16	-5	-51	-41	-133	-144	-215	-226	-293	-304	-426
355	400	-62	-73	-94	-87	-98	-103	-93	-197	-187	-283	-273	-414
							-139	-150	-233	-244	-319	-330	-471
400	450						-113	-103	-219	-209	-317	-307	-467
		-27	-17	-6	-55	-45	-153	-166	-259	-272	-357	-370	-530
450	500	-67	-80	-103	-95	-108	-119	-109	-239	-229	-347	-337	-517
							-159	-172	-279	-292	-387	-400	-580

表 C2 基本尺寸至 500mm 的基孔制优先和常用配合（摘自 GB/T 1801—1999）

基准孔	a	b	c	d	e	f	g	h	js	k	m	n	p	r	s	t	u	v	x	y	z
			间隙配合						过渡配合				过盈配合								
H6						$\frac{H6}{f5}$	$\frac{H6}{g5}$	$\frac{H6}{h5}$	$\frac{H6}{js5}$	$\frac{H6}{k5}$	$\frac{H6}{m5}$	$\frac{H6}{n5}$	$\frac{H6}{p5}$	$\frac{H6}{r5}$	$\frac{H6}{s5}$	$\frac{H6}{t5}$					
H7						$\frac{H7}{f6}$	$\frac{H7}{g6}$	$\frac{H7}{h6}$	$\frac{H7}{js6}$	$\frac{H7}{k6}$	$\frac{H7}{m6}$	$\frac{H7}{n6}$	$\frac{H7}{p6}$	$\frac{H7}{r6}$	$\frac{H7}{s6}$	$\frac{H7}{t6}$	$\frac{H7}{u6}$	$\frac{H7}{v6}$	$\frac{H7}{x6}$	$\frac{H7}{y6}$	$\frac{H7}{z6}$
H8					$\frac{H8}{e7}$	$\frac{H8}{f7}$	$\frac{H8}{g7}$	$\frac{H8}{h7}$	$\frac{H8}{js7}$	$\frac{H8}{k7}$	$\frac{H8}{m7}$	$\frac{H8}{n7}$	$\frac{H8}{p7}$	$\frac{H8}{r7}$	$\frac{H8}{s7}$	$\frac{H8}{t7}$	$\frac{H8}{u7}$				
H8				$\frac{H8}{d8}$	$\frac{H8}{e8}$	$\frac{H8}{f8}$		$\frac{H8}{h8}$													
H9			$\frac{H9}{c9}$	$\frac{H9}{d9}$	$\frac{H9}{e9}$	$\frac{H9}{f9}$		$\frac{H9}{h9}$													
H10			$\frac{H10}{c10}$	$\frac{H10}{d10}$				$\frac{H10}{h10}$													
H11	$\frac{H11}{a11}$	$\frac{H11}{b11}$	$\frac{H11}{c11}$		$\frac{H11}{e11}$			$\frac{H11}{h11}$													
H12		$\frac{H12}{b12}$						$\frac{H12}{h12}$													

注：① $\frac{H6}{n5}$、$\frac{H7}{p6}$ 在基本尺寸大于或等于 3mm 和 $\frac{H8}{r7}$ 在小于或等于 100mm 时，为过渡配合。

② 标注 ▼ 的配合为优先配合。

表 C3　基本尺寸至 500mm 基轴制优先和常用配合（摘自 GB/T 1801—1999）

基准轴	孔																				
	A	B	C	D	E	F	G	H	JS	K	M	N	P	R	S	T	U	V	X	Y	Z
	间隙配合								过渡配合				过盈配合								
h5						$\frac{F6}{h5}$	$\frac{G6}{h5}$	$\frac{H6}{h5}$	$\frac{JS6}{h5}$	$\frac{K6}{h5}$	$\frac{M6}{h5}$	$\frac{N6}{h5}$	$\frac{P6}{h5}$	$\frac{R6}{h5}$	$\frac{S6}{h5}$	$\frac{T6}{h5}$					
h6						▼$\frac{F7}{h6}$	▼$\frac{G7}{h6}$	▼$\frac{H7}{h6}$	$\frac{JS7}{h6}$	▼$\frac{K7}{h6}$	$\frac{M7}{h6}$	▼$\frac{N7}{h6}$	▼$\frac{P7}{h6}$	$\frac{R7}{h6}$	▼$\frac{S7}{h6}$	$\frac{T7}{h6}$	▼$\frac{U7}{h6}$				
h7					$\frac{E8}{h7}$	▼$\frac{F8}{h7}$		▼$\frac{H8}{h7}$	$\frac{JS8}{h7}$	$\frac{K8}{h7}$	$\frac{M8}{h7}$	$\frac{N8}{h7}$									
h8				$\frac{D8}{h8}$	$\frac{E8}{h8}$	$\frac{F8}{h8}$		$\frac{H8}{h8}$													
h9				▼$\frac{D9}{h9}$	$\frac{E9}{h9}$	$\frac{F9}{h9}$		▼$\frac{H9}{h9}$													
h10				$\frac{D10}{h10}$				$\frac{H10}{h10}$													
h11	$\frac{A11}{h11}$	$\frac{B11}{h11}$	▼$\frac{C11}{h11}$	$\frac{D11}{h11}$				▼$\frac{H11}{h11}$													
h12		$\frac{B12}{h12}$						$\frac{H12}{h12}$													

注：标注 ▼ 的配合为优先配合。

表 C4　优先配合特性及应用举例

基孔制	基轴制	优先配合特性及应用举例
$\frac{H11}{c11}$	$\frac{C11}{h11}$	间隙非常大，用于很松的、转动很慢的动配合，或要求大公差与大间隙的外露组件，或要求装配方便且很松的配合
$\frac{H9}{d9}$	$\frac{D9}{h9}$	间隙很大的自由转动配合，用于精度非主要要求时，或有大的温度变动、高转速或大的轴颈压力时
$\frac{H8}{f7}$	$\frac{F8}{h7}$	间隙不大的转动配合，用于中等转速与中等轴颈压力的精确转动，也用于装配较易的中等定位配合
$\frac{H7}{g6}$	$\frac{G7}{h6}$	间隙很小的滑动配合，用于不希望自由转动，但可自由移动和滑动并精密定位时，也可用于要求明确的定位配合
$\frac{H7}{h6}$　$\frac{H8}{f7}$　$\frac{H9}{h9}$　$\frac{H11}{h11}$	$\frac{H7}{h6}$　$\frac{H8}{f7}$　$\frac{H9}{h9}$　$\frac{H11}{h11}$	均为间隙定位配合，零件可自由装拆，而工作时一般相对静止不动。在最大实体条件下的间隙为零，在最小实体条件下的间隙由公差等级决定

(续表)

基孔制	基轴制	优先配合特性及应用举例
$\dfrac{H7}{k6}$	$\dfrac{K7}{h6}$	过渡配合，用于精密定位
$\dfrac{H7}{n6}$	$\dfrac{N7}{h6}$	过渡配合，允许有较大过盈的更精密定位
$\dfrac{H7}{p6}$	$\dfrac{P7}{h6}$	过盈定位配合，过盈配合，用于定位精度特别重要时，能以最好的定位精度达到部件的刚性及对中性要求，而对内孔承受压力无特殊要求，不依靠配合的紧固性传递摩擦负荷
$\dfrac{H7}{s6}$	$\dfrac{S7}{h6}$	中等压入配合，适用于一般钢件，或用于薄壁件的冷缩配合，用于铸铁件可得到最紧的配合
$\dfrac{H7}{u6}$	$\dfrac{U7}{h6}$	压入配合，适用于可以承受大压入力的零件或不宜承受大压入力的冷缩配合

表 C5 公差等级与与加工方法的关系

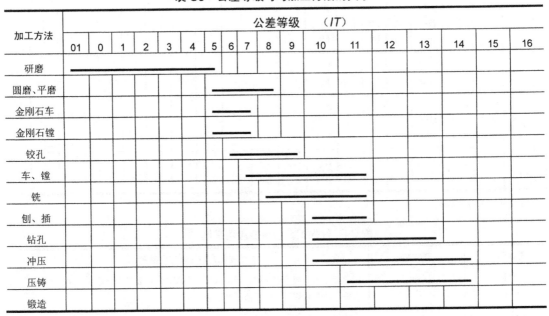

表 C6 轴公差带的极限偏差（摘自 GB/T 1800.4－1999）

基本尺寸 /mm		常用及优先公差带											
		a	b		c			d				e		
大于	至	11	11	12	9	10	⑪	8	⑨	10	11	7	8	9
—	3	−270 −330	−140 −200	−140 −240	−60 −85	−60 −100	−60 −120	−20 −34	−20 −45	−20 −60	−20 −80	−14 −24	−14 −28	−14 −39
3	6	−270 −345	−140 −215	−140 −260	−70 −100	−70 −118	−70 −145	−30 −48	−30 −60	−30 −78	−30 −105	−20 −32	−20 −38	−20 −50
6	10	280 −370	−150 −240	−150 −300	−80 −116	−80 −138	−80 −170	−40 −62	−40 −76	−40 −98	−40 −130	−25 −40	−25 −47	−25 −61
10	14	−290	−150	−150	−95	−95	−95	−50	−50	−50	−50	−32	−32	−32
14	18	−400	−260	−330	−138	−165	−205	−77	−93	−120	−160	−50	−59	−75

附录 C 极限与配合

(续表)

基本尺寸/mm		常用及优先公差带											
		a	b		c			d				e		
大于	至	11	11	12	9	10	⑪	8	⑨	10	11	7	8	9
18	24	-300	-160	-160	-110	-110	-110	-65	-65	-65	-65	-40	-40	-40
24	30	-430	-290	-370	-162	-194	-240	-98	-117	-149	-195	-61	-73	-92
30	40	-310	-170	-170	-120	-120	-120	-80	-80	-80	-80	-50	-50	-50
		-470	-330	-420	-182	-220	-280							
40	50	-320	-180	-180	-130	-130	-130	-119	-142	-180	-240	-75	-89	-112
		-480	-340	-430	-192	-230	-290							
50	65	-340	-190	-190	-140	-140	-140	-100	-100	-100	-100	-60	-60	-60
		-530	-380	-490	-214	-260	-330							
65	80	-360	-200	-200	-150	-150	-150	-146	-174	-220	-290	-90	-106	-134
		-550	-390	-500	-224	-270	-340							
80	100	-380	-220	-220	-170	-170	-170	-120	-120	-120	-120	-72	-72	-72
		-600	-440	-570	-257	-310	-390							
100	120	-410	-240	-240	-180	-180	-180	-174	-207	-260	-340	-107	-126	-159
		-630	-460	-590	-267	-320	-400							
120	140	-460	-260	-260	-200	-200	-200							
		-710	-510	-660	-300	-360	-450							
140	160	-520	-280	-280	-210	-210	-210	-145	-145	-145	-145	-85	-85	-85
		-770	-530	-680	-310	-370	-460	-208	-245	-305	-395	-125	-148	-185
160	180	-580	-310	-310	-230	-230	-230							
		-830	-560	-710	-330	-390	-480							
180	200	-660	-340	-340	-240	-240	-240							
		-950	-630	-800	-355	-425	-530							
200	225	-740	-380	-380	-260	-260	-260	-170	-170	-170	-170	-100	-100	-100
		-030	-670	-840	-375	-445	-550	-242	-285	-355	-460	-146	-172	-215
225	250	-820	-420	-420	-280	-280	-280							
		-1110	-710	-880	-395	-465	-570							
250	280	-920	-480	-480	-300	-300	-300	-190	-190	-190	-190	-110	-110	-110
		-1240	-800	-1000	-430	-510	-620							
280	315	-1050	-540	-540	-330	-330	-330	-271	-320	-400	-510	-162	-191	-240
		-1370	-860	-1060	-460	-540	-650							
315	355	-1200	-600	-600	-360	-360	-360	-210	-210	-210	-210	-125	-125	-125
		-1560	-960	-1170	-500	-590	-720							
355	400	-1350	-680	-680	-400	-400	-400	-299	-350	-440	-570	-182	-214	-265
		-1710	-1040	-1250	-540	-630	-760							
400	450	-1500	-760	-760	-440	-440	-440	-230	-230	-230	-230	-135	-135	-135
		-1900	-1160	-1390	-595	-690	-840							
450	500	-1650	-840	-840	-480	-480	-480	-327	-385	-480	-630	-198	-232	-290
		-2050	-1240	-1470	-635	-730	-880							

注：基本尺寸小于 1mm 时，各级的 a 和 b 均不采用（摘自 GB/T 1800.4—1999）。

表 C6　轴公差带的极限偏差（摘自 GB/T 1800.4－1999）

基本尺寸/mm		常用及优先公差带												
		Js			k			m			n			p		
大于	至	5	6	7	5	⑥	7	5	6	7	5	⑥	7	5	⑥	7
—	3	±2	±3	±5	+4 0	+6 0	+10 0	+6 +2	+8 +2	+12 +2	+8 +4	+10 +4	+14 +4	+10 +6	+12 +6	+16 +6
3	6	±2.5	±4	±6	+6 +1	+9 +1	+13 +1	+9 +4	+12 +4	+16 +4	+13 +8	+16 +8	+20 +8	+17 +12	+20 +12	+24 +12
6	10	±3	±4.5	±7	+7 +1	+10 +1	+16 +1	+12 +6	+15 +6	+21 +6	+1 +10	+19 +10	+25 +10	+21 +15	+24 +15	+30 +15
10	14	±4	±5.5	±9	+9 +1	+12 +1	+19 +1	+15 +7	+18 +7	+25 +7	+20 +12	+23 +12	+30 +12	+26 +18	+29 +18	+36 +18
14	18															
18	24	±4.5	±6.5	±10	+11 +2	+15 +2	+23 +2	+17 +8	+21 +8	+29 +8	+24 +15	+28 +15	+36 +15	+31 +22	+35 +22	+43 +22
24	30															
30	40	±5.5	±8	±12	+13 +2	+18 +2	+27 +2	+20 +9	+25 +9	+34 +9	+28 +17	+33 +17	+42 +17	+37 +26	+42 +26	+51 +26
40	50															
50	65	±6.5	±9.5	±15	+15 +2	+21 +2	+32 +2	+24 +11	+30 +11	+41 +11	+33 +20	+39 +20	+50 +20	+45 +32	+51 +32	+62 +32
65	80															
80	100	±7.5	±11	±17	+18 +3	+25 +3	+38 +3	+28 +13	+35 +13	+48 +13	+38 +23	+45 +23	+58 +23	+52 +37	+59 +37	+72 +37
100	120															
120	140	±9	±12.5	±20	+21 +3	+28 +3	+43 +3	+33 +15	+40 +15	+55 +15	+45 +27	+52 +27	+67 +27	+61 +43	+68 +43	+83 +43
140	160															
160	180															
180	200	±10	±14.5	±23	+24 +4	+33 +4	+50 +4	+37 +17	+46 +17	+63 +17	+54 +31	+60 +31	+77 +31	+70 +50	+79 +50	+96 +50
200	225															
225	250															
250	280	±11.5	±16	±26	+27 +4	+36 +4	+56 +4	+43 +20	+52 +20	+72 +20	+57 +34	+66 +34	+86 +34	+79 +56	+88 +56	+108 +56
280	315															
315	355	±12.5	±18	±28	+29 +4	+40 +4	+61 +4	+46 +21	+57 +21	+78 +21	+62 +37	+73 +37	+94 +37	+87 +62	+98 +62	+119 +62
355	400															
400	450	±13.5	±20	±31	+32 +5	+45 +5	+68 +5	+50 +23	+63 +23	+86 +23	+67 +40	+80 +40	+103 +40	+95 +68	+108 +68	+131 +68
450	500															

表 C7 轴公差带的极限偏差（摘自 GB/T 1800.4—1999）

r			s			t			u		v	x	y	z
5	6	7	5	⑥	7	5	6	7	⑥	7	6	6	6	6
+14 +10	+16 +10	+20 +10	+18 +14	+20 +14	+24 +14	—	—	—	+24 +18	+28 +18	—	+26 +20	—	+32 +26
+20 +15	+23 +15	+27 +15	+24 +19	+27 +19	+31 +19	—	—	—	+31 +23	+35 +23	—	+36 +28	—	+43 +35
+25 +19	+28 +19	+34 +19	+29 +23	+32 +23	+38 +23	—	—	—	+37 +28	+43 +28	—	+43 +34	—	+51 +42
+31 +23	+34 +23	+41 +23	+36 +28	+39 +28	+46 +28	—	—	—	—	—	—	+51 +40	—	+61 +50
+31 +23	+34 +23	+41 +23	+36 +28	+39 +28	+46 +28	—	—	—	+44 +33	+51 +33	+50 +39	+56 +45	—	+71 +60
+37 +28	+41 +28	+49 +28	+44 +35	+48 +35	+56 +35	—	—	—	+54 +41	+62 +41	+60 +47	+67 +54	+76 +63	+86 +73
+37 +28	+41 +28	+49 +28	+44 +35	+48 +35	+56 +35	+50 +41	+54 +41	+62 +41	+61 +48	+69 +48	+68 +55	+77 +64	+88 +75	+101 +88
+45 +34	+50 +34	+59 +34	+54 +43	+59 +43	+68 +43	+65 +54	+70 +54	+79 +54	+76 +60	+85 +60	+84 +68	+96 +80	+110 +94	+128 +112
+54 +41	+60 +41	+71 +41	+66 +53	+72 +53	+83 +53	+79 +66	+85 +66	+96 +66	+106 +87	+117 +87	+121 +102	+141 +122	+163 +144	+191 +172
+56 +43	+62 +43	+73 +43	+72 +59	+78 +59	+89 +59	+88 +75	+94 +75	+105 +75	+121 +102	+132 +102	+139 +120	+165 +146	+193<>+174	+229 +210
+66 +51	+73 +51	+86 +51	+86 +71	+93 +71	+106 +71	+106 +91	+113 +91	+126 +91	+146 +124	+159 +124	+168 +146	+200 +178	+236 +214	+280 +258
+69 +54	+76 +54	+89 +54	+94 +79	+101 +79	+114 +79	+110 +104	+126 +104	+139 +104	+166 +144	+179 +144	+194 +172	+232 +210	+276 +254	+332 +310
+81 +63	+88 +63	+103 +63	+110 +92	+117 +92	+132 +92	+140 +122	+147 +122	+162 +122	+195 +170	+210 +170	+227 +202	+273 +248	+325 +300	+390 +365
+83 +65	+90 +65	+105 +65	+118 +100	+125 +100	+140 +100	+152 +134	+159 +134	+174 +134	+215 +190	+230 +190	+253 +228	+305 +280	+365 +340	+440 +415
+86 +68	+93 +68	+108 +68	+126 +108	+133 +108	+148 +108	+164 +146	+171 +146	+186 +146	+235 +210	+250 +210	+277 +252	+335 +310	+405 +380	+490 +465
+97 +77	+106 +77	+123 +77	+142 +122	+151 +122	+168 +122	+186 +166	+195 +166	+212 +166	+265 +236	+282 +236	+313 +284	+379 +350	+454 +425	+549 +520
+100 +80	+109 +80	+126 +80	+150 +130	+159 +130	+176 +130	+200 +180	+209 +180	+226 +180	+287 +258	+304 +258	+339 +310	+414 +385	+499 +470	+604 +575
+104 +84	+113 +84	+130 +84	+160 +140	+169 +140	+186 +140	+216 +196	+225 +196	+242 +196	+313 +284	+330 +284	+369 +340	+454 +425	+549 +520	+669 +640
+117 +94	+126 +94	+146 +94	+181 +158	+190 +158	+210 +158	+241 +218	+250 +218	+270 +218	+347 +315	+367 +315	+417 +385	+507 +475	+612 +580	+742 +710
+121 +98	+130 +98	+150 +98	+193 +170	+202 +170	+222 +170	+263 +240	+272 +240	+292 +240	+382 +350	+402 +350	+457 +425	+557 +525	+682 +650	+822 +790
+133 +108	+144 +108	+165 +108	+215 +190	+226 +190	+247 +190	+293 +268	+304 +268	+325 +268	+426 +390	+447 +390	+511 +475	+626 +590	+766 +730	+936 +900
+139 +114	+150 +114	+171 +114	+233 +208	+244 +208	+265 +208	+319 +294	+330 +294	+351 +294	+471 +435	+492 +435	+566 +530	+696 +660	+856 +820	+1036 +1000
+153 +126	+166 +126	+189 +126	+259 +232	+272 +232	+295 +232	+357 +330	+370 +330	+393 +330	+530 +490	+553 +490	+635 +595	+780 +740	+960 +920	+1140 +1100
+159 +132	+172 +132	+195 +132	+279 +252	+292 +252	+315 +252	+387 +360	+400 +360	+423 +360	+580 +540	+603 +540	+700 +660	+860 +820	+1 040 +1 000	+1290 +1250

注：带圈者为优先公差带。

表 C8 标准公差数值（摘自 GB/T 1800.3－1999） μm

基本尺寸/mm	公差等级									
	IT01	IT0	IT1	IT2	IT3	IT4	IT5	IT6	IT7	IT8	IT9
>3~6	0.4	0.6	1	1.5	2.5	4	5	8	12	18	30
>6~10	0.4	0.6	1	1.5	2.5	4	6	9	15	22	36
>10~18	0.5	0.8	1.2	2	3	5	8	11	18	27	43
>18~30	0.6	1	1.5	2.5	4	6	9	13	21	33	52
>30~50	0.6	1	1.5	2.5	4	7	11	16	25	39	62
>50~80	0.8	1.2	2	3	5	8	13	19	30	46	74
>80~120	1	1.5	2.5	4	6	10	15	22	35	54	87
>3~6	48	75	120	180	300	480	750	1200	1800		
>6~10	58	90	150	220	360	580	900	1500	2200		
>10~18	70	110	180	270	430	700	1100	1800	2700		
>18~30	84	130	210	330	520	840	1300	2100	3300		
>30~50	100	160	250	390	620	1000	1600	2500	3900		
>50~80	120	190	300	460	740	1200	1900	3000	4600		
>80~120	140	220	350	540	870	1400	2200	3500	5400		

附录 D 常用材料及热处理

表 D1 金属材料（铸铁）

标准	名称	牌号	应用举例	说明
GB/T 9439—1988	灰铸铁	HT100 HT150	用于低强度铸件，如盖、手轮、支架等 用于中强度铸件，如底座、刀架、轴承座、胶带轮、端盖等	"HT"表示灰铸铁，后面的数字表示抗拉强度值（N/mm^2）
		HT200 HT250	用于高强度铸件，如床身、机座、齿轮、凸轮、汽缸泵体、联轴器等	
		HT300 HT350	用于高强度耐磨铸件，如齿轮、凸轮、重载荷床身、高压泵、阀壳体、锻模、冷冲压模等	
GB/T 1348—1988	球墨铸铁	QT800-2 QT700-2 QT600-2	具有较高强度，但塑性低，用于曲轴、凸轮轴、齿轮、汽缸、缸套、轧辊、水泵轴、活塞环、摩擦片等零件	"QT"表示球墨铸铁，其后第一组数字表示抗拉强度值（N/mm^2），第二组数字表示延伸率（%）
		QT500-5 QT420-10 QT400-17	具有较高的塑性和适当的强度，用于承受冲击负荷的零件	
GB/T 9440—1988	可锻铸铁	KTH300-06 KTH330-08 KTH350-10 KTH370-12	黑心可锻铸铁，用于承受冲击振动的零件，如汽车、拖拉机、农机铸件	"KT"表示可锻铸铁，"H"表示黑心，"B"表示白心，第一组数字表示抗拉强度值（N/mm^2），第二组数字表示延伸率（%）。 KTH300-06 适用于气密性零件。 有*号者为推荐牌号
		KTB350-04 KTB380-12 KTB400-05 KTB450-07	白心可锻铸铁，韧性较低，但强度高，耐磨性、加工性好。可代替低、中碳钢及低合金钢的重要零件，如曲轴、连杆、机床附件等	

表 D2 金属材料（钢）

标准	名称	牌号	应用举例	说明
GB/T 700—1988	普通碳素结构钢	Q215 A级 B级	金属结构件、拉杆、套圈、铆钉、螺栓、短轴、心轴、凸轮(载荷不大的)、垫圈、渗碳零件及焊接件	"Q"为碳素结构钢屈服点"屈"字的汉语拼音首位字母，后面数字表示屈服点数值。如 Q235 表示碳素结构钢屈服点为 235N/mm^2 新旧牌号对照： Q215…A2(A2F) Q235…A3 Q275…A5
		Q235 A级 B级 C级 D级	金属结构件，心部强度要求不高的渗碳或氰化零件，吊钩、拉杆、套圈、汽缸、齿轮、螺栓、螺母、连杆、轮轴、楔、盖及焊接件	
		Q275	轴、轴销、制动杆、螺母、螺栓、垫圈、连杆、齿轮以及其他强度较高的零件	

(续表)

标准	名称	牌号	应用举例	说明
GB/T 699—1988	优质碳素结构钢	08F 10 15 20 25 30 35 40 45 50 55 60 65	可塑性要求高的零件，如管子、垫圈、渗碳件、氰化件等； 拉杆、卡头、垫圈、焊件； 渗碳件、紧固件、冲模锻件、化工储存器； 杠杆、轴套、钩、螺钉、渗碳件与氰化件； 轴、辊子、连接器，紧固件中的螺栓、螺母； 曲轴、转轴、轴销、连杆、横梁、星轮； 曲轴、摇杆、拉杆、键、销、螺栓 齿轮、齿条、链轮、凸轮、轧辊、曲柄轴 齿轮、轴、联轴器、衬套、活塞销、链轮 活塞杆、轮轴、齿轮、不重要的弹簧； 齿轮、连杆、扁弹簧、轧辊、偏心轮、轮圈、轮缘； 偏心轮、弹簧圈、垫圈、调整片、偏心轴等； 叶片弹簧、螺旋弹簧	牌号的两位数字表示平均含碳量，称为碳的质量分数。45号钢即表示碳的质量分数为0.45%，表示平均含碳量为0.45%。 碳的质量分数≤0.25%的碳钢属于低碳钢（渗碳钢）； 碳的质量分数在0.25%～0.6%之间的碳钢属中碳钢（调质钢）； 碳的质量分数≥0.6%的碳钢属于高碳钢；在牌号后加符号"F"表示沸腾钢
		15Mn 20Mn 30Mn 40Mn 45Mn 50Mn 60Mn 65Mn	活塞销、凸轮轴、拉杆、铰链、焊管、钢板； 螺栓、传动螺杆、制动板、传动装置、转换拨叉 万向联轴器、分配轴、曲轴、高强度螺栓、螺母； 滑动滚子轴；承受磨损零件、摩擦片、转动滚子 齿轮、凸轮；弹簧、发条；弹簧环、弹簧垫圈	锰的质量分数较高的钢，需加注化学元素符号"Mn"
GB/T 3077—1988	铬钢	15Cr 20Cr 30Cr 40Cr 45Cr 50Cr	垫圈、汽封套筒、齿轮、滑键拉钩、齿杆、偏心轮； 轴、轮轴、连杆、曲柄轴及其他高耐磨零件； 轴、齿轮	
	铬锰钛钢	18CrMnTi 30CrMnTi 40CrMnTi	汽车上重要渗碳件，如齿轮等； 汽车、拖拉机上强度特高的渗碳齿轮； 强度高、耐磨性高的大齿轮、主轴等	
GB/T 1298—1986	碳素工具钢	T7 T7A	能承受震动和冲击的工具，硬度适中时有较大的韧性。用于制造凿子、钻软岩石的钻头、冲击式打眼机钻头、大锤等	用"碳"或"T"后附以平均含碳量的千分数表示，有T7～T13。高级优质碳素工具钢须在牌号后加注"A"
		T8 T8A	有足够的韧性和较高的硬度，用于制造能承受震动的工具，如钻中等硬度岩石的钻头、简单模子、冲头等	平均含碳量约为0.7%～1.3%
GB/T 11352—1989	一般工程用铸造碳钢	ZG200-400 ZG230-450	各种形状的机件，如机座、箱壳； 铸造平坦的零件，如机座、机盖、箱体、铁砧台。工作温度在450℃以下的管路附件等，焊接性良好；	ZG230-450表示工程用铸钢，屈服点为230N/mm²
		ZG270-500	各种形状铸件，如飞轮、机架、联轴器等，焊接性能尚可；	
		ZG310-570	各种形状的机件，如齿轮、齿圈、重负荷机架等；	
		ZG340-64	起重、运输机中的齿轮、联轴器等重要机件	

注：① 钢随着平均含碳量的上升，抗拉强度、硬度增加，延伸率降低。
② 在GB/T 5613—1985中铸钢用"ZG"后跟名义万分碳含量表示，如ZG25、ZG45等。

附录 D 常用材料及热处理

表 D3 金属材料（有色金属极其合金）

合金牌号	合金名称（或代号）	铸造方法	应用举例	说明
普通黄铜（GB/T 5232—1985）及铸造铜合金（GB/T 1176—1987）				
H62	普通黄铜		散热器、垫圈、弹簧、各种网、螺钉等	H 表示黄铜，后面数字表示平均含铜量的百分数
ZCuSn5Pb5Zn5	5-5-5 锡青铜	S、J Li、La	较高负荷、中速下工作的耐磨耐蚀件，如轴瓦、衬套、缸套及蜗轮等	"z"为铸造汉语拼音的首位字母、各化学元素后面的数字表示该元素含量的百分数
ZCuSn10P1	10-1 锡青铜	S J Li La	高负荷(20MPa 以下)和高滑动速度(8m/s)下工作的耐磨件，如连杆、衬套、轴瓦、蜗轮等	
ZCuSn10Pb5	10-5 锡青铜	S J	耐蚀、耐酸件及破碎机衬套、轴瓦等	
ZCuPb17Sn4Zn4	17-4-4 铅青铜	S J	一般耐磨、轴承等	
ZCuAl10Fe3	10-3 铝青铜	S J Li、La	要求强度高、耐磨、耐蚀的零件，如轴套、螺母、蜗轮、齿轮等	
ZCuAl10Fe3Mn2	10-3-2 铝青铜	S J		
ZCuZn38	38 黄铜	S J	一般结构件和耐蚀件，如法兰、阀座、螺母等	
ZCuZn40Pb2	40-2 铅黄铜	S J	一般用途的耐磨、耐蚀件，如轴套、齿轮等	
ZCuZn38Mn2Pb2	38-2-2 锰黄铜	S J	一般用途的结构件，如套筒、衬套、轴瓦、滑块等耐磨零件	
ZCuZn16Si4	16-4 硅黄铜	S J	接触海水工作的管配件以及水泵、叶轮等	
铸造铝合金（GB/T 1173—1995）				
ZAlSi12	ZL102 铝合金	SB、JB RB、KB J	汽缸活塞以及高温工作的承受冲击载荷的复杂薄壁零件	ZL102 表示含硅 10%～13%，余量为铝的铝硅合金
ZAlSi9Mg	ZL104 铝硅合金	S、J、R、K J SB、RB、KB J、JB	形状复杂的高温静载荷或冲击作用的大型零件，如扇风机叶片、水冷汽缸头	
ZAlMg5Si1	ZL303 铝镁合金	S、J、R、K	高耐蚀性或在高温下工作的零件	
ZalZn11Si7	ZL401 铝锌合金	S、R、K J	铸造性能较好，可不热处理，用于形状复杂的大型薄壁零件，耐蚀性差	

(续表)

合金牌号	合金名称（或代号）	铸造方法	应用举例	说明
铸造轴承合金（GB/T 1174—1992）				
ZSnSb12Pb10Cu4 ZSnSb11Cu6 ZSnSb8Cu4	锡基轴承合金	J J J	汽轮机、压缩机、机车、发电机、球磨机、轧机减速器、发动机等各种机器的滑动轴承衬	各化学元素后面的数字表示该元素含量的百分数
ZPbSb16Sn16Cu2 ZPbSb15Sn10 ZPbSb15Sn5	铅基轴承合金	J J J		
硬 铝 （GB/T 3190—1982）				
LY13	硬铝		适用于中等强度的零件，焊接性能好	含铜、镁和锰的合金

注：铸造方法代号：s-砂型铸造；J-金属型铸造；L_i-离心铸造；L_n-连续铸造；R-熔模铸造；K-壳型铸造；B-变质。

表 D4 非金属材料

标准	材料名称	牌号	说明	应用举例
GB/T 359—1995	耐油石棉橡胶板		有厚度 0.4～3.0mm 的十种规格	供航空发动机用的煤油、润滑油及冷料气系统结合处的密封衬垫材料
GB/T 5574—1994	耐酸碱橡胶板	2030 2040	较高硬度 中等硬度	具有耐酸碱性能，在温度-30～60℃的20%浓度的酸碱液体中工作，用作冲制密封性能较好的垫圈
	耐油橡胶板	3001 3002	较高硬度	可在一定温度的机油、变压器油、汽油等介质中工作，适用冲制各种形状的垫圈
	耐热橡胶板	4001 4002	较高硬度 中等硬度	可在-30～+100℃、且压力不大的条件下，于热空气、蒸汽介质中工作，用作冲制各种垫圈和隔热垫板

表 D5 常用热处理工艺（GB/T 12603－1990）

名词	代号	说明	应用
退火	5111	将钢件加热到临界温度（一般是 710～715℃，个别合金钢 800～900℃）以上 30～50℃，保温一段时间，然后缓慢冷却(一般在炉中冷却)	用来消除铸、锻、焊零件的内应力，降低硬度，便于切削加工，细化金属晶粒，改善组织，增加韧性
正火	5121	将钢件加热到临界温度以上，保温一段时间，然后用空气冷却，冷却速度比退火为快	用来处理低碳和中碳结构钢及渗碳零件，使其组织细化，增加强度与韧性，减少内应力，改善切削性能

(续表)

名词	代号	说明	应用
淬火	5131	将钢件加热到临界温度以上，保温一段时间，然后在水、盐水或油中(个别材料在空气中)急速冷却，使其得到高硬度	用来提高钢的硬度和强度极限。但淬火会引起内应力使钢变脆，所以淬火后必须回火
淬火和回火	5141	回火是将淬硬的钢件加热到临界点以下的温度，保温一段时间，然后在空气中或油中冷却下来	用来消除淬火后的脆性和内应力，提高钢的塑性和冲击韧性
调质	5151	淬火后在450～650℃进行高温回火，称为调质	用来使钢获得高的韧性和足够的强度。重要的齿轮、轴及丝杆等零件是调质处理的
表面淬火和回火	5210	用火焰或高频电流将零件表面迅速加热至临界温度以上，急速冷却	使零件表面获得高硬度，而心部保持一定的韧性，使零件既耐磨又能承受冲击。表面淬火常用来处理齿轮等
渗碳	5310	在渗碳剂中将钢件加热到 900～950℃停留一定时间，将碳渗入钢表面，深度约为0.5～2mm，再淬火后回火	增加钢件的耐磨性能、表面硬度、抗拉强度及疲劳极限。适用于低碳、中碳(C<0.40%)结构钢的中小型零件
渗氮	5330	渗氮是在 500～600℃通入氨的炉子内加热，向钢的表面渗入氮原子的过程	增加钢件的耐磨性能、表面硬度、疲劳极限和抗蚀能力。适用于合金钢、碳钢、铸铁件，如机床主轴、丝杆以及在潮湿碱水和燃烧气体介质的环境中工作的零件
氰化	Q59(氰化淬火后，回火至 56～62HRC)	在 820～860℃炉内通入碳和氮，保温 1～2 小时，使钢件的表面同时渗入碳、氮原子，可得到 0.2～0.5 mm 的氰化层	增加表面硬度、耐磨性、疲劳强度和耐蚀性。用于要求硬度高、耐磨的中、小型及薄片零件和刀具等
时效	时效处理	低温回火后，精加工之前，加热到 100～160℃，保持10～40小时。对铸件也可用天然时效(放在露天中一年以上)	使工件消除内应力和稳定形状，用于量具、精密丝杆、床身导轨、床身等
发蓝发黑	发蓝或发黑	将金属零件放在很浓的碱和氧化剂溶液中加热氧化，使金属表面形成一层氧化铁所组成的保护性薄膜	防腐蚀、美观。用于一般连接的标准件和其他电子类零件
镀镍	镀镍	用电解方法，在钢件表面镀一层镍	防腐蚀、美观。提高表面硬度、耐磨性和耐蚀能力，也用于修复零件上磨损了的表面
镀铬	镀铬	用电解方法，在钢件表面镀一层铬	提高表面硬度、耐磨性和耐蚀能力，也用于修复零件上磨损了的表面

(续表)

名词	代号	说明	应用
硬度	HB(布氏硬度)	材料抵抗硬的物体压入其表面的能力称"硬度"。根据测定的方法不同，可分布氏硬度、洛氏硬度和维氏硬度。硬度的测定是检验材料经热处理后的机械性能——硬度	用于退火、正火、调质的零件及铸件的硬度检验
	HRC(洛氏硬度)		用于经淬火、回火及表面渗碳、渗氮等处理的零件硬度检验
	HV(维氏硬度)		用于薄层硬化零件的硬度检验

注：热处理工艺代号尚可细分，如空冷淬火代号为5131a，油冷淬火代号为5131e，水冷淬火代号为5131w等。

附录 E 零件倒角与圆角

表 E 零件倒角与圆角 (GB/T 6403.4—1986)

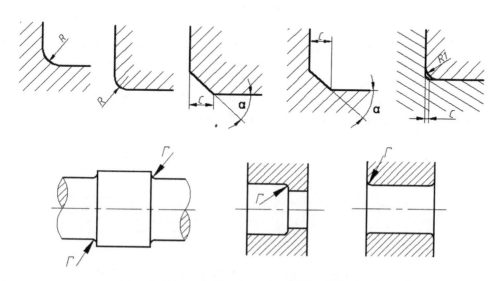

与直径 ϕ 相对应的倒角 C、倒圆 R 的推荐值									mm
ϕ	<3	>3~6	>6~10	>10~18	>18~30	>30~50	>50~80	>80~120	>120~180
C 或 R	0.2	0.4	0.6	0.8	1.0	1.6	2.0	2.5	3.0

内角倒角、外角倒圆时 C 的最大值 C_{max} 与 R_1 的关系											mm
R_1	0.3	0.4	0.5	0.6	0.8	1.0	1.2	1.6	2.0	2.5	3.0	4.0
C_{max}	0.1	0.2	0.2	0.3	0.4	0.5	0.6	0.8	1.0	1.2	1.6	2.0

参 考 文 献

[1] 国家标准《机械制图》与《技术制图》.北京：中国标准出版社，1996-2004.
[2] 王巍.机械制图[M].北京：高等教育出版社，2003.
[3] 刘魁敏.机械制图与计算机绘图[M].北京：机械工业出版社，2005.
[4] 刘力.机械制图[M].北京：高等教育出版社，2005.
[5] 郭玲文.AutoCAD 2006 中文版[M].北京：清华大学出版社，2006.
[6] 白云，周蓓蓓.计算机辅助设计与绘图 AutoCAD 2005 教程及实验指导[M].北京：高等教育出版社，2006.
[7] 金大鹰.机械制图[M].北京：机械工业出版社，2003.
[8] 王农，宋巨烈.工程图学基础[M].北京：北京航空航天大学出版社，2002.
[9] 冯秋宫.机械制图与计算机绘图[M].北京：机械工业出版社，2002.